Mechanical Manufacturing Process and Fixture Design

机械制造工艺与夹具设计

赵战峰 朱派龙 主编

邝子奇 主审

化学工业出版社

·北 京·

内 容 简 介

本书系统、简明地阐述了机械制造工艺与夹具设计的必备知识，主要内容包括：机械制造工艺的基本概念和定义；外圆、内圆（孔）、平面和曲面的典型加工方法；机械加工工艺规程和装配工艺规程制定的原则、方法、要点和实例；轴类、箱体类、套筒类、连杆、圆柱齿轮等典型零件的工艺路线拟定实例；机械加工质量的影响因素及保证措施；机床专用夹具设计、典型夹具结构和设计实例；与制造相关的各类物料输送装置、自动换刀装置和排屑装置。

本书注重理论联系实际，取材新颖，图文并茂，深入浅出，循序渐进，实例、案例丰富，减少了复杂的数学推证和计算，体现了知识的系统性、全面性、新颖性和实用性。

本书可为从事机械设计与制造相关工作的技术人员提供帮助，也可作为高职高专机械（电）类和近机类专业的教材，还可用作自考、职大、电大等成人教育相关课程的教材或参考书。

图书在版编目（CIP）数据

机械制造工艺与夹具设计/赵战峰，朱派龙主编． —
北京：化学工业出版社，2023.8
　ISBN 978-7-122-44050-1

Ⅰ.①机…　Ⅱ.①赵…②朱…　Ⅲ.①机械制造工艺-高等职业教育-教材②机床夹具-设计-高等职业教育-教材
Ⅳ.①TH16②TG750.2

中国国家版本馆 CIP 数据核字（2023）第 159156 号

责任编辑：贾　娜　　　　　　　文字编辑：王　硕
责任校对：李露洁　　　　　　　装帧设计：史利平

出版发行：化学工业出版社
　　　　　（北京市东城区青年湖南街 13 号　邮政编码 100011）
印　　刷：三河市航远印刷有限公司
装　　订：三河市宇新装订厂
787mm×1092mm　1/16　印张 16　字数 392 千字
2023 年 11 月北京第 1 版第 1 次印刷

购书咨询：010-64518888　　　　售后服务：010-64518899
网　　址：http://www.cip.com.cn
凡购买本书，如有缺损质量问题，本社销售中心负责调换。

定　　价：89.00 元

前言

机械制造工艺指制造产品的方法、技巧和程序，是机械加工过程中的重要组成部分，用于指导生产。机械制造工艺的优劣，直接影响着产品质量、生产流程以及生产效率，对企业的经济效益也有重要影响。面对当前国内机械制造发展的现状，为适应新时期机械制造类人才培养的需要，在广东省高等教育学会职业教育研究会的指导下，我们编写了本书。

本书根据机械行业发展情况，系统、简明地阐述了机械制造工艺与夹具设计的必备知识。第1章机械制造概论简要介绍了机械制造过程，帮助读者树立加工工艺系统、生产系统的概念，并详细讲解了工序、工步、走刀、生产纲领等重要概念。第2章以表面加工归类方式系统介绍了各种常用表面的典型加工工艺方法。第3章讲解了机械制造工艺规程编制的相关内容。如果说第2、3章解决了宏观上机械制造"会做"的问题，那么第4章则讲述了在加工质量上如何"做好""做精"的问题，从逻辑上递进一层。第5章讲解保证机械制造工艺实施的"机床专用夹具"。为巩固前面所学知识、理论联系实际，第6章选取典型的生产中的实际零件编制机械制造工艺，对前面章节的理论知识进行实际应用，也直接为生产提供了参考素材。所有的机械零件都是为了组装成机械组件或机械设备，第7章讲解机械零件装配的工艺规程制定。第8章为工艺自动化的"硬件"保证，尤其是物料流装置是现代制造的流水线、自动线的物质基础。全书还穿插讲解了提高效率、改进加工质量的各种措施。

本书取材新颖，图文并茂，深入浅出，循序渐进，实例、案例丰富，避免了复杂的数学推证和计算，体现了知识的系统性、全面性、新颖性和实用性。

本书可为从事机械设计与制造相关工作的技术人员提供帮助，也可作为高职高专机械（电）类和近机类专业的教材，还可用作自考、职大、电大等成人教育相关课程的教材或参考书。

本书由广东轻工职业技术学院赵战峰、朱派龙主编，中山职业技术学院吕晓娟、哈尔滨职业技术学院季东军、广东轻工职业技术学院孙永红参与编写。其中，朱派龙编写第1章、第3章，季东军编写第2章，孙永红编写第4章，赵战峰编写第5章、第7章，吕晓娟编写第6章、第8章，全书由广东轻工职业技术学院邝子奇教授级高工审阅。广东轻工职业技术学院潘朝、何海林、李祖辉等也为本书的编写提供了帮助，在此一并表示感谢！

由于编者水平所限，书中不妥之处在所难免，恳请广大读者指正、赐教！

编　者

目录

第1章
机械制造概论 1

第2章
典型表面的加工方法 10

第3章

47

机械制造工艺规程的编制

第4章

81

机械加工质量及其保证措施

第1章
机械制造概论

1.1　制造业简介

1.1.1　制造业概念

　　制造业为人类创造着辉煌的物质文明。全球性竞争和经济发展趋势将制造业产品生产、分销、成本、效率推向了一个新阶段、新境界，也不断向制造业提出了新的任务和挑战，无论是国内市场还是国际市场，制造业都将面临复杂多变的外部环境。

　　今天的制造业，已不能从"机械制造"的狭义角度来理解。只要是对各种各样的原材料进行加工处理，生产出为用户所需要的中间产品或最终产品（它们可以是飞机、汽车、计算机、电子仪器，也可以是服装、食品），都可以归属于"制造业"，可见，制造技术的外延不断扩大。

　　随着全球制造业之间的竞争日趋激烈，以及全球经济一体化，市场向企业提出了更高的要求，企业要赢得市场、在竞争中获胜，就要以市场为出发点，以用户为中心，快速及时地为用户提供高品质、低价格、具有个性化的产品。面对国内外激烈的市场竞争，企业对制造技术的需求将更加强化和迫切，先进制造技术将得到更大的重视，机械工业发展正面临着前所未有的挑战与机遇并存的新形势。

　　要以最短的产品开发时间（time）、最优的产品质量（quality）、最低的价格和成本（cost）、最佳的服务（service）（简称"TQCS"）参与竞争，才能赢得用户和市场。

1.1.2　先进制造技术

　　与传统制造技术相比较，先进制造技术具有以下显著特征：

　　① 先进制造技术是涉及机械科学、信息科学、系统科学和管理科学的一门综合学科。

　　② 先进制造技术除了以实现优质、高效、低成本为目的外，敏捷制造、可持续发展也成为其追求的重要目标。

　　③ 先进制造技术更加重视技术与管理的结合，重视制造过程的组织和管理体制的精简及合理化，从而产生了一系列技术与管理相结合的新的生产方式。

　　先进制造技术的主要发展趋势如下：

　　① 制造技术兼顾标准化、系列化、通用化（传统"三化"），向自动化、集成化和智能化（新"三化"）的方向发展。如：CIMS（计算机集成制造系统）、精良生产、并行工程、敏捷制造等。

② 制造技术向高精度方向发展——纳米技术。

③ 综合考虑社会需求、环境保护、节约资源和可持续发展的制造技术将越来越受到重视。绿色制造提上日程。

④ 随着全球一体化进程的推进，全球一体化制造越来越受到重视。其中，数字化制造、网络化制造逐步呈现。

⑤ 制造技术工艺方法向非传统加工（特种加工）发展，如电火花加工、线切割，电化学、光化学加工，超声加工，快速原模成形技术，激光束、电子束、离子束、水射流加工，电铸等。

⑥ 为适应复杂多变的市场形势，柔性制造系统（flexible manufacturing system，FMS）、柔性装配系统（flexible assembly system，FAS）、智能制造（intelligent manufacturing，IM）、物联网（the internet of things，IOT）等将更多地得到应用。

近年来，我国大力推进先进制造技术的发展与应用，已得到社会的共识。先进制造技术已被列为国家重点科技发展领域，并将企业实施技术改造列为重点，寻求新的制造策略，建立新的将市场需求、设计、车间制造和分销集成在一起的计算机集成制造系统。

计算机集成制造系统（CIMS）集成了计算机辅助设计（CAD）、计算机辅助制造（CAM）、计算机辅助工艺设计（CAPP）、计算机辅助工程（CAE）、计算机辅助质量管理（CAQ）、企业资源计划（ERP）、物料搬运等单元技术。

1.2 机械制造的相关概念

1.2.1 制造过程、工艺过程与工艺系统

产品的生产过程主要可划分为四个阶段，即新产品开发、产品制造、产品销售和售后服务阶段。其中，产品制造过程是将设计零件图样或装配图样转化为实物零件、部件或整台产品的一系列活动的总称。

机械制造系统是完成制造过程的各种装置的总和，如图 1-1 所示，其整体目标就是使生产车间能最有效地全面完成所承担的机械加工任务。机械制造中，将毛坯、工件、刀具、夹具、量具和其他辅助物料作为"原材料"输入机械制造系统，经过存储、运输、加工、检测等环节，最后作为机械加工后的成品输出，形成"物质流"。由加工任务、加工顺序、加工

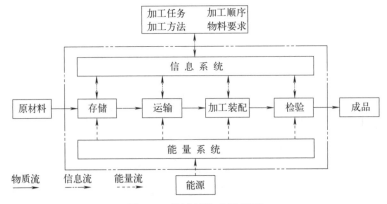

图 1-1　机械制造系统框图

方法、物质流等确定的计划、调度、管理等属于"信息"的范畴，形成"信息流"；制造过程必然消耗各种形式的能量，机械制造系统中能量的消耗及其流程则被称为"能量流"。

把制造过程中改变生产对象的形状、尺寸、相对位置和物理、力学性能等，使其成为成品或半成品的过程称为工艺过程。工艺过程可根据其具体工作内容分为铸造、锻造、冲压、焊接、机械加工、热处理、表面处理、装配等。

机械加工中由机床、工件、刀具、夹具（机、工、刀、夹）组成的相互作用、相互依赖，并具有特定功能的有机整体，称为机械加工工艺系统，简称工艺系统。它完成零件制造加工或装配。工艺系统的整体目标是在特定的生产条件下，适应环境要求，在保证机械加工工件质量和生产率的前提下，采用合理的工艺过程，并尽可能降低工序的加工成本。

零件的机械加工工艺过程是利用切削加工的原理使工件成形而达到预定的设计要求（即尺寸精度，形状、位置精度和表面质量要求）的工艺过程。

装配工艺过程是将零件或部件进行配合和连接，使之成为半成品和成品，并达到要求的装配精度的工艺过程。

1.2.2 生产系统

不同的企业从自身的实际条件、外部环境等综合考虑，组织产品生产的模式主要有：

① 生产全部零部件、组装产品（机器），即"大而全"的传统模式；

② 生产一部分关键的零部件，其余的由其他企业外协供应，再组装整台产品；

③ 完全不生产零部件，零件靠外协加工，购回后装配产品，即所谓"大配套"模式。

机械工厂的生产过程中，为了实现最有效的经营管理，以获得最高的经济效益，不仅要考虑原材料、毛坯制造、机械加工、热处理、装配、油漆、试车、包装、运输和保管等物质范畴的因素，还必须综合分析和考虑技术情报、经营管理、劳动力调配、资源和能源利用、环境保护、市场动态、经济政策、社会问题和国际因素等。由此而形成的比制造系统、工艺系统更大的总体系统称为生产系统，见图1-2。生产系统中同样有物质流、能量流和信息流

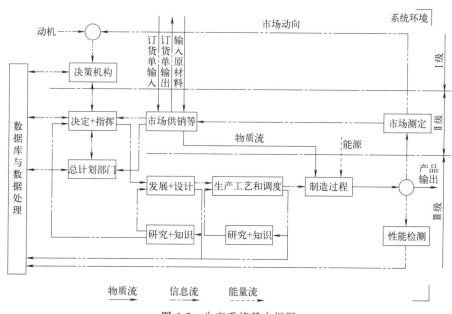

图 1-2　生产系统基本框图

等子系统贯穿其中。生产系统将一个有机的企业整体划分出不同的层次结构，它决定了企业人员组配、人事、管理等组织架构。

1.3 机械加工工艺的相关概念

机械加工工艺过程是指用机械加工方法（主要是切削加工方法）逐步改变毛坯的形态（形状、尺寸以及表面质量），使其成为合格零件所进行的全部过程。它一般由工序、工步、走刀等不同层次的单元所组成。

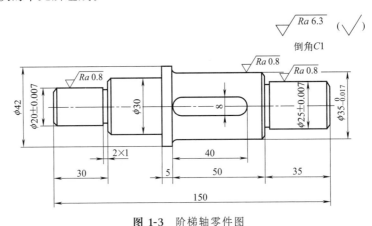

图 1-3 阶梯轴零件图

1.3.1 工艺过程的基本概念

(1) 工序

一个或一组工人在一个工作地点（设备），对一个或同时对几个工件所连续完成的那部分工艺过程称为工序，简记为"三定一连续"。例如，图 1-3 所示的阶梯轴由 6 道工序通过 6 种不同设备完成加工全过程，见表 1-1。工序划分的判定依据主要是看地点是否改变和加工是否连续，当加工对象（工件）更换时，或设备和工作地点改变时，或完成工艺工作的连续性有改变时，则变成另一道工序。所谓连续性是指工序内的工作需先后连续完成，其中不能穿插其他加工工作。例如表 1-1 中第 1 道工序，对某个工件铣完端面后，接着钻中心孔，则为一道工序。

表 1-1 加工阶梯轴的工序划分和工艺过程

序号	工序名称	工作地点（设备）
1	铣端面、钻中心孔	专用机床
2	车外圆、端面、倒角	车床
3	铣键槽	铣床
4	去毛刺	钳工台
5	热处理	处理炉
6	磨外圆	磨床

(2) 工步

一道工序（一次装夹或一个工位）内，零件可能有多个表面需要加工；也可能虽只加工一个表面，却要用若干把不同刀具；或虽用一把刀具，却要用若干种不同切削用量分作多次加工。在加工表面、切削刀具和切削用量（仅指转速和进给量）都不变的情况下所连续完成的那部分工艺过程，称为一个工步，简记为"四同一连续"。

如图1-4所示为基体零件的孔加工工步，由钻、扩、锪三个工步组成，3个工步分别使用了钻头、扩孔刀和锪刀3种不同的刀具。对于六角自动车床的加工工序来说，六角头（或转塔）每转换一个位置，一般是改变了切削刀具、加工表面以及机床的主轴转速和走刀量，这样就构成了不同的工步，如图1-5所示。有的情况下，为提高生产效率，可把几个加工表面用几把刀具（或组成复合刀具）同时进行加工，这通常看作一个工步，称为复合工步，如图1-6所示。

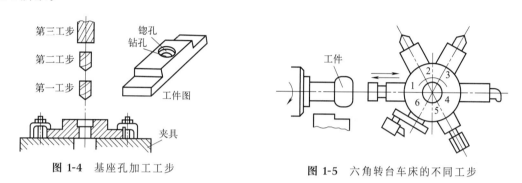

图 1-4 基座孔加工工步　　　　　　　图 1-5 六角转台车床的不同工步

（3）走刀

在一个工步中，如果由于加工余量较大等原因（如工件刚度受限、刀具强度不足、粗糙度要求），需要同一把刀具以同一切削用量对同一表面进行多次切削操作，其中刀具对工件的每一次切削操作就称为一次走刀，见图1-7。

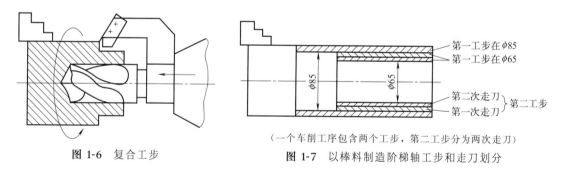

图 1-6 复合工步　　　　　图 1-7 以棒料制造阶梯轴工步和走刀划分

（4）装夹

工件在机床或夹具中定位并夹紧的过程称为装夹，即在进行一道工序的加工时，将一个（或数个）工件固定在机床上的夹具内，或直接固定在机床工作台上的过程。各加工工序都有这一辅助过程，在某些工序中为加工不同表面需多次装夹。

（5）工位

在一个工序中，有时为了减少因多次装夹而带来的装夹误差及时间浪费，常采用转位或移位装置（移位/转位工作台或转位夹具）来实现多工位加工。在一次装夹中，工件与夹具或机床可动部分一起相对于刀具或机床固定部分所占据的每一个位置称为工位，如图1-8中就有装/卸工位Ⅰ、钻孔工位Ⅱ、扩孔工位Ⅲ和铰孔工位Ⅳ等4个工位。

图1-9体现了工序、装夹、工位之间和工序、工步、走刀之间的层次结构关系。

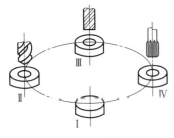

图 1-8　多工位加工

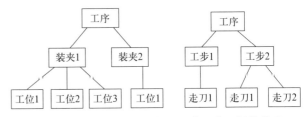

图 1-9　工序、装夹、工位、工步、走刀间的关系

1.3.2 生产纲领和生产类型

工艺过程的要求是优质、高产和低消耗，由于产品的种类和数量不同，其合理的工艺路线也大不相同。

对各种机械产品的需要量取决于它的类型和用途。产品的类型和用途不同，生产类型也不同。某些产品只需要单件生产，某些产品则需要成批，甚至大量生产。

生产纲领是指工厂的生产任务，其内容包括产品对象（结构型号和类别）、全年或季度或每月的产量。产品中某零件的生产纲领，除了年生产计划数量外，还必须包括它的备品量及平均废品量。

零件的年生产纲领按下列公式计算：

$$N = Qn(1+\alpha+\beta) \tag{1-1}$$

式中　N——零件的生产纲领（年产量），件/年；

　　　Q——产品的年产量，台/年；

　　　n——每台产品中所含该零件的数量，件/台；

　　　α——零件的备品百分数；

　　　β——零件的废品百分数。

生产纲领对工厂的生产过程、工艺方法和生产组织起决定性的作用，包括决定各工作地点的专业化程度、所用工艺方法、机床设备和工艺装备［工艺装备是指刀（工）具、夹具、量具、辅助工具和物料输送装置等］，因此也就影响产品的优质、高产、低消耗问题。同一种产品由于生产量不同（也就是生产纲领不同），就可以有完全不同的生产过程，因此研究产品的制造工艺就必须了解各种生产类型的工艺特点。由于产品结构与工艺有密切关系，所以对产品设计者来说，也必须根据所设计产品的生产类型的工艺特点，合理地确定其结构形状和技术要求。

表 1-2 是根据同一产品的不同产量而划分的生产类型。常常分为：单件生产、成批生产和大量生产。

表 1-2　生产类型划分参考值

生产类型		同类零件的年产量/件		
		重型零件	中等零件	小型零件
单件生产		<5	<10	<100
成批生产	小批	5～100	10～200	100～500
	中批	101～300	201～500	501～6000
	大批	301～1000	501～5000	6001～50000
大量生产		>1000	>5000	>50000

各种生产类型的工艺特点如下。

(1) 单件生产

单件生产是指制造的产品数量不多，生产过程中各工作地点的工作完全不重复，或不定期重复地生产。单件生产的产品一般需要量不大，或是生产劳动量很大、生产周期很长、投资额巨大的产品。例如重型机械、轧钢机、大型船舶、航空母舰和航天飞机的生产，各种精密机械的试制过程，一般都属于单件生产。

单件生产中所用设备，除了有特殊技术要求的工件外，绝大多数采用通用设备和通用的工艺装备，现代制造中越来越多地采用数控机床。机床在车间内按类型排列，一般利用划线和试切方法加工零件。零件的加工质量和生产率主要依靠操作技术好的工人来保证。单件生产的工艺特点是能适应产品品种多变和产量小的情况。

(2) 成批生产

成批生产指产品成批地投入制造，通过一定的时间间隔，生产呈周期性的重复。成批生产的标志是在每一工作地点周期性地完成若干个工序。一般通用机床、光学仪器、液压传动装置、火炮、车辆等的生产均属于成批生产。每批制造的相同产品的数量称为批量。根据批量的大小，又可将成批生产分为大批、中批和小批生产三种类型。小批生产与单件生产的工艺特点比较接近，大批生产与大量生产的工艺特点比较接近。

在成批生产中，一方面采用通用设备和通用工艺装备，另一方面也采用专用设备和专用工装。车间中设备的布置应考虑零件加工顺序，制订的工艺规程比单件生产时所用的详细。在零件的生产过程中较多地采用尺寸自动获得法加工，因而对工人操作技术水平的要求可以较低。某些零件的制造过程可以组织流水线生产。

(3) 大量生产

大量生产指对一种产品长期地在同一工作地点进行的生产，其主要标志是每一工作地点长期固定地重复同一工序。大量生产的产品一般是具有广泛用途且类型比较固定的产品，如汽车、拖拉机、轴承、缝纫机、自行车、弹药、轻武器等。

大量生产的主要特征是广泛采用专用的设备和工艺装备，它们在车间的布置都按工艺先后顺序排列，并采用流水生产的组织形式，生产过程的机械化和自动化程度最高。主要采用尺寸自动获得法加工，工艺规程的制订工作非常细致。

在成批和大量生产的条件下都可采用流水生产组织，它是指这样一种生产过程：工件经某一工序加工完毕后随即（或稍经停留）交给下一工序进行加工。流水生产的主要特征是：a. 每一工序在固定工作地点进行；b. 按工序的先后顺序排列工作地点；c. 生产有节奏（或称节拍性）。节拍是指生产中每一个工序所规定的时间指标，即要求各工序的工作时间同期化（各工序时间都与生产所规定的节拍相等或成其整数倍）。

1.4　课程概述

1.4.1　课程的任务与内容

机械制造工艺的任务之一是介绍典型表面的加工方法。以表面加工归类，全面介绍各种加工工艺方法，工作中遇到具体工件时，图样分析中首先面对各种典型表面，可以直接选择相应的表面加工方法。

任务之二是研究零件加工工艺规程的制定步骤、原则和方法。其主要内容：毛坯确定与选择、加工方法的选择、工件的定位及夹紧、加工余量及工序尺寸的计算、加工阶段划分、工序顺序安排、工艺规程编制、效率提高的途径等。这些知识是合理编制工艺规程的基础。

对于装配工艺，树立装配精度概念，了解各种装配方法及其应用、零件的连接方式及装配工艺规程的编制、装配辅助工序内容、装配组织形式等。

机械制造不仅要解决"会做"的问题，更要解决"做好"的问题，因而课程对机械加工质量的含义、误差来源及其相应措施将进行全面介绍。

采用工装夹具是保证产品质量、改进生产模式、提高劳动生产率及减轻劳动强度的重要手段和措施。书中将简要介绍机床夹具的常用定位方法、定位元件、夹紧原理及夹紧装置的设计原则、步骤、方法以及各种机床典型夹具的结构等。

为保证流水线、自动线生产的顺畅进行，物料输送装置是自动化、现代制造所必需的重要装备和手段，书中将介绍工件的自动输送、自动上下料机构、自动换刀装置和排屑装置。

为使读者在学到"知"的同时培养、触发"识"的能力以及灵活处理具体问题和应用所学知识的技巧、技能，达到所学知识的嫁接、迁移、贯通、深化和升华，引导和培养读者解决生产实际问题的动手能力，增强读者"手脑"并用的能力，书中列举了丰富的"教学案例"。

1.4.2　课程的具体要求

① 了解零件典型表面的加工工艺方法、特点和应用范围，面对零件图，能结合实际选择合适的加工工艺方法；

② 掌握零件加工工艺规程的制定原则、步骤和具体方法；熟练编制加工工艺过程卡和工序卡；熟悉装配工艺规程制定的一般规律、各种装配方法的确定原则；

③ 熟悉典型零件的结构特点、用途、毛坯、材料、工艺方法、加工步骤和工艺路线；

④ 理解加工质量的内涵、影响要素以及保证或提高质量的各种措施；

⑤ 掌握专用夹具设计的原则、步骤、方法，熟悉各类机床的典型夹具结构；

⑥ 了解机械制造中有关工件、刀具、夹具、切屑等"物料流"输送装置的动作原理、典型结构和应用场合；

⑦ 通过案例学习，培养、启发读者从现有工艺水平和发展方向出发，不断改进产品结构、革新工艺、进行创造性工艺工作的能力，增强其灵活处理、解决现场实际问题的能力。

1.4.3　机械制造（冷加工）学科的范畴及学习方法

机械制造工艺过程通常可分为热加工工艺过程（包括铸造、锻压、焊接、热轧、热处理、表面改性等）及冷加工工艺过程（如车削、钳工、刨削、铣削、镗削、磨削、滚齿、抛光等），本书着重讲解冷加工工艺过程。

学习方法：机械制造工艺理论具有很强的实践性、灵活性，对初学者来说，会有一定的难度。对于生产哲理与管理模式等概念，没有足够的实践基础也很难准确地把握与理解。因此，在学习本课程时，必须加强实践性环节，即通过生产实习、课程实验、课程设计、案例分析讨论等方式多角度体会和理解所学内容。在理论与实践的结合中，培养分析和解决实际问题的能力。

思考与练习

1-1 什么是生产过程、工艺过程、机械制造工艺过程？

1-2 什么是工序、工步、走刀、装夹和工位？

1-3 划分工序的主要依据是什么？如何划分工步？试举例说明。

1-4 什么是生产纲领、生产组织类型？

1-5 简述各种生产组织类型的特点。

1-6 简述制订工艺规程的原则和步骤。

1-7 机械加工工艺过程卡和工序卡的区别是什么？简述它们的应用场合。

1-8 某车床年产量 3000 台，已知每台车床有一根主轴，主轴零件的备品率为 10%，机械加工废品率为 2%，计算该型号车床主轴零件的年生产纲领，并分析说明该主轴零件属于哪种生产类型。

1-9 如题图 1-1 所示零件，毛坯为 ϕ35mm 棒料，其加工工艺过程是：用锯床切断下料；上车床车端面并钻中心孔；在另一台车床上车外圆至 ϕ30mm 和 ϕ18mm；在第三台车床上车 ϕ20mm 外圆、车螺纹、倒角；在铣床回转工作台上用两把刀铣四方扁头。试将其工艺过程划分为若干工序、装夹、工位和工步。

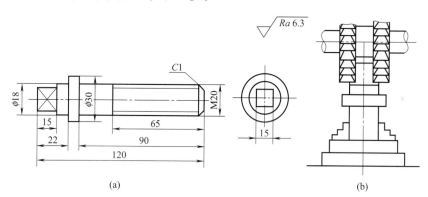

题图 1-1

第2章
典型表面的加工方法

机器零件的结构形状虽然多种多样，但都是由一些最基本的几何表面（外圆、孔、平面、曲面等）组成的。零件的加工过程就是获得这些零件上基本几何表面的过程。同一种表面，可选用加工精度、生产率和加工成本各不相同的加工方法进行加工。工程技术人员的任务就是根据具体的生产条件（如生产规模、设备状况、生产工人的技术水平等）选用最适当的加工方法，制定出最佳的加工工艺路线，加工出合乎图样要求的零件，并获得最好的经济效益。

2.1 外圆加工

外圆面是各种轴、套筒、盘类、大型筒体等回转体零件的主要表面，常用加工方法有车削、磨削和光整加工。

2.1.1 外圆车削

车外圆是车削加工中最常见、最基本和最有代表性的加工方法，是加工外圆表面的主要方法，既适用于单件、小批量生产，也适用于成批、大量生产。单件、小批量生产中常采用卧式车床加工；成批、大量生产中常采用转塔车床和自动、半自动车床加工；大尺寸工件常采用大型立式车床加工；复杂零件的高精度外圆宜采用数控车床加工。

车削外圆一般分为粗车、半精车、精车和精细车。

（1）粗车

粗车的主要任务是迅速切除毛坯上多余的金属层，通常采用较大的背吃刀量、较大的进给量和中速车削，以尽可能提高生产率。车刀应选取较小的前角、后角和负值的刃倾角，以增强切削部分的强度。粗车尺寸精度等级为 IT13～IT11，表面粗糙度 Ra 为 $50～12.5\mu m$，故可作为低精度表面的最终加工和半精车、精车的预加工。

（2）半精车

半精车是在粗车之后进行的，可进一步提高工件的精度，降低表面粗糙度。它可作为中等精度表面的终加工，也可作为磨削或精车前的预加工。半精车尺寸精度等级为 IT10～IT9，表面粗糙度 Ra 为 $6.3～3.2\mu m$。

（3）精车

精车一般是在半精车之后进行的。它可作为较高精度外圆的终加工或作为光整加工的预加工，通常在高精度车床上加工以确保零件的加工精度和表面粗糙度符合图样要求。一般采用很小的切削深度和进给量，进行低速或高速车削。低速精车一般采用高速钢车刀，高速精车常用硬质合金车刀。车刀应选用较大的前角、后角和正值的刃倾角，以提高表面质量。精车尺寸精度等级为 IT8～IT6，表面粗糙度 Ra 为 1.6～0.2μm。

(4) 精细车

精细车所用车床应具有很高的精度和刚度。刀具采用金刚石或细晶粒的硬质合金，经仔细刃磨和研磨后可获得很锋利的刀刃。切削时，采用高的切削速度、小的背吃刀量和小的进给量。其加工精度可达 IT6 以上，表面粗糙度 Ra 在 0.4μm 以下。精细车常用于高精度中、小型有色金属零件的精加工或镜面加工；因有色金属零件在磨削时产生的微细切屑极易堵塞砂轮气孔，使砂轮磨削性能迅速变坏，精细车也可用于加工大型精密外圆表面，以代替磨削，提高生产率。

值得注意的是，随着刀具材料的发展和进步，过去淬火后的工件只能用磨削加工方法的局面有所改变，特别是在维修等单件加工中，可以采用金刚石车刀、CBN 车刀或涂层刀具直接车削硬度达 62HRC 的淬火钢。

2.1.2 外圆磨削

磨削是外圆表面精加工的主要方法。它既能加工淬火的黑色金属零件，也可以加工不淬火的黑色金属和有色金属零件。外圆磨削根据加工质量等级分为粗磨、精磨、精密磨削、超精密磨削和镜面磨削。粗磨加工后工件的精度可达到 IT8～IT7，表面粗糙度 Ra 达 1.6～0.8μm；精磨后工件的精度可达 IT7～IT6，表面粗糙度 Ra 达 0.8～0.2μm。常见的外圆磨削应用如图 2-1 所示。

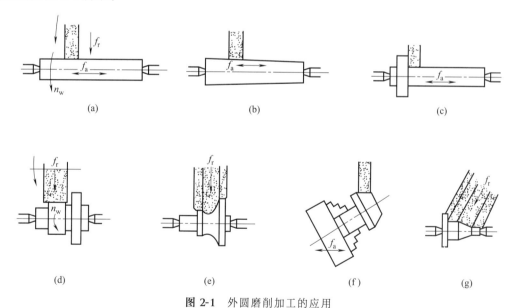

图 2-1 外圆磨削加工的应用

(1) 普通外圆磨削

根据工件的装夹状况，普通外圆磨削方法分为中心磨削法和无心磨削法两类。

1) 中心磨削法

工件以中心孔或外圆定位。根据进给方式的不同，中心磨削法又可分为以下几种磨削方法（图 2-2）。

① 纵磨法。如图 2-2（a）所示，磨削时工件随工作台做直线往复纵向进给运动，工件

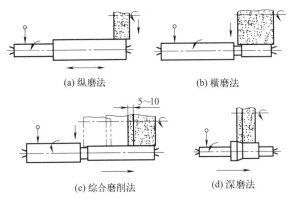

(a) 纵磨法　　　(b) 横磨法

(c) 综合磨削法　　　(d) 深磨法

图 2-2　中心磨削方式

每往复一次（或单行程），砂轮横向进给一次。纵磨法由于走刀次数多，故生产率较低，但能获得较高的精度和较小的表面粗糙度，因而应用较广，适于磨削长度与砂轮宽度之比大于 3 的工件。

② 横磨法。如图 2-2（b）所示，工件不做纵向进给运动，砂轮以缓慢的速度连续或断续地向工件做径向进给运动，直至磨去全部余量为止。横磨法生产效率高，但磨削时发热量大，散热条件差，且径向力大，故一般只用于大批

量生产中磨削刚性较好、长度较短的外圆及两端都有台阶的轴颈。若将砂轮修整为成形砂轮，可利用横磨法磨削曲面［见图 2-1（e）、（g）］。

③ 综合磨法。图 2-2（c）先用横磨法分段粗磨被加工表面的全长，相邻段搭接处过磨 5～15mm，留下 0.01～0.03mm 余量，然后用纵磨法进行精磨。此法兼有横磨法的高效率和纵磨法的高质量，适用于成批生产中刚性好、长度大、余量多的外圆面。

④ 深磨法。图 2-2（d）是一种生产率高的先进方法，磨削余量一般为 0.1～0.35mm，纵向进给长度较小（1～2mm），适用于在大批大量生产中磨削刚性较好的短轴。

2）无心磨削法

如图 2-3 所示，无心磨削直接以磨削表面定位，用托板支持着放在砂轮与导轮之间进行磨削，工件的轴心线稍高于砂轮与导轮连线中心，无须在工件上钻出顶尖孔。磨削时，工件靠导轮与工件之间的摩擦力带动旋转，导轮采用摩擦因数大的结合剂（橡胶）制造。导轮的直径较小、速度较低（一般为 20～80m/min）；而砂轮速度则大大高于导轮速度，是磨削的主运动，担负着磨削工件表面的重任。无心磨削操作简单、效率较高，易于自动加工，但机床调整复杂，故只适用于大批生产。无心磨削前工件的形状误差会影响磨削的加工精度，且

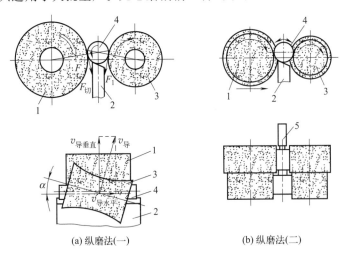

(a) 纵磨法(一)　　　(b) 纵磨法(二)

图 2-3　无心外圆磨削

1—砂轮；2—托板；3—导轮；4—工件；5—挡杆

不能改善加工表面与工件上其他表面的位置精度，也不能磨削有断续表面的轴。根据工件是否需要轴向运动，无心磨削方法分为：

① 通磨（贯穿纵磨）法。适用于不带台阶的圆柱形工件（图2-3）；

② 切入磨（横磨）法。适用于阶梯轴和有成形回转表面的工件（图2-3）。

与中心磨相比，无心磨具有以下工艺特征：

① 无须打中心孔，且装夹工件省时省力，可连续磨削，故生产效率高；

② 尺寸精度较好，但不能改变工件原有的位置误差；

③ 支承刚度好，刚度差的工件也可采用较大的切削用量进行磨削；

④ 容易实现工艺过程的自动化；

⑤ 有一定的圆度误差产生，圆度误差一般不小于0.002mm；

⑥ 所能加工的工件有一定局限，不能磨带槽（如有键槽、花键和横孔的工件），也不能磨内外圆同轴度要求较高的工件。

（2）高效磨削

以提高效率为主要目的的磨削均属高效率磨削，简称高效磨削，其中以高速磨削、强力磨削、宽砂轮磨削和砂带磨削在外圆加工中较为常用。

1）高速磨削

是指砂轮速度大于50m/s的磨削（砂轮速度低于35m/s的磨削为普通磨削）。砂轮速度提高，增加了单位时间内参与磨削的磨粒数。如果保持每颗磨粒切去的厚度与普通磨削时一样，即进给量成比例增加，磨去同样余量的时间则按比例缩短；如果进给量仍与普通磨削相同，则每颗磨粒切去的切削厚度减少，提高了砂轮的耐用度，减少了修整次数。

2）强力磨削

是指采用较高的砂轮速度、较大的背吃刀量（背吃刀量一次可达6mm，甚至更大）和较小的轴向进给，直接从毛坯上磨出加工表面的方法。它可以代替车削和铣削进行粗加工，生产率很高。但要求磨床、砂轮及切削液供应均应与之相匹配。

3）宽砂轮和多砂轮磨削

宽砂轮与多砂轮磨削，实质上就是用增加砂轮的宽度来提高磨削生产率。一般外圆砂轮宽度仅有50mm左右，宽砂轮外圆磨削时砂轮宽度可达300mm。

4）砂带磨削

砂带磨削是根据被加工零件的形状选择相应的接触方式，在一定压力下，使高速运动着的砂带与工件接触产生摩擦，从而使工件加工表面余量逐步磨除或抛磨光滑的磨削方法，如图2-4所示。砂带是一种单层磨料的涂覆磨具，常用静电植砂工艺制造。砂带具有磨粒锋

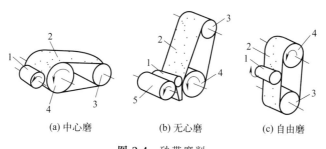

(a) 中心磨　　　　　(b) 无心磨　　　　　(c) 自由磨

图2-4　砂带磨削

1—工件；2—砂带；3—张紧轮；4—接触轮；5—导轮

利、定向排布、容屑排屑空间大和一定的弹性，以及生产效率高、加工质量好、发热少、设备简单、应用范围广等特点（可用来磨削曲面），拥有"冷态磨削"和"万能磨削"的美誉，即使磨削铜、铝等有色金属也不覆塞磨粒，而且干磨也不烧伤工件。砂带磨削类型可有外圆、内孔、平面、曲面等。砂带可以是开式，也可以是环形闭式。外圆砂带磨削变通灵活，实施方便，结构布局见表2-1，近年来获得了极大的发展。一些发达国家砂带磨削与砂轮磨削的材料磨除量已达到1∶1。

表 2-1　外圆砂带磨削实施原理与结构方案布局

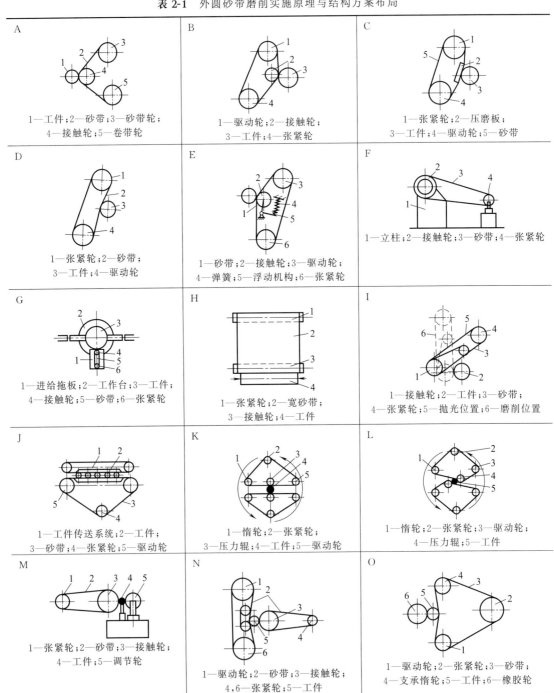

（3）外圆表面的光整加工

外圆表面的光整加工有高精度磨削、研磨、超精加工、珩磨、抛光和滚压等方法，这里主要介绍前面四种。

1）高精度磨削

使工件表面粗糙度 Ra 小于 $0.1\mu m$ 的磨削加工工艺，通常称为高精度磨削。高精度磨削的余量一般为 $0.02\sim0.05mm$，磨削时背吃刀量一般为 $0.0025\sim0.005mm$。为了减小磨床振动，磨削速度应较低，一般取 $15\sim30m/s$，Ra 值较小时速度取低值，反之则取高值。高精度磨削包括以下三种。

① 精密磨削。精密磨削采用粒度为 $60\sim80\sharp$ 的砂轮，并对其进行精细修整，磨削时微刃的切削作用是主要的，光磨 $2\sim3$ 次使半钝微刃发挥抛光作用，表面粗糙度 Ra 可达 $0.1\sim0.05\mu m$。但磨削前 Ra 应小于 $0.4\mu m$。

② 超精密磨削。超精密磨削采用粒度为 $80\sim240\sharp$ 的砂轮进行更精细的修整，选用更小的磨削用量，半钝微刃的抛光作用增加，光磨次数取 $4\sim6$ 次，可使表面粗糙度 Ra 达 $0.025\sim0.012\mu m$。磨削前 Ra 应小于 $0.2\mu m$。

③ 砂轮镜面磨削。镜面磨削采用微粉 W14～W5 树脂结合剂砂轮。精细修整后半钝微刃的抛光作用是主要的，将光磨次数增至 $20\sim30$ 次，可使表面粗糙度 Ra 小于 $0.012\mu m$。磨削前 Ra 应小于 $0.025\mu m$。

2）研磨

研磨是在研具与工件之间置以半固态状研磨剂（膏），对工件表面进行光整加工的方法。研磨时，研具在一定压力下与工件做复杂的相对运动，通过研磨剂的机械和化学作用，从工件表面切除一层极微薄的材料，同时工件表面形成复杂网纹，从而达到很高的精度和很小的粗糙度值。

研磨剂（膏）由磨料、研磨液和辅助填料等混合而成，有液态、膏状和固态三种，以适应不同的加工需要，其中以研磨膏应用最为广泛。

磨料主要起切削作用，常用的有刚玉、碳化硅、金刚石等，其粒度在粗研时选 $80\sim120\sharp$，精研时选 $150\sim240\sharp$，镜面研磨用微粉级 W28～W0.5。

研磨液有煤油、全损耗系统用油、工业用甘油等，主要起冷却、润滑和充当磨料载体作用，并能使磨粒较均匀地分布在研具表面。

辅助填料可使金属表面生成极薄的软化膜，易于切除，常用的有硬脂酸、油酸等化学活性物质。

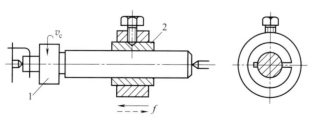

图 2-5　外圆的手工研磨

1—工件；2—研具

① 手工研磨。如图 2-5 所示，外圆手工研磨采用手持研具或工件进行。例如在车床上研磨外圆时，工件装在卡盘或顶尖上，由主轴带动做低速旋转（$20\sim30r/min$），研套套在

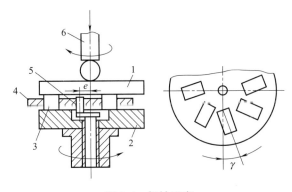

图 2-6　机械研磨

1—上研磨盘；2—下研磨盘；3—工件；

4—隔离盘；5—偏心轴；6—悬臂轴

工件上，用手推动研套做往复直线运动。手工研磨劳动强度大，生产率低，多用于单件、小批量生产。

② 机械研磨。图 2-6 所示为研磨机研磨滚柱的外圆。机械研磨在研磨机上进行，一般用于大批量生产中，但研磨工件的形状受到一定的限制。

研磨的工艺特点是：

① 设备和研具简单，成本低，加工方法简便可靠，质量容易得到保证；

② 研磨不能提高表面的相对位置精度，生产率较低，研磨的加工余量一般为 0.01～0.03mm；

③ 研磨后工件的形状精度高，表面粗糙度小，达 0.1～0.008μm，尺寸精度等级可达 IT6～IT3；

④ 研磨还可以提高零件的耐磨性、抗蚀性、疲劳强度和使用寿命，常用作精密零件的最终加工；

⑤ 研磨应用比较广，可加工钢、铸铁、铜、铝、硬质合金、陶瓷、半导体和塑料等材料的内外圆柱面、圆锥面、平面、螺纹和齿形等表面。

3）砂带镜面磨削抛光外圆

分为闭式和开式两种方法。由于砂带的进步，现在已经有 400～1000♯的闭式砂带直接用于 Ra 为 0.2μm 以下表面的干式镜面磨削，实施非常简单方便，可在车床上进行，见图 2-7。砂带磨头像车刀一样安装在刀台上，更换不同粒度的砂带可以达到不同的加工要求，对于较长工件，还可采用双磨头方式，实现"粗精"同步进行。目前市面可供应的有刚玉类和碳化硅磨料的砂带，具有成本低廉、工序少、设备简单、效率高、镜面效果好（Ra 可达 0.01～0.05μm）等特点。

另一类则采用开式金刚石砂带附加超声振动对外圆进行镜面抛光，见图 2-8。附加的振

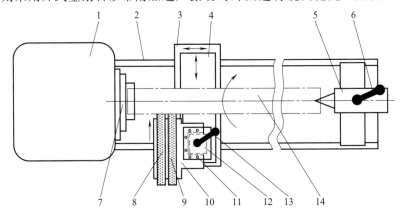

图 2-7　车床上砂带镜面磨削抛光外圆

1—主轴箱；2—导轨；3—大托板；4—中托板；5—尾座；6,13—手柄；

7—卡盘；8—粗砂带；9—精砂带；10—支架；11—螺栓；12—刀台；14—工件

动可以使磨粒在工件表面形成复杂的交叉网纹，达到极低的表面粗糙度（Ra 为 $0.01\mu m$），但效率比闭式低得多。

4）超精加工

如图 2-9 所示，超精加工是用极细磨粒 W60～W2 的低硬度的油石，在一定的压力下对工件表面进行加工的一种光整加工方法。加工时，装有油石条的磨头以恒定的压力 F（$0.1～0.3MPa$）轻压于工件表面。工件做低速旋转（$v = 15 ～ 150m/min$），磨头做轴向进给运动（$0.1～0.15mm/r$），油石做轴向低频振动（频率 $8～35Hz$，振幅为 $2～6mm$），且在油石与工件之间注入润滑油，以清除屑末并形成油膜。

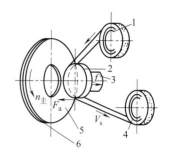

图 2-8　开式砂带镜面抛光
1—砂带轮；2—接触轮；3—振荡器；
4—卷带轮；5—工件；6—真空吸盘

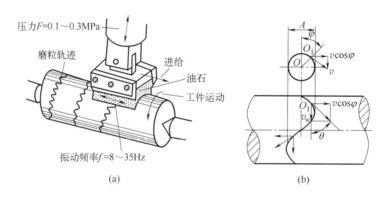

图 2-9　超精加工

超精加工的工艺特点是：

① 设备简单，自动化程度较高，操作简便，对工人技术水平要求不高；

② 切削余量极小（$3～10\mu m$），加工时间短（$30～60s$），生产率高；

③ 因磨条运动轨迹复杂，加工后表面具有交叉网纹，利于贮存润滑油，耐磨性好；

④ 超精加工只能提高加工面质量（Ra 为 $0.1～0.008\mu m$），不能提高尺寸精度和形位精度。

超精加工主要用于轴类零件的外圆柱面、圆锥面和球面等的光整加工。

2.1.3　外圆加工方法的选择

外圆加工方法的选择，除应满足图样技术要求之外，还与零件的材料、热处理要求、零件的结构、生产纲领及现场设备和操作者技术水平等因素密切相关。总的来说，一个合理的加工方案应能经济地达到技术要求，应能满足高生产率的要求，因而其工艺路线的制定是十分灵活的。

一般来说，外圆加工的主要方法是车削和磨削。对于精度要求高、表面粗糙度值小的工件外圆，还需经过研磨、超精加工等才能达到要求；对某些精度要求不高但需光亮的表面，可通过滚压或抛光获得。常见外圆加工方案可以获得的经济精度和表面粗糙度见表 2-2，供选用参考。

表 2-2　外圆加工工艺路线方案

序号	加工方案	经济精度等级	表面粗糙度 $Ra/\mu m$	适用范围
1	粗车	IT14～IT12	50～12.5	适用于除淬火钢件外的各种金属和部分非金属材料
2	粗车—半精车	IT11～IT9	6.3～3.2	
3	粗车—半精车—精车	IT8～IT6	1.6～0.8	
4	粗车—半精车—精车—滚压(抛光)	IT7～IT6	0.8～0.4	
5	粗车—半精车—磨削	IT7～IT6	0.8～0.4	主要用于淬火钢,也可用于未淬火钢及铸铁
6	粗车—半精车—粗磨—精磨	IT6～IT5	0.4～0.2	
7	粗车—半精车—粗磨—精磨—超精加工	IT6～IT4	0.1～0.012	
8	粗车—半精车—精车—金刚石精细车	IT6～IT5	0.8～0.2	主要用于非铁金属
9	粗车—半精车—粗磨—精磨—高精度磨削	IT5～IT3	0.1～0.008	适用于极高精度的外圆加工
10	粗车—半精车—粗磨—精磨—研磨	IT5～IT3	0.1～0.008	

2.2　孔（内圆）加工

孔或内圆表面是盘、套、支架、箱体和大型筒体等零件的重要表面之一，也可能是这些零件的辅助表面。孔的机械加工方法较多。中、小型孔一般靠刀具本身尺寸来获得被加工孔的尺寸，如钻、扩、铰、锪、拉孔等；大、较大型孔则需采用其他方法，如立车、镗、磨孔等。

2.2.1　钻、扩、铰、锪、拉孔

(1) 钻孔

用钻头在工件实体部位加工孔的方法称为钻孔。钻孔属于孔的粗加工，多用作扩孔、铰孔前的预加工，或加工螺纹底孔和油孔。精度等级为 IT14～IT11，表面粗糙度 Ra 为 50～1.6 μm。

钻孔主要在钻床和车床上进行，亦常在镗床和铣床上进行。在钻床、镗床上钻孔时，由于钻头旋转而工件不动，在钻头刚性不足的情况下，钻头引偏就会使孔的中心线发生歪曲，但孔径无显著变化。而在车床上钻孔，因为是工件旋转而钻头不转动，这时钻头的引偏只会引起孔径的变化并产生锥度、腰鼓等缺陷，但孔的中心线是直的，且与工件回转中心一致（图 2-10）。故钻小孔和深孔时，为了避免孔的轴线偏移和不直，应尽可能在车床上进行。

钻孔常用的刀具是麻花钻，其加工性能较差，为了改善其加工性能，目前已广泛应用群钻（图 2-11）。钻削本身的效率较高，但是由于普通钻孔需要划线、錾坑等辅助工序，使其生产率降低，为提高生产效率，在大批量生产中，钻孔常用钻模和专用的多轴组合钻床。也可采用新型自带中心导向钻的组合钻头（图 2-12），这种钻头可以直接在平面上钻孔，无须錾坑，非常适合数控钻削。

对于深长孔加工，由于排屑、散热困难，宜采用冷却液内喷麻花钻（图 2-13）、错齿内排屑深孔钻、单刃外排屑深孔钻（枪钻）（图 2-14）、喷吸钻等特殊专用钻头。

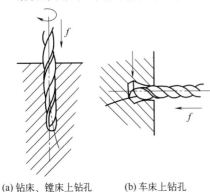

(a) 钻床、镗床上钻孔　　(b) 车床上钻孔

图 2-10　钻头引偏引起的加工（误）

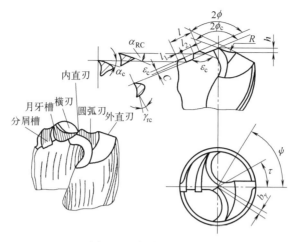

图 2-11 标准群钻结构

图 2-12 自带中心导向钻的组合钻头

图 2-13 冷却液内喷的麻花钻

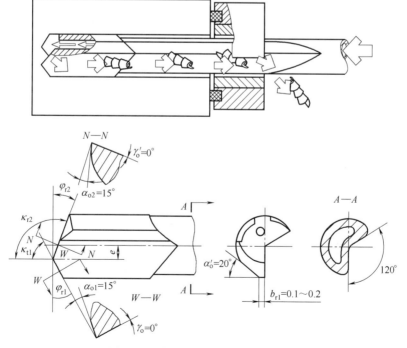

图 2-14 单刃外排屑深孔钻（枪钻）

(2) 扩孔

扩孔是用扩孔钻对已钻出、铸出、锻出或冲出的孔进行再加工，以扩大孔径并提高精度和减小表面粗糙度。扩孔精度可达 IT10～IT9，表面粗糙度 Ra 为 $6.3～0.8\mu m$。扩孔属于孔的半精加工，常用作铰孔等精加工前的准备工序，也可作为精度要求不高的孔的最终工序。扩孔可以在一定程度上校正钻孔的轴线偏斜。扩孔的加工质量和生产率比钻孔高。因为扩孔钻的结构刚性好，刀刃数目较多，且无端部横刃，加工余量较小（一般为 2～4mm），故切削时轴向力小，切削过程平稳，因此可以采用较大的切削速度和进给量。如采用镶有硬质合金刀片的扩孔钻，切削速度还可提高 2～3 倍，使扩孔的生产率进一步提高。当孔径大于 100mm 时，一般采用镗孔而不用扩孔。扩孔使用的机床与钻孔相同。用于铰孔前的扩孔钻，其直径偏差为负值；用于终加工的扩孔钻，其直径偏差为正值。

(3) 非定尺寸钻扩及复合加工

由于钻头材料和结构的进步，可以用同一把机夹式钻头实现钻孔、扩孔加工，如图 2-15 所示，因而用一把钻头可加工通孔沉孔、盲孔沉孔、斜面上钻孔及凹槽（图 2-16）；还可以实现钻孔、倒角（圆）、锪端面等一次进行的复合加工（图 2-17）。

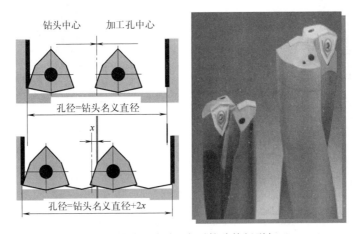

图 2-15 钻孔后偏移 x 实现扩孔的新型加工

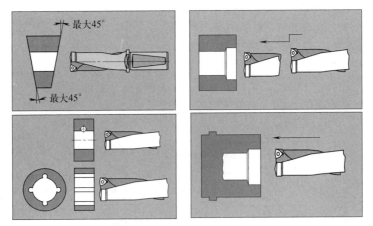

图 2-16 新型机夹式钻头的应用

(4) 铰孔

铰孔是在半精加工（扩孔或半精镗孔）基础上进行的一种孔的精加工方法。铰孔精度可

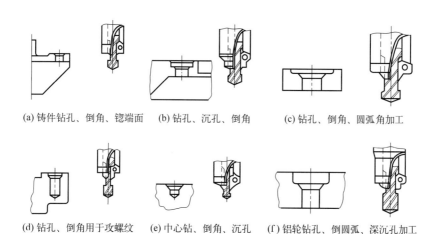

(a) 铸件钻孔、倒角、锪端面　(b) 钻孔、沉孔、倒角　(c) 钻孔、倒角、圆弧角加工

(d) 钻孔、倒角用于攻螺纹　(e) 中心钻、倒角、沉孔　(f) 铝轮钻孔、倒圆弧、深沉孔加工

图 2-17 新型钻头复合加工示例

达 IT8～IT6，表面粗糙度 Ra 为 1.6～0.4μm。有手铰和机铰两种方式，在机床上进行的铰削称机铰，用手工进行的铰削称为手铰。

铰孔的加工余量小，一般粗铰余量为 0.15～0.35mm，精铰余量为 0.05～0.15mm。为避免产生积屑瘤和引起振动，铰削应采用低切速，一般粗铰 v＝0.07～0.2m/s，精铰 v＝0.03～0.08m/s。机铰进给量约为钻孔的 3～5 倍，一般为 0.2～1.2mm/r，以防出现打滑和啃刮现象。铰削应选用合适的切削液，铰削钢件时常采用乳化液，铰削铸件时用煤油。

机铰刀在机床上常采用浮动连接。浮动机铰或手铰时，一般不能修正孔的位置误差，孔的位置误差应由铰孔前的工序来保证。铰孔直径一般不大于 80mm，铰削也不宜用于非标准孔、台阶孔、盲孔、短孔和具有断续表面的孔。

(5) 锪孔

用锪钻加工锥形或柱形的沉坑称为锪孔。锪孔一般在钻床上进行，加工后的表面粗糙度 Ra 为 6.3～3.2μm。锪孔的主要目的是安装沉头螺钉，锥形锪钻还可用于清除孔端毛刺。

(6) 拉孔

拉孔是一种高生产率的精加工方法，既可加工内表面，也可加工外表面，如图 2-18 所示。拉孔前工件需经钻孔或扩孔。工件以被加工孔自身定位并以工件端面为支承面，在一次行程中便可完成粗加工—精加工—光整加工等阶段的工作。拉孔一般没有粗拉工序、精拉工序之分，除非拉削余量太大或孔太深，用一把拉刀拉，拉刀太长，才分两个工序加工。

拉削速度低，每齿切削厚度很小，拉削过程平稳，不会产生积屑瘤；同时拉刀是定尺寸刀具，又有校准齿来校准孔径和修光孔壁，所以拉削加工精度高，表面粗糙度小。拉孔精度主要取决于刀具，机床的影响不大。拉孔的精度可达 IT8～IT6，表面粗糙度 Ra 达 0.8～0.4μm。拉孔难以保证孔与其他表面间的位置精度，因此被拉孔的轴线与端面之间，在拉削前应保证有一定的垂直度。

如图 2-19 所示，拉刀刀齿尺寸逐个增大而切下金属的过程，可看作按高低顺序排列成队的多把刨刀进行的刨削。为保证拉刀工作时的平稳性，拉刀同时工作的齿数应在 2 个以上，但也不应大于 8 个，否则拉力过大可能会使拉刀断裂。由于受到拉刀制造工艺及拉床动力的限制，过小与特大尺寸的孔均不适宜于拉削加工。

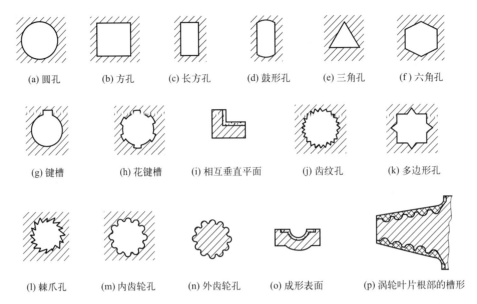

(a) 圆孔　(b) 方孔　(c) 长方孔　(d) 鼓形孔　(e) 三角孔　(f) 六角孔

(g) 键槽　(h) 花键槽　(i) 相互垂直平面　(j) 齿纹孔　(k) 多边形孔

(l) 棘爪孔　(m) 内齿轮孔　(n) 外齿轮孔　(o) 成形表面　(p) 涡轮叶片根部的槽形

图 2-18　拉削加工的各种截面

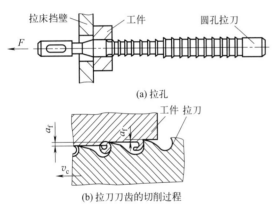

(a) 拉孔

(b) 拉刀刀齿的切削过程

图 2-19　拉孔及拉刀刀齿的切削过程

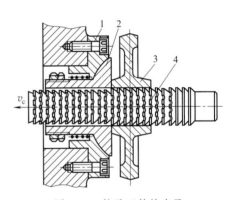

图 2-20　拉孔工件的支承

1—固定支承板；2—球面垫板；3—工件；4—拉刀

当工件端面与工件毛坯孔的垂直度不好时，为改善拉刀的受力状态，防止拉刀崩刃或折断，常采用在拉床固定支承板上装有自动定心的球面垫板作为浮动支承装置，如图 2-20 所示。拉削力通过球面垫板 2 作用在拉床的前壁上。

拉刀结构复杂、排屑困难、价格昂贵、设计制造周期长，故一般用于成批大量生产中。

拉削不仅能加工圆孔，还可以加工成形孔、花键孔。由于拉刀是定尺寸刀具，形状复杂，价格昂贵，故不适合于加工大孔，在单件小批生产中使用也受限制。拉孔常用在大批大量生产中加工孔径为 8~125mm、孔深不超过孔径 5 倍的中小件通孔。

2.2.2　镗孔

镗孔是用镗刀对已钻出、铸出或锻出的孔做进一步的加工。通过镗模或坐标装置，容易保证加工精度；镗孔工艺灵活性大、适应性强，可以在车床，也可以在镗床或铣床上进行；而镗床上还可实现钻、铣、车、攻螺纹工艺，见图 2-21。

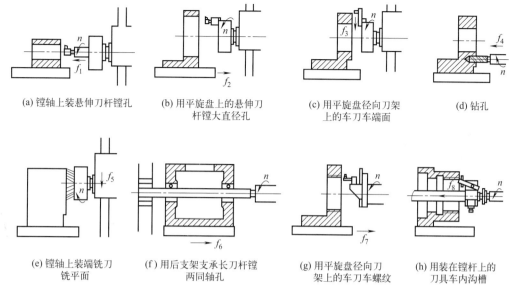

| (a) 镗轴上装悬伸刀杆镗孔 | (b) 用平旋盘上的悬伸刀杆镗大直径孔 | (c) 用平旋盘径向刀架上的车刀车端面 | (d) 钻孔 |

| (e) 镗轴上装端铣刀铣平面 | (f) 用后支架支承长刀杆镗两同轴孔 | (g) 用平旋盘径向刀架上的车刀车螺纹 | (h) 用装在镗杆上的刀具车内沟槽 |

图 2-21 卧式镗床上可实现的加工方法

镗削的工作方式有以下三种。

(1) 工件旋转，刀具做进给运动

在车床上镗孔属于这种方式，如图 2-22 (a) 所示。车床镗孔是工件旋转，镗刀移动，孔径大小由镗刀的背吃刀量和走刀次数予以控制。车床镗孔多用于盘、套和轴件中间部位的孔以及小型支架的支承孔。

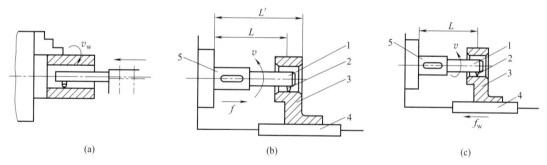

图 2-22 镗孔的几种运动方式

1—镗刀杆；2—镗刀刃；3—工件；4—工作台；5—镗刀柄

(2) 工件不动而刀具做旋转和进给运动

如图 2-22 (b) 所示，这种加工方式在镗床上进行。镗床主轴带动镗刀杆旋转，并做纵向进给运动。由于主轴的悬伸长度不断加大，刚性随之减弱，为保证镗孔精度，故一般用来镗削深度较小的孔。

(3) 刀具旋转，工件做进给运动

这种镗孔方法［图 2-22 (c)］有以下两种方式。

① 镗床平旋盘带动镗刀旋转［图 2-21 (b)］，工作台带动工件做纵向进给运动，利用径向刀架使镗刀处于偏心位置，即可镗削大孔。$\phi 200mm$ 以上的孔多用此种方式加工，但孔深不宜过大。

② 主轴带动刀杆和镗刀旋转，工作台带动工件做进给运动［图 2-21（f）］。这种方式镗削的孔径一般小于 120mm。对于悬伸式刀杆，镗刀杆不宜过长，一般用来镗削深度较小的孔，以免弯曲变形过大而影响镗孔精度，可在镗床、卧式铣床上进行。刀杆较长时，用来镗削箱体两壁距离较远的同轴孔系。为了增加刀杆刚性，另一端支承在镗床后立柱的导套座里。

对于孔径较大（＞ϕ80mm）、精度高和表面粗糙度较小的孔，可采用浮动镗刀加工，镗刀装入镗杆孔后，不用夹紧，靠两端的切削力来自动平衡刀具切削位置，能补偿刀具安装误差、主轴回转误差带来的加工误差，易于保证加工尺寸精度，但不能纠正直线度误差和位置误差。浮动镗削操作简单，浮动镗刀造价高，生产率高，故适用于大批量生产。

镗孔常用单刃镗刀，镗孔时，孔径大小要靠调整刀头伸出的长度来保证，故镗孔质量不易控制，对操作者的技术水平要求较高。

2.2.3 磨孔

(1) 砂轮磨孔

砂轮磨孔是孔的精加工方法之一。磨孔的精度可达 IT8～IT6，表面粗糙度 Ra 达 1.6～0.4μm。砂轮磨孔可在内圆磨床或万能外圆磨床上进行，如图 2-23 所示，磨削方式分为以下 3 类。

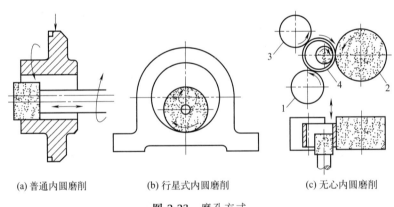

(a) 普通内圆磨削　　　(b) 行星式内圆磨削　　　(c) 无心内圆磨削

图 2-23 磨孔方式

1,3—滚轮；2—导轮；4—工件

① 普通内圆磨削。工件装夹在机床上回转，砂轮高速回转并做轴向往复进给运动、径向进给运动，在普通内圆磨床上磨孔就是这种方式，如图 2-23（a）所示。

② 行星式内圆磨削。工件固定不动，砂轮自转并绕所磨孔的中心线做行星运动和轴向往复进给运动，径向进给则通过加大砂轮行星运动的回转半径来实现，如图 2-23（b）所示。此种磨孔方式用得不多，只有在被加工工件体积较大、不便于做回转运动的条件下，才采用这种磨孔方式。

③ 无心内圆磨削。如图 2-23（c）所示，工件 4 放在滚轮中间，被滚轮 3 压向滚轮 1 和导轮 2，并由导轮 2 带动回转。导轮和滚轮安放在机床滑板上，可沿砂轮轴心线做轴向往复进给运动。这种磨孔方式一般只用来加工轴承圈等简单零件。

(2) 砂带磨孔

对于内孔磨削，砂带磨削明显比砂轮磨削更具灵活性，可以解决许多让砂轮磨削无法实施的加工难题，加工材料也更为广泛，见表2-3。

表 2-3　内圆（孔）砂带磨削结构布置与应用

磨削布置图	特点	磨削布置图	特点
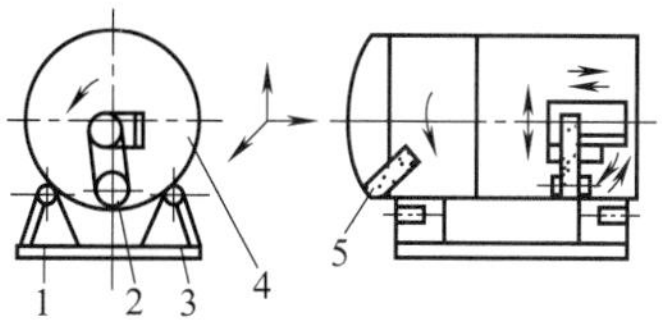 1—工件座；2—磨头；3—导轮； 4—工件；5—接触轮	采用浮动磨头可磨削 750mm 以上的大型筒体及封头，效率是砂轮的 4 倍以上	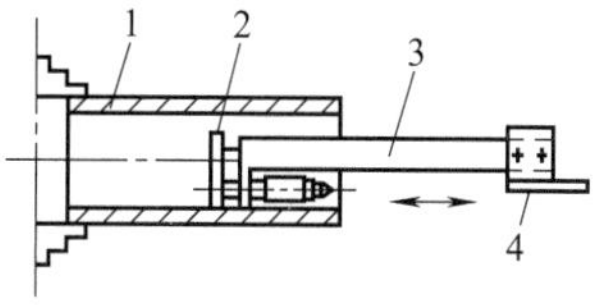 1—工件；2—磨头；3—刀杆； 4—刀架	在大型卧车上安装磨头对 φ300mm 以上的中型孔磨抛，工件车削后直接磨削，不用再次装夹磨削，辅助时间少
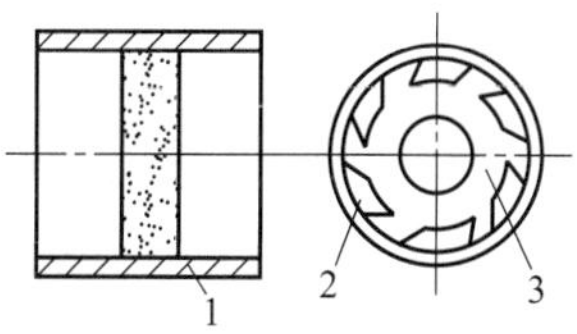 1—工件；2—砂带；3—开槽橡胶轮	开螺旋槽橡胶轮在高速旋转时离心力让砂带张紧，并和工件内圆面紧贴，对中小直径孔进行磨抛	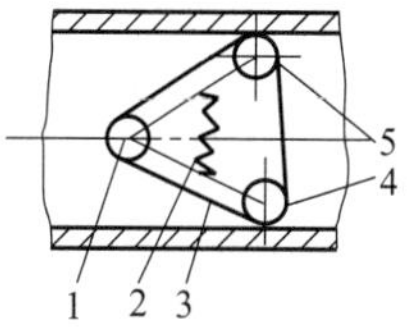 1—张紧轮；2—弹簧；3—砂带； 4，5—接触轮	两个接触轮对内圆同时磨削，两个接触轮都是圆弧形，并呈浮动连接，对 φ400mm 以上孔加工，效率高
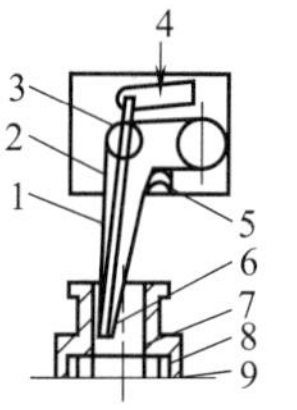 1—支杆；2—砂带；3—驱动轮； 4—拉杆；5—张紧轮；6—接触轮； 7—工件；8—定位块；9—压块	在立、卧车或专机上使用，砂带长，对 φ80～300mm 孔精密加工，如用于气缸、液压缸、不锈钢油罐等	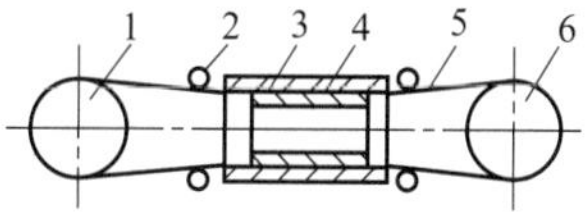 1—张紧轮；2—导轮；3—工件； 4—支承环；5—砂带；6—驱动轮	先将砂带套入，后装入支承环使砂带紧贴内孔，工件回转，支承环由硬度不同的橡胶轮制作，对 φ50～200mm 的深孔精磨或抛光
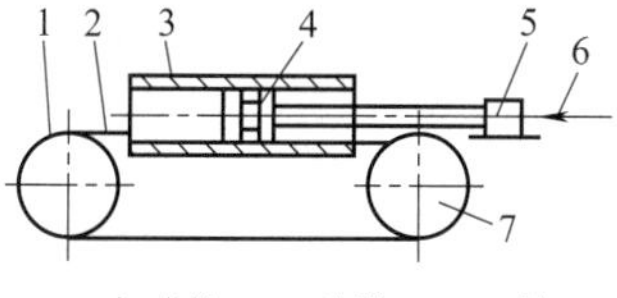 1—主动轮；2—砂带；3—工件； 4—接触气囊；5—起刀架； 6—压缩空气；7—张紧轮	开环砂带穿入孔后再结合成闭环，装于主动轮和张紧轮上，气囊将砂带贴压在内孔面上并做轴向进给，适用于 φ25～300mm 深孔的加工	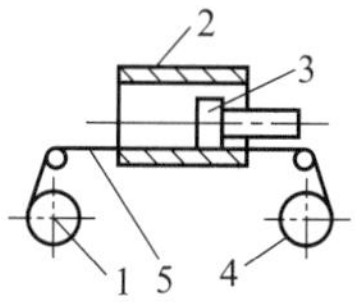 1—砂带轮；2—工件；3—接触轮； 4—卷带轮；5—砂带	开式砂带穿入内孔并缠绕于卷轮上，卷带轮带动砂带做低速磨削运动，工件回转速度较高，适用于 φ25～300mm 深长孔的磨抛
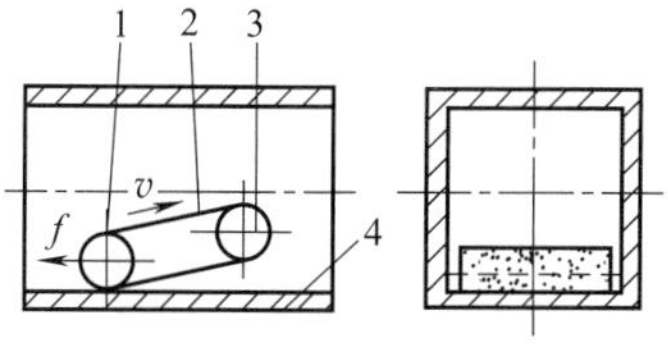 1—接触轮；2—砂带； 3—张紧轮；4—工件	磨头与伸缩臂沿工件轴向进给对内表面磨削	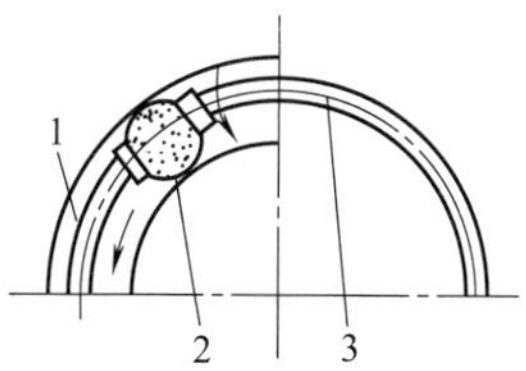 1—工件；2—磨头；3—导轨	磨头为单橡胶轮，用软轴驱动，橡胶硬度为 40～60HS，轴向压紧使橡胶鼓形轮径向张紧砂带，磨头沿导轨运动对整个表面加工

2.2.4　孔的光整加工

(1) 研磨孔

研磨孔是常用的一种孔光整加工方法，如图 2-24 所示，用于对精镗、精铰或精磨后的

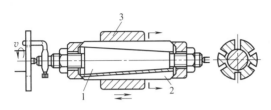

图 2-24　套类零件孔的研磨
1—芯棒；2—研套；3—工件（手握）

孔进一步加工。研磨孔的特点与研磨外圆类似，研磨后孔的精度可达 IT7～IT6，表面粗糙度 Ra 可达 $0.1～0.008\mu m$，形状精度亦有相应提高。

(2) 珩磨孔

珩磨是研磨的发展，是磨削的特殊形式之一，它是利用带有磨条（油石）的珩磨头对孔进行光整加工的方法，常常对精铰、精镗或精磨过的孔进行光整加工，常用珩磨头在专用的珩磨机上进行。珩磨头的结构形式很多，图 2-25 是一种机械加压的珩磨头。本体 2 通过浮动联轴节和机床主轴连接，磨条 5 和磨条座 4 结合装入本体的槽中，磨条座两端由弹簧箍 1 箍住，使磨条经常向内收缩。珩磨头工作尺寸的调节依靠调节锥 6 实现，旋转螺母 7 使其向下时，就推动调节锥向下移动，通过顶块 3 使磨条径向张开而获得工作压力；旋转螺母 7 使其向上时，压力弹簧 8 便推动调节锥向上移，磨条受到弹簧箍的作用而收缩。这种磨头结构简单，但操作不便，只用于单件小批生产。大批量生产中常用压力恒定的气体或液体加压的珩磨头。珩磨时，工件固定在机床工作台上，主轴与珩磨头浮动连接并驱动珩磨头做旋转和往复运动，如图 2-26（a）所示。珩磨头上的磨条在孔的表面上切去极薄的一层金属，其切削轨迹呈交叉而不重复的网纹，有挂油、储油作用，减少滑动摩擦，如图 2-26（b）所示。

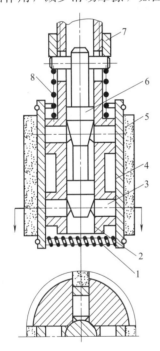

图 2-25　珩磨头结构
1—弹簧箍；2—本体；3—磨条顶块；4—磨条座；
5—磨条；6—调节锥；7—螺母；8—压力弹簧

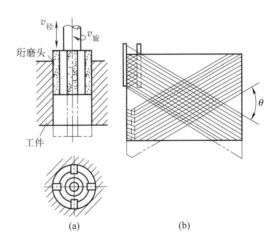

图 2-26　珩磨时的运动及切削轨迹

珩磨孔广泛用于大批量生产中，如加工内燃机的气缸、液压装置的油缸孔等。单件小批生产时可在立式钻床或改装的简易设备上利用珩磨头进行珩磨。

2.2.5　孔加工方法的选择

孔加工方法的选择与机床选用是密切联系的。但孔加工方法的选择与机床选用较外圆加工时要复杂得多。

(1) 加工方法的选择

孔加工常用的方案见表2-4。拟定孔加工方案时，除一般因素外，还应考虑孔径大小和深径比。

表 2-4　孔加工方案

加工方案		尺寸公差等级	表面粗糙度 $Ra/\mu m$	适 用 范 围	
钻削类	钻	IT14～IT11	50～12.5	用于任何批量生产中工件实体部位的孔加工	
铰削类	钻—铰	IT9～IT8	3.2～1.6	$\phi 10mm$ 以下	用于成批生产及单件小批生产中的小孔和细长孔加工。可加工不淬火的钢件、铸铁件和非铁金属件
	钻—扩—铰	IT8～IT7	1.6～0.8	$\phi 10 \sim 80mm$	
	钻—扩—粗铰—精铰	IT7～IT6	1.6～0.4		
	粗镗—半精镗—铰	IT8～IT7	1.6～0.8	用于成批生产中 $\phi 30 \sim 80mm$ 铸锻孔的加工	
拉削类	钻—拉，或粗镗—拉	IT8～IT7	1.6～0.4	用于大批大量生产中，加工不淬火的黑色金属和非铁金属件的中、小孔	
镗削类	(钻)—粗镗—半精镗	IT10～IT9	6.3～3.2	多用于单件小批生产中加工除淬火钢外的各种钢件、铸铁件和非铁金属件。以珩磨为终加工的，多用于大批大量生产，并可以加工淬火钢件	
	(钻)—粗镗—半精镗—精镗	IT8～IT7	1.6～0.8		
	(钻)—粗镗—半精镗—精镗—研磨	IT7～IT6	0.4～0.008		
	(钻)—粗镗—半精镗—精镗—珩磨	IT7～IT5	0.4～0.012		
镗磨类	(钻)—粗镗—半精镗—磨	IT8～IT7	0.8～0.4	用于淬火钢、不淬火钢及铸铁件的孔加工，但不宜加工韧性大、硬度低的非铁金属件	
	(钻)—粗镗—半精镗—粗磨—精磨	IT7～IT6	0.4～0.2		
	(钻)—粗镗—半精镗—粗磨—精磨—研磨	IT7～IT6	0.2～0.008		

(2) 机床的选用

对于给定精度和尺寸大小的孔，有时可在几种机床上加工实现。为了便于工件装夹和孔加工，保证质量并提高生产率，机床选用主要取决于零件的结构类型、孔在零件上所处的部位以及孔与其他表面位置精度等条件。

① 盘、套类零件。盘、套类零件中间部位的孔一般在车床上加工，这样既便于工件装夹，又便于在一次装夹中精加工孔、端面和外圆，以保证位置精度。若采用镗磨类加工方案，在半精镗后再转磨床加工；若采用拉削方案，可先在卧式车床或多刀半自动车床上粗车外圆、端面和钻孔（或粗镗孔）后再转拉床加工。

② 支架、箱体类零件。为了保证支承孔与主要平面之间的位置精度并使工件便于装夹，大型支架和箱体应在卧式镗床上加工；小型支架和箱体可在卧式铣床或车床（用花盘、弯板）上加工。支架、箱体上的螺钉孔、螺纹底孔和油孔，可根据零件大小在摇臂钻床、立式钻床或台式钻床上钻削。

③ 轴类零件上各种孔加工的机床选用。除中心孔外，轴类零件带孔的情况较少，但有些轴件有轴向圆孔、锥孔或径向小孔。轴向孔的精度差异很大，一般均在车床上加工，高精

度的孔则需再转磨床加工。径向小孔在钻床上钻削。

2.3 平面加工

平面是盘形和板形零件的主要表面，也是箱体、导轨、支架类零件的主要表面之一。平面加工的方法有车、铣、刨、磨、研磨和刮削等。

2.3.1 平面车削

平面车削一般用于加工轴、轮、盘、套等回转体零件的端面、台阶面等，也用于其他需要加工孔和外圆零件的端面，通常这些面要求与内、外圆柱面的轴线垂直，一般在车床上与相关的外圆和内孔在一次装夹中加工完成。中小型零件在卧式车床上进行，重型零件可在立式车床上进行。平面车削的精度可达 IT7～IT6，表面粗糙度 Ra 可达 $12.5～1.6\mu m$。

2.3.2 平面铣削

铣削是平面加工的主要方法。铣削中小型零件的平面，一般用卧式或立式铣床；铣削大型零件的平面则用龙门铣床。

铣削工艺具有工艺范围广、生产效率高、容易产生振动、刀齿散热条件较好等特点。

平面铣削按加工质量可分为粗铣和精铣。粗铣的表面粗糙度 Ra 为 $50～12.5\mu m$，精度为 IT14～IT12；精铣的表面粗糙度 Ra 可达 $3.2～1.6\mu m$，精度可达 IT9～IT7。按铣刀的切削方式不同，平面铣削可分为周铣与端铣，还可同时进行周铣和端铣。周铣常用的刀具是圆柱铣刀；端铣常用的刀具是端铣刀；同时进行端铣和周铣的铣刀有立铣刀和三面刃铣刀等。

(1) 周铣

周铣是用铣刀圆周上的切削刃来铣削工件，铣刀的回转轴线与被加工表面平行，如图 2-27（a）所示。周铣适于在中小批生产中铣削狭长的平面、键槽及某些曲面。周铣有顺铣和逆铣两种方式。

① 逆铣。铣削时，在铣刀和工作接触处，铣刀的旋转方向与工件的进给方向相反称为逆铣。刀齿从已加工表面切入，切削层由薄变厚，如图 2-28（a）所示。铣削过程中，在刀齿切入工件前，刀齿要在加工面上滑移一小段距离，从而加剧了刀齿的磨损，增加工件表层硬化程度，并增

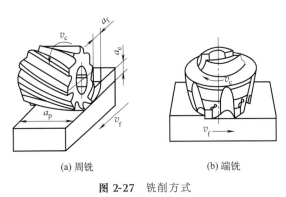

(a) 周铣　　　　(b) 端铣

图 2-27　铣削方式

大加工表面的粗糙度。逆铣时有把工件向上挑起的切削垂直分力，影响工件夹紧，需加大夹紧力。但铣削时，水平切削分力有助于丝杠与螺母贴紧，消除丝杠与螺母之间间隙，使工作台进给运动比较平稳。

② 顺铣。铣削时，在铣刀和工件接触处，铣刀的旋转方向与工件进给方向相同时称为顺铣。刀齿从未加工表面切入，切削层由厚变薄，如图 2-28（b）所示。顺铣过程中，刀齿切入时没有滑移现象，但切入时冲击较大。切削时垂直切削分力有助于夹紧工件，而水平切

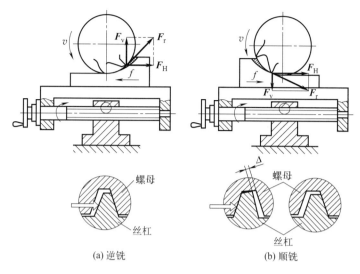

图 2-28　周铣方式

削分力与工件台移动方向一致，当这一切削分力足够大时，即 $F_H >$ 工作台与导轨间摩擦力时，会在螺纹传动副侧隙范围内使工作台向前窜动并短暂停留，严重时甚至引起"啃刀"和打刀现象。

综上所述，逆铣和顺铣各有利弊。在切削用量较小（如精铣），工作表面质量较好或机床有消除螺纹传动副侧隙装置时，则采用顺铣为宜。另外，对不易夹牢和薄而长的工件，也常用顺铣。一般情况下，特别是加工硬度较高的工件时，则最好采用逆铣。

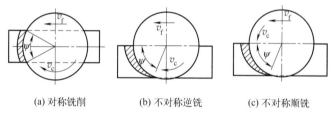

图 2-29　端铣的对称与不对称铣削（俯视图）

（2）端铣

端铣是用铣刀端面上的切削刃来铣削工件，铣刀的回转轴线与被加工表面垂直，如图 2-27（b）所示。端铣适于在大批生产中铣削宽大平面。端铣分为对称铣削和不对称铣削，不对称铣削还分为顺铣和逆铣，见图 2-29。

2.3.3　平面刨削

刨削是平面加工的方法之一。中小型零件的平面加工，一般多在牛头刨床上进行，龙门刨床则用来加工大型零件的平面和同时加工多个中型工件的平面。刨平面所用机床、工夹具结构简单，调整方便，在工件的一次装夹中能同时加工处于不同位置上的平面，且刨削加工有时可以在同一工序中完成，因此，刨平面具有机动灵活、万能性好的优点。

刨削可分粗刨和精刨。粗刨的表面粗糙度 Ra 为 50～12.5μm，尺寸公差等级为 IT14～IT12；精刨的表面粗糙度 Ra 可达 3.2～1.6μm，尺寸公差等级为 IT9～IT7。

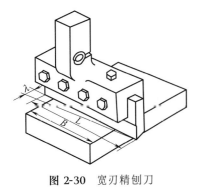

图 2-30　宽刃精刨刀

宽刃精刨是在普通精刨基础上，使用高精度龙门刨床和宽刃精刨刀（图 2-30），以低切速和大进给量在工件表面切去一层极薄的金属。对于接触面积较大的定位平面与支承平面，如导轨、机架、壳体零件上的平面的刮研工作，劳动强度大，生产效率低，对工人的技术水平要求高。宽刃精刨工艺可以减少甚至完全取代磨削、刮研工作，在机床制造行业中获得了广泛的应用，能有效地提高生产率。宽刃精刨加工的直线度可达到 0.02mm/m，表面粗糙度 Ra 可达 0.8～0.4μm。

宽刃精刨具有以下特点。

① 用宽刃刨刀，刨刃的宽度一般为 10～60mm，有时可达 500mm；

② 切削速度极低（5～12m/min），切削过程发热量小；

③ 切深极微，可以获得表面粗糙度很小的光整表面；生产效率比刮研高 20～40 倍；

④ 宽刃精刨对机床、刀具、工件、加工余量、切削用量和切削液均有严格要求，应特别注意，具体采用时可参考有关技术手册。

2.3.4　平面拉削

平面拉削是一种高效率、高质量的加工方法，主要用于大批量生产中，其工作原理和拉孔相同。平面拉削的精度可达 IT7～IT6，表面粗糙度 Ra 可达 0.8～0.4μm。

2.3.5　平面磨削

对一些平直度、平面之间相互位置精度要求较高，表面粗糙度要求高的平面进行磨削加工的方法，称为平面磨削。平面磨削一般在铣、刨、车削的基础上进行。随着高精度和高效率磨削的发展，平面磨削既可作为精密加工，又可代替铣削和刨削进行粗加工。

(1) 平面砂轮磨削

平面砂轮磨削的方法有周磨（即周边磨削）和端磨（即端面磨削）两种。

① 周磨。周磨平面，如图 2-31（a）所示，是指用砂轮的圆周面来磨削平面。砂轮和工件的接触面小，发热量小，磨削区的散热、排屑条件好，砂轮磨损较为均匀，可以获得较高的精度和表面质量。但在周磨中，磨削力易使砂轮主轴受弯变形，故要求砂轮主轴应有较高的刚度，否则容易产生振纹。此法适于在成批生产条件下加工精度要求较高的平面，能获得高的精度和较小的表面粗糙度，常用于各种批量生产中对中、小型工件进行精加工。小型零件可同时磨削多件，以提高生产率。

② 端磨。如图 2-31（b）所示，端磨是用砂轮的端面来磨削平面。但砂轮圆周直径不能过大，而且砂轮必须是专用端面磨削砂轮，普通的周磨砂轮是不能用于端磨的，否则容易爆裂。端磨时，磨头伸出短，刚性好，可采用较大的磨削用量，生产效率高。但砂轮与工件接触面积大，发热多，散热和冷却较困难，加上砂轮端面各点的圆周线速度不同，磨损不均匀，故精度较低。一般用于大批大量生产中，代替刨削和铣削进行粗加工。

一般经磨削加工的两平面间的尺寸精度可达 IT6～IT5，两面的平行度可达 0.01～0.03mm，直线度可达 0.01～0.03mm/m，表面粗糙度 Ra 可达 0.8～0.2μm。

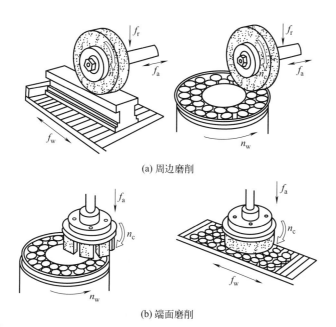

(a) 周边磨削

(b) 端面磨削

图 2-31 平面砂轮磨削的两种方式

(2) 平面砂带磨削

对于有色金属、不锈钢、各种非金属（如石棉）大型平面、卷带材、板材，采用砂带磨削不仅不堵塞磨料，能获得极高的生产率，而且一般采用干式磨削，实施极为方便。目前最大的砂带宽度可以做到 5m，在一次贯穿式的磨削中，可以磨出极大的加工表面（如电梯内装饰板）。砂带磨削平面的布局形式见表 2-5。

表 2-5 砂带磨削平面的布局形式

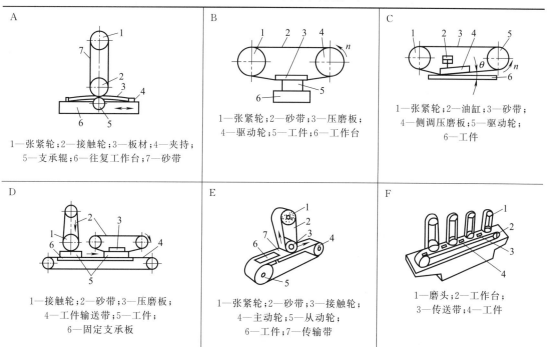

A	B	C
1—张紧轮；2—接触轮；3—板材；4—夹持；5—支承辊；6—往复工作台；7—砂带	1—张紧轮；2—砂带；3—压磨板；4—驱动轮；5—工件；6—工作台	1—张紧轮；2—油缸；3—砂带；4—侧调压磨板；5—驱动轮；6—工件
D	E	F
1—接触轮；2—砂带；3—压磨板；4—工件输送带；5—工件；6—固定支承板	1—张紧轮；2—砂带；3—接触轮；4—主动轮；5—从动轮；6—工件；7—传输带	1—磨头；2—工作台；3—传送带；4—工件

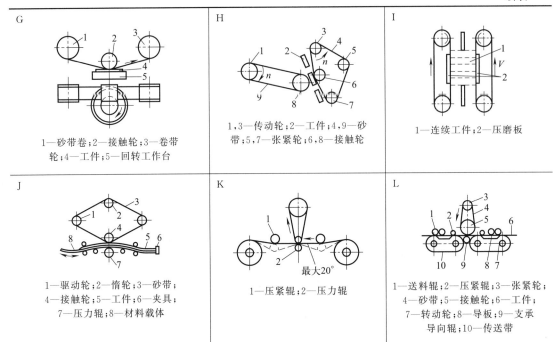

G	H	I
1—砂带卷;2—接触轮;3—卷带轮;4—工件;5—回转工作台	1,3—传动轮;2—工件;4,9—砂带;5,7—张紧轮;6,8—接触轮	1—连续工件;2—压磨板
J	K	L
1—驱动轮;2—惰轮;3—砂带;4—接触轮;5—工件;6—夹具;7—压力辊;8—材料载体	1—压紧辊;2—压力辊	1—送料辊;2—压紧辊;3—张紧轮;4—砂带;5—接触轮;6—工件;7—转动轮;8—导板;9—支承导向辊;10—传送带

2.3.6　平面的光整加工

(1) 平面刮研

平面刮研是利用刮刀在工件上刮去很薄一层金属的光整加工方法。刮研常在精刨的基础上进行,可以获得很高的表面质量。表面粗糙度 Ra 可达 $1.6 \sim 0.4\mu m$,平面的直线度可达 $0.01mm/m$,甚至更高(可达 $0.005 \sim 0.0025mm/m$)。刮研既可提高表面的配合精度,又能在两平面间形成贮油空隙,以减少摩擦,提高工件的耐磨性,还能使工件表面美观。

刮研劳动强度大,操作技术要求高,生产率低,故多用于单件小批生产及修理车间。常用于单件小批生产中,加工未淬火的要求高的固定连接面(如车床床头箱底面)、导向面(如各种导轨面)及大型精密平板和直尺等。在大批大量生产中,刮研多为专用磨床磨削或宽刃精刨所代替。

(2) 平面研磨

研磨也是平面的光整加工方法之一,一般在磨削之后进行。研磨后两平面的尺寸精度可达 IT5~IT3,表面粗糙度 Ra 可达 $0.1 \sim 0.008\mu m$,直线度可达 $0.005mm/m$。小型平面研磨还可减小平行度误差。

平面研磨主要用来加工小型精密平板、直尺、块规以及其他精密零件的平面。单件小批量生产中常用手工研磨,大批量生产中则常用机械研磨。

2.3.7　平面加工方法的选择

常用的平面加工方案见表 2-6。在选择平面的加工方案时,除了要考虑平面的精度和表面粗糙度要求外,还应考虑零件结构和尺寸、热处理要求以及生产规模等。

表 2-6 平面加工方案

加工方案	尺寸公差等级	表面粗糙度 $Ra/\mu m$	适 用 范 围
粗车—精车	IT7～IT6	3.2～1.6	不淬火钢、铸铁和非铁金属件的平面。刨削多用于单件小批生产；拉削用于大批大量生产中，精度较高的小型平面
粗铣或粗刨	IT14～IT12	50～12.5	
粗铣—精铣	IT9～IT7	3.2～1.6	
粗刨—精刨	IT9～IT7	3.2～1.6	
粗拉—精拉	IT7～IT6	0.8～0.4	
粗铣（车、刨）—精铣（车、刨）—磨	IT6～IT5	0.8～0.2	淬火及不淬火钢、铸铁的中小型零件的平面
粗铣（刨）—精铣（刨）—磨—研磨	IT5～IT3	0.1～0.008	淬火及不淬火钢、铸铁的小型高精度平面
粗刨—精刨—宽刃细刨	IT8～IT7	0.8～0.4	导轨面等
粗铣（刨）—精铣（刨）—刮研	IT7～IT6	1.6～0.4	高精度平面及导轨平面

2.4 曲（异型）面加工

有些机器零件的表面，不是简单的平面、圆柱面、圆锥面或它们的组合，而是复杂的表面。所有的复杂表面统称为曲面。随着科学技术的发展，机器的结构日益复杂，功能也日益多样化。在这些机器中，为了满足预期的运动要求或使用要求，具有曲面的零件也相应增多，这些零件不但具有复杂的几何形状，其加工精度和表面粗糙度一般也要求很高。

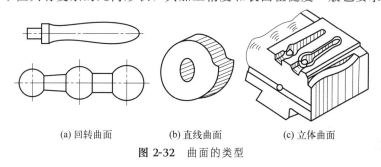

(a) 回转曲面　　　(b) 直线曲面　　　(c) 立体曲面

图 2-32 曲面的类型

曲面的种类很多，按照其几何特征，一般可分为以下三种类型。

（1）回转曲面

由一条母线（曲线）绕一固定轴线旋转而成，如滚动轴承内、外圈的圆弧滚道，手柄 [图 2-32 (a)] 等。

（2）直线曲面

由一条直母线沿一曲线平行移动而成。它可分为：

① 外直线曲面，如冷冲模的凸模和凸轮 [图 2-32 (b)] 等；

② 内直线曲面，如冷却模的凹模型孔等。

（3）立体曲面

零件各个剖面具有不同的轮廓形状，如某些锻模 [图 2-32 (c)]、压铸模、注塑模、航空发动机叶轮、螺旋桨叶片等。

曲面加工方法已由手工或普通切削加工方法发展到采用数控加工、特种加工、精密铸造等多种加工方法。下面着重讲述各种曲面的加工方法。

按成形原理，曲面加工可分为：用成形刀具加工和用简单刀具加工两类。

2.4.1 用成形刀具加工

刀具的切削刃按工件表面轮廓形状制造，加工时，刀具相对于工件做简单的直线进给运动。

（1）曲面车削

用成形车刀可加工内、外回转曲面。成形车刀的主切削刃与形成回转曲面的母线形状一致。

（2）曲面铣削

用成形铣刀铣削曲面，一般在卧式铣床上用盘状铣刀进行，常用来加工直线曲面。

（3）曲面刨削

成形刨刀的结构与成形车刀结构相似。由于刨削的主运动为直线运动，刨削时有较大的冲击力，故一般用来加工形状简单的直线曲面。

（4）曲面拉削

拉削可加工多种内、外直线曲面。加工质量好、生产率高，但拉削曲面的拉刀结构复杂，成本高，故宜用于成批、大量生产。

（5）曲面磨削

利用修整好的成形砂轮，在外圆磨床上可以磨削回转曲面，如图 2-33（a）所示；在平面磨床上可以磨削外直线曲面，如图 2-33（b）所示。

利用砂带的柔性较好的特点很容易实施曲面的成形磨削，而且只需简单地更换砂带即可实现粗磨、精磨在一台装置上完成，而且磨削宽度可以很大，如图 2-34 所示。砂带磨削异型面常用结构布局如表 2-7 所示。

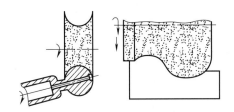

(a) 成形砂轮磨削外球面　(b) 成形砂轮磨削外曲面

图 2-33　成形砂轮磨削

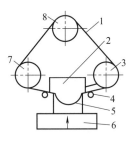

图 2-34　砂带成型磨削

1—砂带；2—特形接触压块；3—主动轮；4—导轮；
5—工件；6—工作台；7—张紧轮；8—惰轮

表 2-7　异型（曲）面砂带磨削的方案与结构布局

加工方法	结构布局		说明
成形砂带磨削法	1—工件；2—张紧轮；3—成形接触轮；4—砂带；5—驱动轮；6—护罩	1—砂带；2—成形接触轮；3—主动轮；4—导轮；5—工件；6—工作台；7—张紧轮；8—惰轮	成形砂带磨削法适合于回转曲面工件加工。成形接触轮与工件表面形状相吻合。为了保证砂带在接触轮处的贴合，砂带在挠曲方向应有 7°～15°的偏角
	1—张紧轮；2—砂带；3—工件；4—驱动轮	1—砂带；2—张紧轮；3—接触带；4—工件；5—驱动轮	自由接触带式成形砂带磨削法效率低，但其加工表面质量好，适合于精磨或抛光

加工方法	结构布局	说明
展成磨削法	 1—驱动轮；2—压板； 3—张紧轮；4—工件 1—主动轮；2—砂带；3—张紧轮； 4—支承轮；5—滚针；6—工件	砂带宽度应超过相应齿轮的宽度，齿轮无须做轴向运动，有效率高、表面质量好、加工精度高的特点。在特形面砂带磨削中，展成磨削法加工精度高
仿形磨削法	 1—主动轮；2—砂带；3—支架；4—传动轮；5—靠模；6—夹具； 7—导轮；8—工件(叶片)；9—平衡器；10—张力器；11—摇摆轮	采用成形接触靠模，使砂带和工件曲面相吻合。张力器通过杠杆机构使砂带始终张紧，磨削时工件(叶片)做仿形运动，从而加工出所需形状
数控磨削法	 1—工件(凸轮)；2—接触轮； 3—张紧轮；4—砂带 1—惰轮；2—张紧轮；3—砂带； 4—驱动轮；5—工件(凸轮)； 6—压磨板	工件(凸轮)轮廓的极坐标由计算机数字控制做进给运动。接触轮或压磨板的磨头位置固定。此法加工效率高，精度好，但设备较复杂，成本高

　　用成形刀具加工曲面，加工精度主要决定于刀具精度，且机床的运动和结构比较简单，操作简便，故易于保证同一批工件表面形状、尺寸的一致性和互换性。成形刀具是宽刃刀具，同时参加切削的刀刃较长，一次切削行程就可切出工件的曲面，因而有较高的生产率。此外，成形刀具可重磨的次数多，所以刀具的寿命长。但成形刀具的设计、制造和刃磨都较复杂，刀具成本高。因此，用成形刀具加工曲面，适用于曲面精度要求高、零件批量大，且刚性好而曲面不宽的工件。

2.4.2　用简单刀具加工

(1) 用手动控制进给加工曲面

　　加工时由人工操纵机床进给，使刀具相对工件按一定的轨迹运动，从而加工出曲面。这种方法不需要特殊的设备和复杂的专用刀具，曲面的形状和大小不受限制，但要求操作工人有较高的技术水平，且加工质量不高，劳动强度大，生产率低，只适宜在单件小批生产中加工精度不高的工件，或作为曲面的粗加工。

　　① 回转曲面的加工。对回转曲面，需要按曲面的轮廓制一套（一块或几块）样板。加工过程中不断用样板进行检验，以便做相应的修正，直到曲面各部分完全与样板吻合为止。此法一般在卧式车床上进行，如图 2-35 所示。

　　② 直线曲面的加工。将曲面轮廓形状划在工件相应的端面上，人工操纵机床进给，使刀具沿划线进行加工。一般在立式铣床上进行加工。

（2）用靠模装置加工曲面

① 机械靠模装置。如图 2-36 所示为车床上用靠模法加工手柄，将车床中滑板上的丝杠拆去，将拉杆固定在中滑板上，其另一端与滚柱连接，当大滑板做纵向移动时，滚柱沿着靠模的曲线槽移动，使车刀做相应的移动，车出手柄曲面。

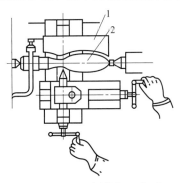

图 2-35　双手操作加工曲面
1—样板；2—工件

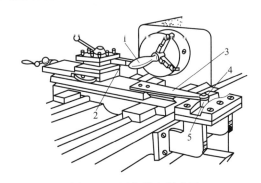

图 2-36　用靠模车削曲面
1—工件；2—车刀；3—拉板；4—紧固件；5—滚柱

② 随动系统靠模装置。随动系统靠模装置是以发送器的触点（靠模销）接受靠模外形轮廓曲线的变化作为信号，通过放大装置将信号放大后，再由驱动装置控制刀具做相应的仿形运动。

按触发器的作用原理不同，仿形装置可分为液压式、电感式仿形等多种。按机床类型不同，主要有仿形车床和仿形铣床。仿形车床一般用来加工回转曲面，仿形铣床可用来加工直线曲面和立体曲面。

（3）用数控机床加工

数控机床通过数控装置来控制刀具与工件之间特定的相对运动来完成切削加工。用切削方法来加工曲面的数控机床主要有数控车床、数控铣床、数控磨床和加工中心等。按机床数控装置所能控制机床坐标系联动插补的坐标轴数量，可将数控机床加工分为：

① 两坐标联动加工。图 2-37（a）为两坐标联动加工手柄示意图。这种方式适宜于加工精度要求较高的回转曲面，常被数控车床所采用，一般控制 X、Z 坐标做联动插补。

② 两轴半加工。所谓两轴半加工，是指 X、Y、Z 三轴中任意两轴做联动插补，第三轴做单独的周期进刀，也称为二轴半加工、两轴半联动加工。两轴半联动加工适宜于加工平面曲线轮廓，它是由一条直母线沿平面曲线平行移动而成，是直线曲面中较为简单的一种，如凸轮轮廓。图 2-37（b）为两轴半数控机床加工凸轮轮廓示意图。

③ 三坐标联动加工。三坐标联动是指 X、Y、Z 三轴可同时插补联动。用三坐标联动加工曲面在立式铣床上用球头铣刀进行，如图 2-38 所示。

④ 四、五坐标联动加工。四坐标联动加工除了 X、Y、Z 三轴联动插补外，还能同时有一个旋转坐标（可以是 A、B、C 中任意一个）联动。五坐标数控机床的五个坐标则一般是 X、Y、Z，以及 A、B、C 中的任意两个。

四、五坐标数控加工种类主要有侧铣加工和端铣加工两类。如图 2-39 所示，图（a）为四坐标侧铣加工直纹面。刀具除沿三个线性轴运动外，还绕 X 轴做摆角联动，保证刀具与工件型面在全长始终贴合。图（b）为五坐标联动加工。

四、五坐标端铣数控加工主要用于复杂曲面，如螺旋桨叶片。这种加工方式的刀具轨迹及刀具与加工表面的几何拟合关系比较复杂。

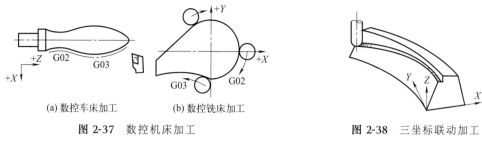

(a) 数控车床加工   (b) 数控铣床加工

图 2-37 数控机床加工   图 2-38 三坐标联动加工

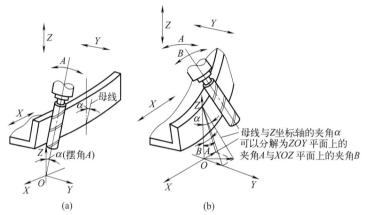

图 2-39 四、五坐标数控加工

2.4.3 曲面加工方法的选择

曲面的加工方法很多，常用的加工方法详见表 2-8。对于具体零件的曲面，应根据零件的尺寸、形状、精度及生产批量等来选择加工方案。

表 2-8 曲面的常用加工方法

加工方法		加工精度	表面粗糙度 Ra	生产率	机床	适用范围
曲面的切削加工	成形刀具 车削	较高	较小	较高	车床	成批生产尺寸较小的回转曲面
	铣削	较高	较小	较高	铣床	成批生产尺寸较小的外直线曲面
	刨削	较低	较大	较高	刨床	成批生产尺寸较小的外直线曲面
	拉削	较高	较小	高	拉床	大批大量生产各种小型直线曲面
	简单刀具 手动进给	较低	较大	低	各种普通机床	单件小批生产各种曲面
	靠模装置	较低	较大	较低	各种普通机床	成批生产各种直线曲面
	仿形装置	较高	较大	较低	仿形机床	单件小批生产各种曲面
	数控装置	高	较小	较高	数控机床	单件及中、小批生产各种曲面
曲面的磨削加工	成形砂轮磨削	较高	小	较高	平面、工具、外圆磨床	成批生产外直线曲面和回转曲面
	成形夹具磨削	高	小	较低	成形、平面磨床，成形磨削夹具	单件小批生产外直线曲面
	砂带磨削	高	小	高	砂带磨床	各种批量生产外直线曲面和回转曲面
	连续轨迹数控坐标磨削	很高	很小	较高	坐标磨床	单件小批生产内外曲面

小型回转体零件上形状不太复杂的曲面，在大批大量生产时常用成形车刀在自动或者半自动车床上加工；批量较小时，可用成形车刀在卧式车床上加工。直槽和螺旋槽等，一般可

用成形铣刀在万能铣床上加工。

大批大量生产中，为了加工一些直线曲面和立体曲面，常常专门设计和制造专用的拉刀或专门化机床，例如加工凸轮轴上的凸轮用凸轮轴车床、凸轮轴磨床等。

对于淬硬的曲面，如要求精度高、表面粗糙度小，则其精加工要采用磨削，甚至要用光整加工。

对于通用机床难加工，质量也难以保证，甚至无法加工的曲面，宜采用数控机床加工或其他特种加工。

2.5 螺纹加工

螺纹的应用非常广泛，可作连接、紧固、传动和调整之用。螺纹的加工方法很多，有车削、铣削、攻螺纹和套螺纹、滚压及磨削等。

2.5.1 车削螺纹

(1) 单齿形车刀车削内、外螺纹

在卧式车床和丝杠车床上用螺纹车刀车削螺纹时，螺纹的廓形由车刀的刃形所决定，而螺距则是依靠调整机床的运动来保证的。这种方法刀具简单、适应性广、不需要专用设备，但生产率不高，主要用于单件小批生产。

(2) 多齿形车刀（梳刀）车削螺纹

在成批生产中，常采用各种螺纹梳刀车削螺纹。梳刀实质上是多齿的螺纹车刀，一般有

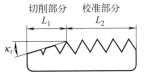

图 2-40 螺纹梳刀的刀齿

6～8 个刀齿，分为车削和校准两部分，如图 2-40 所示。切削部分有切削锥，担负主要切削工作；校准部分廓形完整，起校准作用。由于有了切削锥，切削负荷均匀地分配在几个齿上，刀具磨损均匀，一般一次进给便能成形，生产率较高。但加工不同螺距、头数、牙形角的螺纹时，必须更换相应的梳刀，因此它只适应成批生产。螺纹梳刀分平体、棱体和圆体三种形式，见

图 2-41，其中以圆体螺纹梳刀用得最多。

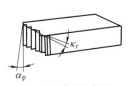
(a) 平体螺纹梳刀

(b) 棱体螺纹梳刀

(c) 圆体螺纹梳刀

图 2-41 螺纹梳刀的刀体形式

2.5.2 铣削螺纹

螺纹的铣削加工多用于加工大直径的梯形螺纹和模数螺纹，现代制造中，越来越多的普通螺纹加工也在数控铣床上完成。与车削相比，铣削有精度较低、表面粗糙度较大、生产率较高等特点，常在大批大量生产中作为螺纹的粗加工或半精加工。

(1) 盘形铣刀铣削螺纹

如图 2-42 所示为在普通万能铣床上用盘形螺纹铣刀铣削梯形螺纹。工件安装在分度头

与顶尖上，调整刀轴使其处于水平位置，并与工件轴线成螺纹升角 ψ。铣刀高速旋转，工件在沿轴向移动一个导程的同时需旋转一周。这一运动关系通过工作台纵向进给丝杠和分度头之间的挂轮予以保证。若铣削多线螺纹，可利用分度头分线，依次铣削各条螺纹。

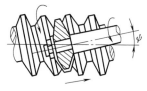

图 2-42　盘铣刀铣削螺纹

在专用螺纹铣床上铣螺纹，方法与上述类似，只是工件旋转一周时，由刀具沿工件轴向移动一个导程。其加工精度比用普通铣床铣削略高。

（2）旋风法铣削螺纹

旋风法铣削螺纹，常在改装的车床上进行。如图 2-43 所示，工件装在车床的卡盘或顶

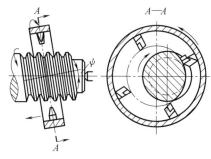

图 2-43　旋风法铣削螺纹

尖上，做低速转动（4～25r/min），装有 1～4 个刀头的旋风刀盘安装在车床的横向滑板上，靠专用电动机带动，以 1000～1600r/min 的高速旋转。工件旋转一周时，刀盘纵向移动一个导程。刀盘轴线与工件轴线成螺纹升角 ψ，两者旋转中心有一偏心距，使刀头只在 $A—A$ 圆周上接触工件，每个刀头仅切去一小片金属，刀刃在工作时得到充分的冷却。因此，一般都为一次进给完成加工，生产率较盘形铣刀铣削高 3～8 倍。但铣头调整较麻烦，加工精度不太高，主要用于大批量生产螺杆或作为精密丝杠的粗加工。

2.5.3　攻螺纹和套螺纹

内螺纹加工常用丝锥攻制，外螺纹用板牙加工。攻螺纹和套螺纹多用于手工操作，亦可利用螺纹夹头在车床或钻床及专用机床上进行。与套螺纹相比，攻螺纹的应用要普遍得多。对于小尺寸的内螺纹，攻螺纹几乎是唯一有效的方法。

在车床上使用的攻螺纹夹头如图 2-44 所示。将其装在车床尾架套筒的锥孔中，丝锥由压紧螺母通过四粒钢珠压紧在摩擦杆上，摩擦杆右端台肩的两端面分别垫有尼龙垫片。适当调节螺塞，摩擦杆即受到一定的压紧力，可防止摩擦杆随工件转动；但当切削力过大时，又可以随工件转动而在尼龙垫之间打滑，从而防止乱扣和折断丝锥。攻螺纹时工件低速旋转，丝锥只轴向移动而不转动。工具体与柄部为间隙配合，轴向槽中插入螺钉，以使工具体不随

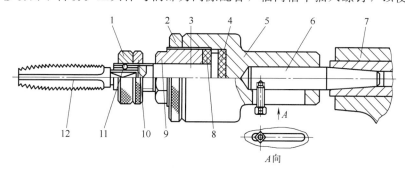

图 2-44　攻螺纹夹头

1—压紧螺母；2，10—锁紧螺母；3—摩擦杆；4—尼龙垫片；5—工具体；6—柄部；
7—尾架；8—尼龙垫片；9—调节螺塞；11—钢球；12—丝锥

工件转动，而只随丝锥沿工件轴向自由进给。在车床上使用这种攻螺纹夹头，主要用来对盘套类零件轴线上的小螺孔进行攻螺纹。

箱体等零件上的小螺孔，在单件小批生产时，多用手工攻螺纹；成批生产或大批大量生产时，可用上述攻螺纹夹头在普通钻床上或专用组合机床上攻螺纹。

2.5.4　无屑螺纹加工

无屑螺纹加工法，是利用压力加工方法（搓螺纹、滚螺纹）使金属产生塑性变形而形成各种圆柱形或圆锥形螺纹。由于滚压后，工件材料纤维未被切断，所以成品的力学、物理性能比切削加工好。滚压加工生产率高，可节省金属材料，工具耐用度高，因此适用于大批大量生产。

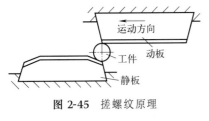

图 2-45　搓螺纹原理

（1）搓削螺纹（搓螺纹）

如图 2-45 所示，搓削螺纹时，工件放在固定搓螺纹板（静板）与活动搓螺纹板（动板）之间。两搓螺纹板的平面上均有斜槽，其截面形状与待搓螺纹的牙型相符。当活动搓螺纹板移动时，即在工件表面挤压出螺纹。搓螺纹的最大直径为 25mm，精度可达 5 级，表面粗糙度 Ra 为 $1.6\sim0.8\mu m$。

（2）滚压螺纹（滚螺纹）

如图 2-46 所示，螺纹滚轮外圆周上具有与工件螺纹截面形状完全相同但旋向相反的螺纹。滚螺纹时工件放在两个滚丝轮之间。两滚丝轮同向等速旋转，带动工件旋转，同时一滚丝轮向另一滚丝轮做径向进给，从而逐渐挤压出螺纹外形。

滚螺纹的工件直径范围为 $0.3\sim120mm$，表面粗糙度 Ra 为 $0.8\sim0.2\mu m$。滚螺纹生产率较搓螺纹低，可用来滚制螺钉、丝锥等。利用三个或两个滚轮，并使工件做轴向移动，可滚制丝杠。

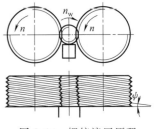

图 2-46　螺纹滚压原理

2.5.5　螺纹磨削

精密螺纹，如螺纹量规、丝锥、精密丝杠及齿轮滚刀等的螺纹，在车削或铣削之后，需在专用螺纹磨床上进行磨削。螺纹磨削有单线砂轮磨削和多线砂轮磨削两种，前者应用较为普遍。

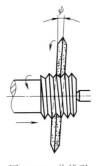

图 2-47　单线砂轮磨削螺纹

单线砂轮磨削如图 2-47 所示，砂轮轴线相对于工件轴线倾斜一个螺纹升角 ψ，经修整后，砂轮在螺纹轴向截面上的形状与螺纹的牙槽相吻合。磨削时，工件装在螺纹磨床的前、后顶尖之间，工件每转一周，同时沿轴向移动一个导程。砂轮高速旋转，并在每次磨削行程之前做径向进给，经多次行程完成加工。对于螺距小于 1.5mm 的螺纹，可不经预加工，采用较大的背吃刀量和较小的工件进给速度，经一次或两次行程直接磨出螺纹。

2.6 渐开线齿面加工

齿轮是用来传递运动和动力的重要零件，在各种机器和仪器中应用非常普遍。齿轮结构形式较多，其中渐开线直齿圆柱齿轮应用最广，本节主要介绍这类齿轮的齿面加工。

按齿面形成的原理不同，齿面加工方法可以分为两类：一类是成形法，用与被切齿轮齿槽形状相符的成形刀具切出齿面，如铣齿、拉齿和成型磨齿等；另一类是展成法，齿轮刀具与工件按齿轮副的啮合关系做展成运动，工件的齿面由刀具的切削刃包络而成，如滚齿、插齿、剃齿、磨齿和珩齿等。

2.6.1 成形法

这里仅介绍铣齿。铣齿是指用齿形铣刀在铣床上加工齿面的方法，如图 2-48 所示。齿形铣刀有盘状和指状两种，模数 $m \leqslant 8\text{mm}$ 的齿轮，一般用盘状齿形铣刀在卧式铣床上加工；$m > 8\text{mm}$ 的齿轮，通常用指状齿形铣刀在立式铣床上加工。铣齿精度较低，仅能达到 9 级，表面粗糙度 Ra 为 $6.3 \sim 3.2 \mu m$，且生产效率低。但铣齿不需专用的齿轮加工设备，而且齿轮铣刀结构简单，价格便宜。铣齿一般用在单件或修配生产中，制造低速、低精度齿轮。

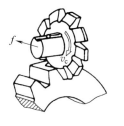

(a) 盘状铣刀　　　　　　　(b) 指状铣刀

图 2-48　铣齿

2.6.2 展成法

生产中，齿轮齿面加工常用展成法。展成法加工齿轮齿面较成形法的铣齿生产效率高，加工精度高。加工齿轮齿面的展成法主要有插齿和滚齿。对于重要场合下使用的齿轮，在进行插齿或滚齿后还必须再精加工。常用的齿面精加工方法有剃齿、珩齿及磨齿。

(1) 齿面粗加工

1）滚齿

滚齿是指用齿轮滚刀在滚齿机上加工齿轮齿面的方法。其加工精度可达 8～7 级，齿面粗糙度 Ra 为 $3.2 \sim 1.6 \mu m$。

滚齿加工是按照展成法的原理来加工齿轮的。用滚刀来加工齿轮相当于一对交错轴的螺旋齿轮啮合，如图 2-49 所示。

在齿轮滚刀按给定的切削速度做旋转运动时，工件则按齿轮齿条啮合关系传动，在齿坯上切出齿槽，形成渐开线齿面，在滚切过程中分布在滚刀螺旋线上的各刀齿相继切出齿槽中一薄层金属，渐开线齿廓则由切削刃一系列瞬时位置包络而成，如图 2-50 所示。

为了得到渐开线齿廓和齿轮齿数，滚齿时，滚刀和工件之间必须保持严格的相对运动关系，即当滚刀转过 1 转时，工件相应地转过 K 个齿（K 为滚刀头数）。

滚齿加工适于加工直齿、斜齿圆柱齿轮和蜗轮；但不能加工内齿轮、扇形齿轮和相距很近的多联齿轮。

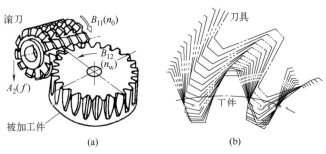

图 2-49 滚齿原理与滚齿运动

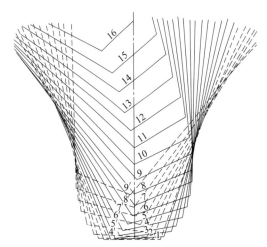

图 2-50 渐开线的包络图形

2）插齿

插齿是指用插齿刀在插齿机上加工齿轮齿面的方法。插齿过程相当于一对圆柱齿轮的啮合，插齿刀相当于一个端面磨有前角、齿顶及齿端磨有后角的变位齿轮，如图 2-51 所示。

插齿的主要运动有：主运动；展成运动（分齿运动）；径向进给运动；让刀运动。在加工过程中，需保持插齿刀和工件的正确啮合关系，即刀具转过一个齿，工件也应准确地转过一个齿。插齿刀每往复一次，仅切出工件齿槽很小一部分，工件齿槽的齿面曲线由插齿刀切削刃多次切削的包络线所形成。其加工精度可达 8～7 级，齿面粗糙度 Ra 可达 $1.6\mu m$。

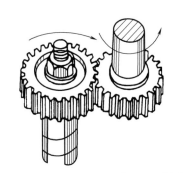
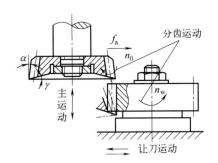

图 2-51 插齿加工原理及其成形运动

插齿主运动是往复运动，提高插齿速度受到插齿刀主轴往复运动惯性的限制，目前常用的插齿刀每分钟往复行程数一般只有几百次；插齿有空程损失，实际进行切削的行程长度只有总行程长度的 1/3 左右，故生产率较低。插齿可以加工内齿轮、齿条、扇形齿，也可以加工齿圈相距很近的双联齿轮、三联齿轮等。

（2）齿面精加工

对于 6 级以上精度的齿轮，或者淬火后的硬齿面的加工，往往需要在滚齿、插齿之后，经热处理再进行精加工。常用的齿面精加工的方法有剃齿、珩齿、磨齿。以下简述这三种加工方法及应用。

1）剃齿

剃齿常用于未淬火圆柱齿轮的精加工，是软齿面精加工最常见的加工方法。剃齿是用剃齿刀在剃齿机上进行，如图 2-52 所示。

剃齿刀形状如螺旋圆柱齿轮，但齿形做得非常准确，并在每个齿的齿侧沿渐开线方向开出许多小沟槽，形成切削刃，见图 2-52（a）。剃齿在原理上属于一对螺旋齿轮做无侧隙双面啮合，并由剃齿刀带动工件做自由转动的过程，见图 2-52（b）。剃齿应具备以下运动［图 2-52（c）］：

① 剃齿刀的正反旋转运动（工件由剃齿刀带动旋转）；

② 工件沿其轴线的纵向往复进给运动；

③ 工件每往复运动一次后的径向进给运动。

剃齿时刀具与工件之间没有强制性运动关系，不能保证分齿均匀，因此剃齿对纠正运动

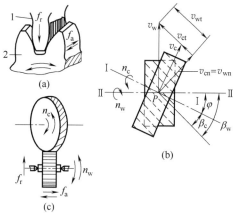

图 2-52　剃齿刀及其剃齿工作原理
1—剃齿刀；2—工件

误差的能力较差。但是，剃齿刀的精度高，剃齿加工精度主要取决于刀具，一般情况下，切向误差纠正能力差，故其前道工序一般为滚齿。

剃齿主要用于加工滚齿或插齿后未经淬火（齿面硬度 35HRC 以下）的直齿和斜齿圆柱齿轮，精度可达 7～6 级，齿面粗糙度 Ra 可达 $0.8～0.4\mu m$。

2）珩齿

珩齿是用珩磨轮［图 2-53（a）］在珩齿机上进行的一种齿面光整加工方法。珩齿与剃齿的加工原理相同，也是按展成法原理加工齿面的，珩磨轮和工件相当于一对交错轴斜齿轮做无侧隙啮合传动，可对螺旋齿轮和直齿轮加工，见图 2-53（b）、（c），所不同的只是用珩磨轮代替剃齿刀。在珩磨轮与工件啮合的过程中，依靠珩磨轮齿面密布的磨粒，以一定压力和相对滑动速度对工件表面进行切削。

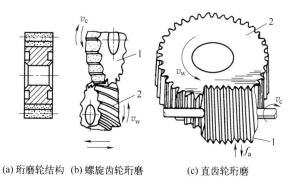

(a) 珩磨轮结构　(b) 螺旋齿轮珩磨　　(c) 直齿轮珩磨

图 2-53　齿轮珩磨工作原理
1—珩磨轮；2—工件

珩磨轮是由磨料（金刚砂或白刚玉）与环氧树脂等材料混合后，浇铸或热压而成，可视为具有切削能力的斜齿轮。

珩齿较剃齿的转速要高得多。当珩磨轮高速带动被珩齿轮旋转时，在相啮合齿轮的齿面

上产生相对滑动，从而实现切削加工。珩齿具有磨削、剃削和抛光等精加工的综合作用。

珩齿的工艺特点：

① 表面质量好。珩齿主要用于消除淬火后的氧化皮和去毛刺，并可有效地减小表面粗糙度，适当减少齿轮传动时的噪声，齿轮齿面粗糙度 Ra 可达 $0.8 \sim 0.4 \mu m$。

② 珩齿修正齿形和齿向误差的能力较差，珩轮本身的误差对加工精度的影响也很小。珩前的齿槽预加工尽可能采用滚齿，珩齿一般能加工 7～6 级精度的齿轮。

③ 珩齿生产率高，在成批、大量生产中得到广泛应用。

3）磨齿

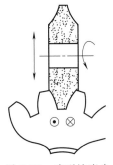

图 2-54　成形法磨齿

磨齿是用砂轮在磨齿机上进行，是高精度齿面的加工方法。加工精度可达 6～4 级，甚至 3 级，齿面粗糙度 Ra 为 $0.8 \sim 0.2 \mu m$。可磨削淬火或不淬火齿轮的齿面，但加工成本高，生产率低，多用作齿面淬硬后的光整加工。

磨齿有展成法和成形法两种。成形法磨齿如图 2-54 所示。其砂轮修整成与被磨齿轮齿槽一致的形状，磨齿过程与用齿轮铣刀铣齿类似。成形法磨齿的生产率高，较展成法可提高数倍，但受砂轮修整精度与分齿精度的影响，加工精度较低，一般为 6～5 级。因此，在生产中常用展成法，它是根据齿轮、齿条啮合原理来进行加工。按砂轮形状不同，磨齿分为以下几种：

① 双碟形砂轮磨齿。用两个碟形砂轮倾斜成一定角度，以构成假想齿条的两齿侧面，同时对齿轮的两齿面进行磨削。其原理与锥面砂轮磨齿相同。为磨出全齿宽，工件应沿被磨齿轮齿向进行往复直线运动，如图 2-55（a）所示。加工精度为 5～4 级，生产率低。

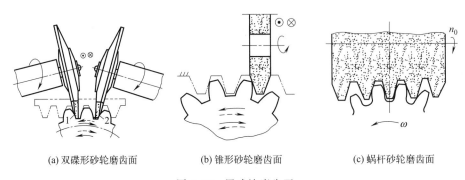

(a) 双碟形砂轮磨齿面　　　(b) 锥形砂轮磨齿面　　　(c) 蜗杆砂轮磨齿面

图 2-55　展成法磨齿面

② 锥形砂轮磨齿。将砂轮的磨削部分修整成锥形，以便构成假想齿条。磨削时强制砂轮与被磨齿轮保持齿条和齿轮的啮合运动关系，使砂轮锥面包络出渐开线齿形，如图 2-55（b）所示。加工精度为 6～5 级，生产率比双碟形砂轮磨齿高。

采用锥形砂轮的磨齿机，为了便于实现这种啮合，需要有以下运动：

a. 主运动。即砂轮的高速旋转运动。

b. 齿轮的往复滚动。强制被磨齿轮沿固定的假想齿条做纯滚动，齿轮一边转动一边移动，以磨削齿槽的两个侧面。

c. 砂轮往复进给运动。即为磨削出全齿宽，砂轮沿被磨齿轮齿向所做的往复运动。

d. 分齿运动。每磨完一个齿槽后，砂轮自动退离，齿轮自动转过 $1/z$ 圈（z 为工件齿数）进行分齿运动，直到全部齿槽磨完为止。

③ 蜗杆砂轮磨齿。目前，在批量生产中正日益多地采用蜗杆砂轮磨齿。它的工作原理与滚齿加工相同，蜗杆砂轮相当于滚刀。加工时，砂轮与工件相对倾斜一定的角度，两者保持严格的啮合传动关系，如图2-55（c）所示。为磨出整个齿宽，还需沿工件有轴向进给运动。由于砂轮的转速很高（约2000r/min），工件相应的转速也较高，所以磨削效率高。

磨齿精度一般为5～4级，生产率较双碟形和锥形砂轮磨齿都高。由于蜗杆砂轮的尺寸大，制造、修整困难，故多用于大批量小模数齿轮的齿面加工。

磨齿加工的主要特点是：

① 加工精度高，一般条件下加工精度可达6～4级；

② 表面粗糙度Ra低，为$0.8～0.2\mu m$；

③ 采取强制啮合方式，不仅修正误差的能力强，而且可以加工表面硬度很高的齿轮；

④ 磨齿（除蜗杆砂轮磨齿外）加工效率较低，机床结构复杂，调整困难，加工成本高。

目前磨齿主要用于加工精度要求很高的齿轮。

2.6.3 圆柱齿轮齿面加工方法的选择

齿轮齿面的精度要求大多较高，加工工艺复杂，选择加工方案时应综合考虑齿轮的结构、尺寸、材料、精度等级、热处理要求、生产批量及工厂加工条件等。常用的齿面加工方案见表2-9。

表 2-9　齿面加工方案

齿面加工方案	齿轮精度等级	齿面粗糙度 $Ra/\mu m$	适用范围
铣齿	9级以下	6.3～3.2	单件修配生产中，加工低精度的外圆柱齿轮、齿条、锥齿轮、蜗轮
拉齿	7级	1.6～0.4	大批量生产7级内齿轮；外齿轮拉刀制造复杂，故少用
滚齿	8～7级	3.2～1.6	各种批量生产中，加工中等质量外圆柱齿轮及蜗轮
插齿		1.6	各种批量生产中，加工中等质量的内、外圆柱齿轮，多联齿轮及小型齿条
滚（或插）齿—淬火—珩齿		0.8～0.4	加工齿面淬火的齿轮
滚齿—剃齿	7～6级	0.8～0.4	主要用于大批量生产
滚齿—剃齿—淬火—珩齿		0.4～0.2	
滚（插）齿—淬火—磨齿	6～3级	0.4～0.2	加工高精度齿轮的齿面，生产率低，成本高
滚（插）齿—磨齿	6～3级		

![思考与练习图标] **思考与练习**

2-1　外圆加工有哪些方法？如何选用？

2-2　车床上钻孔和钻床上钻孔会产生什么误差？钻小孔和深孔最好采用什么方式？

2-3　某箱体水平面方向上$\phi250H9$的大孔和孔内$\phi260mm$、宽度8mm的回转槽以及孔外$\phi350mm$的大端面在卧式镗床上如何加工？

2-4　珩磨时，珩磨头与机床主轴为何要用浮动连接？珩磨能否提高孔与其他表面之间的位置精度？

2-5　平面铣削有哪些方法？各适用于什么场合？端铣时如何区分顺铣和逆铣？镶齿端铣刀能否在卧式铣床上加工水平面？

2-6　周面磨削和端面磨削的工艺特点、加工质量和应用场合有何区别？

2-7　下列情况的孔加工，选用什么机床比较合适？为什么？

① 单件小批生产中，大型铸件上的螺栓孔和油孔；

② 大批大量生产中，铸铁齿轮上的孔，$\phi40H7$，$Ra1.6\mu m$；

③ 变速箱箱体（材料为铸铁）上传动轴的轴承孔，$\phi62J7$，$Ra0.8\mu m$；

④ 在薄板上加工 $\phi60H10$ 的孔；

⑤ 铝合金压铸件上的油孔。

2-8　下列零件的螺纹应如何加工？为什么？

① 2000 个 M10mm 的六角螺母；

② 10000 个圆柱头内六角螺钉；

③ 修配一根车床丝杠；

④ 10 个 M10mm×1mm 的连接螺钉。

2-9　非铁金属外圆、平面、孔的精加工一般采用什么方法？其磨削方法如何？

第**3**章
机械制造工艺规程的编制

3.1 概述

3.1.1 工艺规程的内容、作用、种类和格式

一个零件可以用几种不同的加工工艺来制造。在一定的生产条件下，确定一种较合理的加工工艺，将它写成表格形式的技术文件来指导生产，这类文件称为机械加工工艺规程（简称工艺规程）。其主要内容有：零件的加工工艺顺序、各道工序的具体内容、工序尺寸及切削用量、各道工序采用的设备和工艺装备以及工时定额等。工艺规程是机械制造厂最重要的技术文件之一，是工厂规章条例的重要组成部分，其具体作用如下：

① 它是指导生产的主要技术文件。无论生产规模大小，都必须有工艺规程，否则生产调度、技术准备、器材配置等都无法安排，生产将陷入混乱。工人只有按照它进行生产，才能保证产品质量的稳定、较高的生产率和较好的经济效果。

② 它是生产组织和管理工作的基本依据。生产计划部门将根据工艺规程进行有关的技术准备和生产准备工作，如安排原材料的供应、通用工装设备的准备、专用工装设备的设计与制造、生产计划的编排、经济核算等。生产中对工人业务的考核也是以工艺规程为主要依据的。

③ 它是新建和扩建工厂的基本资料。新建或扩建工厂或车间时，要根据工艺规程来确定所需要的机床设备的品种和数量、机床的布置、占地面积、辅助部门的安排等。

将工艺规程的内容填入一定格式的卡片，即成为工艺文件。常用的工艺文件有以下几种卡片：

① 机械加工工艺过程卡。工艺过程卡主要列出了零件加工所经过的整个路线（称为工艺路线），以及工装设备和工时等内容。每个零件编制一份，每道工序只写出其名称及设备、工装及工时定额等，而不写工序的详细内容，所以它只供生产管理部门应用，一般不能直接指导工人操作。在单件小批生产中，通常不编制其他较详细的工艺文件，而是以这种卡片指导生产，这时应编制得详细些。机械加工工艺过程卡的基本格式见表 3-1。

② 机械加工工艺卡。工艺卡是以工序为单位，详细说明零件工艺过程的工艺文件。它用来指导工人操作，帮助管理人员及技术人员掌握零件加工过程，广泛用于批量生产的零件和小批生产的重要零件。工艺卡的基本格式见表 3-2。

③ 机械加工工序卡。工序卡是用来具体指导工人操作的一种最详细的工艺文件，每一

道工序编写一张工序卡片。在这种卡片上，要画出工序简图，注明该工序的加工表面及应达到的尺寸精度和表面粗糙度要求、工件的装夹方式、切削用量、工装设备等内容。在大批大量生产或中批生产重要零件时都要采取这种卡片，其基本格式见表 3-3。

表 3-1　机械加工工艺过程卡

机械加工工艺过程卡				产品型号		零(部)件图号			共　页	
				产品名称		零(部)件名称			第　页	
材料牌号		毛坯种类		毛坯外形尺寸		每毛坯制件数		每台件数	备注	
工序号	工序名称	工序内容		车间	工段	设备	工艺装备		工时	
									准终	单件
				编制(日期)		校对(日期)		审核(日期)		
标记	处数	更改文件号	签字	日期	标记	处数	更改文件号	签字	日期	

表 3-2　机械加工工艺卡

机械加工工艺卡				产品型号		零(部)件图号						共　页	
				产品名称		零(部)件名称						第　页	
材料牌号		毛坯种类		毛坯外形尺寸		每毛坯制件数			每台件数			备注	
工序	装夹	工步	工序内容	同时加工零件数	切削用量				设备名称及编号	工艺装备名称及编号		技术等级	工时定额
					切削深度/mm	切削速度/(m/min)	每分钟转数或往复次数	进给量/(mm或mm/双行程)		夹具	刀具	量具	单件	准终
				编制(日期)		校对(日期)		审核(日期)					
标记	处数	更改文件号	签字	日期	标记	处数	更改文件号	签字	日期				

3.1.2　工艺规程制定的原则、步骤

工艺规程制定的原则是优质、高产、低成本，即在保证产品质量的前提下，争取最好的经济效益。在制定工艺规程时应注意以下问题：

表 3-3　机械加工工序卡

机械加工工序卡				产品型号		零(部)件图号			共　页	
				产品名称		零(部)件名称			第　页	
材料牌号		毛坯种类		毛坯外形尺寸	每毛坯制件数		每台件数		备注	
（工序图）				车间	工序号		工序名称		材料牌号	
				毛坯种类	毛坯外形尺寸		每坯件数		每台件数	
				设备名称	设备型号		设备编号		同时加工件数	
				夹具编号			夹具名称		冷却液	
									工序工时	
									准终	单件
工步号	工步内容	工艺装备	主轴转速 /(r/min)	切削速度 /(m/min)	进给量 /(mm/r)		切削深度 /mm	进给次数	工时定额	
									机动	辅助
					编制（日期）		校对（日期）	审核（日期）		
标记	处数	更改文件号	签字	日期	标记	处数	更改文件号	签字	日期	

① 技术上的先进性。在制定工艺规程时，要了解国内外本行业工艺技术的发展水平，通过必要的工艺试验，积极采用先进的工艺和工艺装备。

② 经济上的合理性。在一定的生产条件下，可能会出现几种能保证零件技术要求的工艺方案，此时应通过核算或相互对比，选择经济上最合理的方案，使产品的能源、材料消耗和生产成本最低。

③ 有良好的劳动条件。在制定工艺规程时，要注意保证工人操作时有良好而安全的劳动条件。因此，在工艺方案上要注意采用机械化或自动化措施，以减轻工人繁杂的体力劳动。

工艺规程的制定可以按下列步骤进行：

① 研究分析产品装配图和零件图。主要包括分析零件的加工工艺性、装配工艺性、主要加工表面及技术要求，了解零件在产品中的功用。

② 确定毛坯的类型、结构形状、制造方法等。

③ 选择定位基准。

④ 拟定工艺路线。

⑤ 确定加工余量和工序尺寸。

⑥ 确定切削用量和工时定额。

⑦ 确定各工序的设备、刀夹量具和辅助工具。

⑧ 确定各工序的技术要求及检验方法。

⑨ 填写工艺文件。

3.2 机械加工工艺规程的制定

零件机械加工工艺规程制定的最基本的原始资料是：产品图样、生产纲领和本厂有关该零件的加工设备、生产条件等方面的资料。有了这些原始资料并由生产纲领确定了生产类型和生产组织形式后，即可着手制定零件加工的工艺规程。

3.2.1 图样分析

在编制零件的机械加工工艺规程之前，必须先研究零件的工作图及产品装配图，了解该产品的作用及其工作条件，检查零件图的完整性和正确性，从加工制造的角度来分析审查零件的结构、尺寸精度、形位精度、表面粗糙度、材料及热处理等技术要求是否合理，是否便于加工和装配。往往改善了零件的结构工艺性，就可以大大减少加工工时，简化工装并降低成本。如果是新产品的图样，则更需经过工艺分析和审查，如发现问题，可以和设计人员商量做出修改。其次，经过工艺分析后对零件有更深入的了解，才可能制定出合理的工艺规程。

3.2.2 毛坯选定

毛坯的选择是否合适，将直接影响零件的质量、生产率和生产成本。毛坯的形状和尺寸越接近零件，毛坯的公差越小，则原材料的消耗、加工工时都将减少，生产率提高。但精确的毛坯的制造费用将增加，应该根据产品的生产纲领，综合分析计算各项费用，以确定经济效果最好的毛坯制造方案。选择毛坯的基本任务是选定毛坯的制造方法及其制造精度。

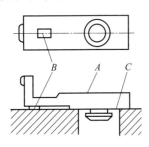

图 3-1 小刀架的工艺凸台
A—加工面；B—工艺
凸台；C—定位面

常用的毛坯种类有铸件、锻件、焊接件、冷冲压件和型材等。

选择毛坯时应考虑的因素：a. 生产纲领的大小；b. 零件的材料及力学性能要求；c. 零件的结构形状与大小；d. 现有生产条件；e. 充分利用新工艺、新材料。

毛坯的形状和尺寸主要由零件组成表面的形状、结构、尺寸及加工余量等因素确定，有时还要考虑到毛坯的制造、机械加工及热处理等工艺因素的影响。在这种情况下，毛坯的形状可能与工件的形状有所不同。例如：为了加工方便，有些铸件的毛坯需铸出必要的工艺凸台，如图 3-1 所示。工艺凸台在零件加工后一般应切去，如对使用和外观没有影响也可保留在零件上。

3.2.3 工件装夹方式

机械加工时，为使工件的被加工表面达到规定的尺寸和位置要求，需要确保工件在机床上或夹具中占有正确的位置，该过程称为定位。在加工过程中，工件在各种力的作用下应当保持这一正确位置始终不变，这就需要夹紧。工件的装夹过程就是工件在机床上或夹具中定位并夹紧的过程。工件在机床上装夹好以后，才能进行机械加工。工件的定位是通过定位基准与定位元件的紧密贴合接触来实现的，因此就必须掌握基准的概念。

(1) 基准及其分类

工件是一个几何实体，它是由一些几何元素（点、线、面）构成的。其上任何一个点、线、面的位置总是用它与另外一些点、线、面的相互关系（如尺寸、平行度、同轴度等）来确定的。用来确定生产对象（工件）上几何要素间的几何关系所依据的那些点、线、面，叫作基准。根据基准作用的不同，可将其分为两类：设计基准和工艺基准。

① 设计基准。在设计图样上所采用的基准为设计基准。如图 3-2 所示的轴套零件，外圆和内孔的设计基准是它们的轴心线；端面 A 是端面 B、C 的设计基准；内孔 D 的轴心线是 $\phi25h6$ 外圆径向圆跳动的设计基准。

对于某一个位置要求（包括两个表面之间的尺寸或者位置精度）而言，在没有特殊指明的情况下，它所指向的两个表面之间常常是互为设计基准的。如图 3-2 所示，对于尺寸 40mm 来说，A 面是 C 面的设计基准，也可以认为 C 面是 A 面的设计基准。

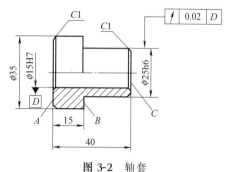

图 3-2　轴套

A—加工面；B—工艺凸台；C—定位面

作为设计基准的点、线、面在工件上有时不一定具体存在，例如表面的几何中心、对称线、对称面等，而常常由某些具体表面来体现，这些具体表面称为基面。

② 工艺基准。所谓工艺基准，是在工艺实施过程中用来确定加工表面加工后尺寸、形状、位置的基准。按其用途不同又可分为定位基准、测量基准、装配基准和工序基准。

a. 定位基准：在加工中用作定位的基准，称为定位基准。定位基准一般是由工艺人员选定的，它对于获得零件加工后的尺寸和位置精度，起着重要作用。

b. 测量基准：测量工件时所采用的基准，称为测量基准。如图 3-2 所示，工件以内孔套在心轴上测量外圆 $\phi25h6$ 的径向圆跳动，则内孔为外圆的测量基准；用卡尺测量尺寸 15mm 和 40mm，表面 A 是表面 B、C 的测量基准。

c. 装配基准：装配时用来确定零件或部件在产品中的相对位置所采用的基准，称为装配基准。如箱体零件的底面、主轴的轴颈以及齿轮的孔和端面等。

d. 工序基准：在工序图上，用来确定本工序所加工表面加工后的尺寸、形状、位置的基准，称为工序基准。工序基准应当尽量与设计基准相重合，当考虑定位或试切测量方便时也可以与定位基准或测量基准相重合。

(2) 工件的装夹方法

根据定位特点的不同，工件在机床上的装夹一般有三种方法：直接找正法、划线找正法和夹具装夹法。

① 直接找正法。是指利用百分表、划针或目测等方法在机床上直接找正工件加工面的设计基准，使其获得正确位置的方法。在这种装夹方式中，被找正的表面就是工件的定位基准。如图 3-3 所示的套筒零件，为了保证磨孔时的加工余量均匀，先将套筒预夹在四爪单动卡盘中，用划针或百分表找正内孔表面，使其轴线与机床回转中心同轴，然后夹紧工件。此时定位基准就是内孔而不是支承表面外圆。它适用于单件小批生

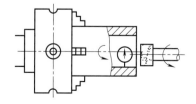

图 3-3　直接找正装夹

产。当工件加工要求特别高，而又没有专门的高精度设备或装备时，可以采用这种方式。此时必须由技术熟练的工人使用高精度的量具仔细地操作。

② 划线找正法。这种装夹方式是先按加工表面的要求在工件上划线，加工时在机床上按线找正以获得工件的正确位置。如图3-4所示为在牛头刨床上按划线找正装夹。找正时可在工件底面垫上适当的纸片或铜片以获得正确的位置，也可将工件支承在几个千斤顶上，通过调整千斤顶的高低以获得工件的正确位置。此时支承工件的底面不起定位作用，定位基准即为所画的线。此法受到划线精度的限制，定位精度比较低，多用于批量较小、毛坯精度较低以及大型零件的粗加工中。

③ 使用夹具定位。即直接利用夹具上的定位元件使工件获得正确位置的定位方法。机床夹具是指在机械加工工艺过程中用以装夹工件的机床附加装置。常用的有通用夹具和专用夹具两种。车床的三爪自定心卡盘和铣床用平口台虎钳便是最常用的通用夹具。如图3-5所示的钻模是专用夹具的一个例子。从图中可以看出，工件4以其内孔为定位基准套在夹具定位销2上定位，用螺母和压板夹紧工件，钻头通过钻套3引导，在工件上钻孔。

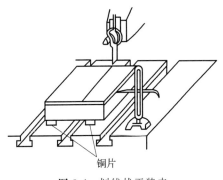

图 3-4　划线找正装夹

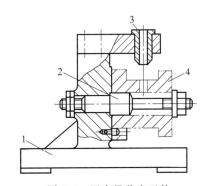

图 3-5　用夹具装夹工件

1—夹具体；2—定位销；3—钻套；4—工件

使用夹具装夹时，工件在夹具中迅速而正确地定位与夹紧，不需找正就能保证工件与机床、刀具间的正确位置。这种方式生产率高、定位精度好，广泛用于中批以上生产和单件小批生产的关键工序中。专用夹具的设计原理和方法将在后面的章节中详述。

3.2.4　定位与定位基准的确立

(1) 六点定位原则

任何一个工件，如果对其不加任何限制，那么它的位置都是不确定的。如图3-6所示，将未定位的工件（长方体）放在空间直角坐标系中，长方体可以沿X、Y、Z轴移动从而有不同的位置，也可以绕X、Y、Z轴转动从而有不同的位置，分别用$\vec{X}$、$\vec{Y}$、$\vec{Z}$和$\widehat{X}$、$\widehat{Y}$、$\widehat{Z}$表示。用以描述工件位置不确定性的$\vec{X}$、$\vec{Y}$、$\vec{Z}$，$\widehat{X}$、$\widehat{Y}$、$\widehat{Z}$合称为工件的六个自由度。其中$\vec{X}$、$\vec{Y}$、$\vec{Z}$称为工件沿X、Y、Z轴的移动自由度，$\widehat{X}$、$\widehat{Y}$、$\widehat{Z}$称为工件绕X、Y、Z轴的转动自由度。

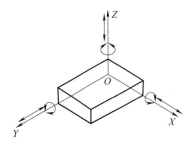

图 3-6　未定位工件的六个自由度

工件要正确定位首先要限制工件的自由度。设空间有一固定点，长方体的底面与该点保持接触，那么长方体沿 Z 轴的移动自由度即被限制了。如果按图 3-7 所示设置六个固定点，长方体的三个面分别与这些点保持接触，长方体的六个自由度均被限制。其中 XOY 平面上的呈三角形分布的三点限制了 $\vec{Z}$、$\widehat{X}$、$\widehat{Y}$ 三个自由度；YOZ 平面内的水平放置的两个点，限制了 $\vec{X}$、$\vec{Z}$ 两个自由度；XOZ 平面内的一点，限制了 $\vec{Y}$ 一

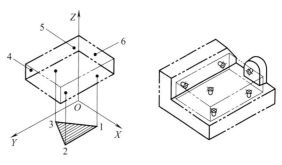

图 3-7 长方体定位时支承点（1~6）的分布

个自由度。限制三个或三个以上自由度的称为主要定位基准。这种用适当分布的六个支承点限制工件六个自由度的原则称为六点定位原则。

　　支承点的分布必须适当，否则六个支承点限制不了工件的六个自由度。如图 3-7 所示，XOY 平面内的三点不应在一条直线上，同理，YOZ 平面内的两点不应垂直布置。六点定位原则是工件定位的基本法则，用于实际生产时起支承作用的是有一定形状的几何体，这些用于限制工件自由度的几何体即为定位元件。表 3-4 为常用定位元件能限制的工件自由度。

表 3-4　常用定位元件能限制的工件自由度

工件定位基面	定位元件	定位简图	定位元件特点	限制的自由度
平面	支承钉 (1~6)			$1,2,3—\vec{Z},\widehat{X},\widehat{Y}$ $4,5—\vec{X},\widehat{X}$ $6—\vec{Y}$
	支承板 (1~3)			$1,2—\vec{Z},\widehat{X},\widehat{Y}$ $3—\vec{X},\widehat{Z}$
圆孔	定位销 (心轴)		短销 (短心轴)	$\vec{X},\vec{Y}$
			长销 (长心轴)	$\vec{X},\vec{Y}$ $\widehat{X},\widehat{Y}$
	锥销			$\vec{X},\vec{Y},\vec{Z}$
			1—固定销 2—活动销	$\vec{X},\vec{Y},\vec{Z}$ $\widehat{X},\widehat{Y}$

工件定位基面	定位元件	定位简图	定位元件特点	限制的自由度
外圆柱面	定位套		短套	$\vec{X}, \vec{Z}$
			长套	$\vec{X}, \vec{Z}$ $\hat{X}, \hat{Z}$
	半圆套		短半圆套	$\vec{X}, \vec{Z}$
			长半圆套	$\vec{X}, \vec{Z}$ $\hat{X}, \hat{Z}$
	锥套			$\vec{X}, \vec{Y}, \vec{Z}$
			1—固定锥套 2—活动锥套	$\vec{X}, \vec{Y}, \vec{Z}$ $\hat{X}, \hat{Z}$
	支承板或 支承钉		短支承板 或支承钉	$\vec{Z}$
			长支承板或 两个支承钉	$\vec{Z}, \hat{X}$
	V 形块		窄 V 形块	$\vec{X}, \vec{Z}$
			宽 V 形块	$\vec{X}, \vec{Z}$ $\hat{X}, \hat{Z}$

（2）由工件加工要求确定工件应限制的自由度数

工件应被限制的自由度与工件被加工面的位置要求存在对应关系。工件定位时，影响加工精度要求的自由度必须限制；不影响加工精度要求的自由度可以限制，也可以不限制，视具体情况而定。按照工件加工要求确定工件必须限制的自由度是工件定位中应解决的首要问题。

图 3-8 所示为加工压板导向槽的示例。由于要求槽深方向的尺寸 A_2，故要求限制 Z 方向的移动自由度 $\vec{Z}$；由于要求槽底面与 C 面平行，故绕 X 轴的转动自由度 $\hat{X}$ 和绕 Y 轴的转动自由度 $\hat{Y}$ 要限制；由于要保证槽长 A_1，故在 X 方向的移动自由度 $\vec{X}$ 要限制；由于导向槽要在压板的中心，与长圆孔一致，故在 Y 方向的移动自由度 $\vec{Y}$ 和绕 Z 轴的转动自由度 $\hat{Z}$ 要限制。这样，在加工导向槽时，六个自由度都应限制。这种六个自由度都被限制的定位方

式称为完全定位。

图 3-8 所示的导板，如在平面磨床上磨平面，要求保证板厚 B，同时加工面与底面应平行，这时，根据加工要求，只需限制 $\vec{Z}$、$\widehat{X}$、$\widehat{Y}$ 三个自由度就可以了。这种根据零件加工要求实际限制的自由度少于六个的定位方法称为不完全定位。

如工件在某工序加工时，根据零件加工要求应限制的自由度未被限制的定位方法称为欠定位。欠定位在零件加工中是不允许出现的。

如果某一个自由度同时由多于一个的定位元件来限制，这种定位方式称为过定位或重复定位。图 3-9 所示为一个零件在 $\vec{X}$ 自由度上由左右两个支承点限制，这就产生了过定位。

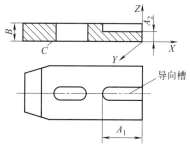

图 3-8　零件加工定位分析

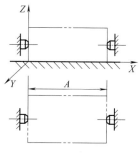

图 3-9　过定位示例

图 3-10 所示是齿坯定位的示例。其中图（a）是短销和大平面定位，大平面限制了 $\vec{Z}$、$\widehat{X}$、$\widehat{Y}$ 三个自由度，短销限制了 $\vec{X}$、$\vec{Y}$ 两个自由度，无过定位；图（b）是长销和小平面定位，长销限制了 $\vec{X}$、$\vec{Y}$、$\widehat{X}$、$\widehat{Y}$ 四个自由度，小平面限制了 $\vec{Z}$ 一个自由度，因此也无过定位；图（c）是长销和大平面定位，长销限制 $\vec{X}$、$\vec{Y}$、$\widehat{X}$、$\widehat{Y}$ 四个自由度，大平面限制 $\vec{Z}$、$\widehat{X}$、$\widehat{Y}$ 三个自由度，其中 $\widehat{X}$、$\widehat{Y}$ 为两个定位元件所限制，所以产生了过定位。

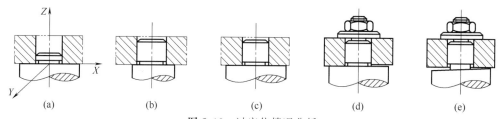

图 3-10　过定位情况分析

由于过定位的影响，可能会发生工件不能装入、工件或夹具变形等后果，破坏工件的正确定位。因此当出现过定位时，应采取有效的措施消除或减小过定位的不良影响。消除或减小过定位的不良影响一般有如下两种措施。

① 改变定位装置结构。如图 3-11 所示，使用球面垫圈，消除 $\widehat{X}$、$\widehat{Y}$ 两个自由度的重复限制，避免了过定位的不良影响。

② 提高工件定位基准之间与定位元件之间的位置精度。如图 3-10（d）和（e）所示，如能提高工件内孔与端面的垂直度和定位销与定位平面的垂直度，也能减小过定位的不良影响。

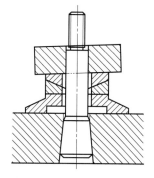

图 3-11　消除过定位的措施

（3）定位基准的选择

定位基准有粗基准和精基准之分。选择定位基准，是从保证工件加工精度要求出发的，因此，定位基准在选择时应先选择精基准，再选择粗基准。在加工起始工序中，只能用毛坯上未曾加工过的表面作为定位基准，则该表面称为粗基准。利用已加工过的表面作为定位基准，则该表面称为精基准。

1）粗基准的选择

选择粗基准时主要考虑两个问题：一是保证加工面与不加工面之间的相互位置精度要求；二是合理分配各加工面的加工余量。具体选择时参考下列原则。

① 对于同时具有加工表面和不加工表面的零件，为了保证不加工表面与加工表面之间的位置精度，应选择不加工表面作为粗基准，如图 3-12（a）所示。如果零件上有多个不加工表面，则以其中与加工表面相互位置精度要求较高的表面作为粗基准。如图 3-12（b）所示，该零件有三个不加工表面 1、2、3，若要求表面 4 与表面 2 所组成的壁厚均匀，则应选择不加工表面 2 作为粗基准来加工台阶孔。

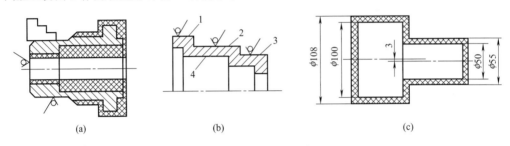

图 3-12 粗基准的选择

② 对于具有较多加工表面的工件，选择粗基准时，应考虑合理分配各加工表面的加工余量。合理分配加工余量是指以下两点。

a. 应保证各主要表面都有足够的加工余量。为满足这个要求，应选择毛坯余量最小的表面作为粗基准，如图 3-12（c）所示的阶梯轴，应选择 $\phi55$mm 外圆表面作为粗基准。

b. 对于工件上的某些重要表面（如导轨和重要孔等），为了尽可能使其表面加工余量均匀，应选择重要表面作为粗基准。如图 3-13 所示的床身导轨表面是重要表面，要求耐磨性好，且在整个导轨面内具有大体一致的力学性能。因此，在加工导轨时，应选择导轨表面作为粗基准加工床身底面，如图 3-13（a）所示，然后以底面为基准加工导轨平面，如图 3-13（b）所示，这样以保证导轨面加工时余量均匀。

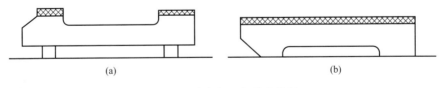

图 3-13 床身加工粗基准选择

③ 粗基准应避免重复使用。在同一尺寸方向上，粗基准通常只能使用一次，以免产生较大的定位误差。如图 3-14 所示的小轴加工，如重复使用 B 面加工 A 面、C 面，则 A 面和 C 面的轴线将产生较大的同轴度误差。

④ 选作粗基准的平面应平整，没有浇冒口或飞边等缺陷，以便定位可靠、装夹方便。

2）精基准的选择

精基准的选择应从保证零件加工精度出发，同时考虑装夹方便、夹具结构简单。选择精基准时一般应考虑如下原则。

①"基准重合"原则。为了较容易地达到加工表面对其设计基准的相对位置精度要求，应选择加工表面的设计基准为其定位基准。这一原则称为基准重合原则。如果加工表面的设计基准与定位基准不重合，则会增大定位误差。

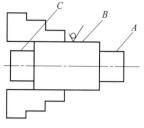

图 3-14　重复使用粗基准示例

②"基准统一"原则。当工件以某一组精基准定位可以比较方便地加工其他表面时，应尽可能在多数工序中采用此组精基准定位，这就是"基准统一"原则。例如轴类零件大多数工序都以中心孔为定位基准；齿轮的齿坯和齿形加工多采用齿轮内孔及端面为定位基准。采用"基准统一"原则可减少工装设计制造的费用，提高生产率，并可避免因基准转换所造成的误差。

③"自为基准"原则。当工件精加工或光整加工工序要求余量尽可能小而均匀时，应选择加工表面本身作为定位基准，这就是"自为基准"原则。例如磨削床身导轨面时，就以床身导轨面作为定位基准，如图 3-15 所示。此时床脚平面只是起一个支承平面的作用，它并不是定位基准面。此外，用浮动铰刀铰孔、用拉刀拉孔、用无心磨床磨外圆、珩磨内孔等均为自为基准的实例。

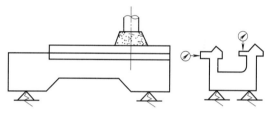

图 3-15　机床导轨面自为基准示例

④"互为基准"原则。为了获得均匀的加工余量或较高的位置精度，可采用互为基准反复加工的原则。例如加工精密齿轮时，先以内孔定位加工齿形面，齿面淬硬后需进行磨齿。因齿面淬硬层较薄，所以要求磨削余量小而均匀。此时可用齿面为定位基准磨内孔，再以内孔为定位基准磨齿面，从而保证齿面的磨削余量均匀，且与齿面的相互位置精度又较易得到保证。

⑤ 精基准选择应"装夹可靠"，保证工件定位准确、夹紧可靠、操作方便。如图 3-16（b）所示，当加工 C 面时，如果采用"基准重合"原则，则选择 B 面作为定位基准，工件装夹如图 3-17 所示，这样不但工件装夹不便，夹具结构也较复杂。但如果采用如图 3-16（a）所示的以 A 面定位，虽然夹具结构简单、装夹方便，但基准不重合，定位误差较大。

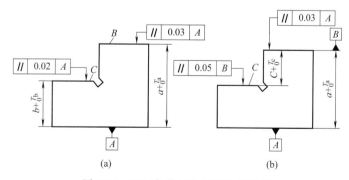

图 3-16　不同标注对定位基准的影响

应该指出，上述粗、精基准选择原则，常常不能全部满足，实际应用时往往会出现相互矛盾的情况，这就要求综合考虑，分清主次，着重解决主要矛盾。

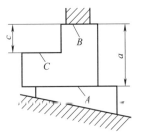

图 3-17 基准重合装夹示例

3) 辅助基准的应用

工件定位时，为了保证加工表面的位置精度，大多优先选择设计基准或装配基准作为主要定位基准，这些基准一般为零件上的主要表面。但有些零件在加工中，为装夹方便或易于实现基准统一，人为地制造一种定位基准。如毛坯上的工艺凸台和轴类零件加工时的中心孔。这些表面不是零件上的工作表面，只是为满足工艺需要而在工件上专门设计的定位基准，称为辅助基准。

此外，某些零件上的次要表面（非配合表面），因工艺上宜作定位基准而提高其加工精度和表面质量以便定位时使用。这种表面也称为辅助基准。例如，丝杠的外圆表面，从螺纹副的传动来看，它是非配合的次要表面，但在丝杠螺纹的加工中，外圆表面往往作为定位基准，它的圆度和圆柱度直接影响到螺纹的加工精度，所以要提高外圆的加工精度，并降低其表面粗糙度值。

3.2.5　工艺路线的拟定

拟定工艺路线是制订工艺规程的关键步骤，其主要内容包括选择各个加工表面的加工方法，安排工序的先后顺序，确定工序集中与分散程度等。它与零件的加工要求、生产批量及生产条件等多种因素有关。本节主要叙述工艺路线拟定的一些共性问题，具体拟定时，应结合实际情况分析比较，确定较为合理的工艺路线。

(1) 表面加工方法的选择

选择表面加工方法时，一般先根据表面的加工精度和表面粗糙度要求，选定最终加工方法，然后再确定精加工前的准备工序的加工方法，即确定加工方案。由于获得同一精度和同一表面粗糙度的方案有好几种，选择时还要考虑生产率和经济性，考虑零件的结构形状、尺寸大小、材料和热处理要求及工厂的生产条件等。详见第 2 章内容。

(2) 加工阶段的划分

当零件表面精度和表面粗糙度要求比较高时，往往不可能在一个工序中加工完成，而划分为几个阶段来进行加工。

1) 工艺过程的四个加工阶段

① 粗加工。主要切除各表面上的大部分加工余量，使毛坯形状和尺寸接近于成品。该阶段的特点是使用大功率机床，选用较大的切削用量，尽可能提高生产率和降低刀具磨损等。

② 半精加工。完成次要表面的加工，并为主要表面的精加工做准备。

③ 精加工。保证主要表面达到图样要求。

④ 光整加工。对表面粗糙度及加工精度要求高的表面，还需进行光整加工。这个阶段一般不能用于提高零件的位置精度。

应当指出，加工阶段的划分是就零件加工的整个过程而言的，不能以某个表面的加工或某个工序的性质来判断。同时在具体应用时，也不可以绝对化，对有些重型零件或余量小、精度不高的零件，则可以在一次装夹后完成表面的粗精加工。

2) 划分加工阶段的意义

① 有利于保证加工质量。工件在粗加工后，由于加工余量较大，所受的切削力、夹紧

力也较大，将引起较大的变形及内应力重新分布。如不分粗精阶段进行加工，上述变形来不及恢复，将影响加工精度。而划分加工阶段后，能逐步恢复和修正变形，提高加工质量。

② 便于合理使用设备。粗加工要求采用刚性好、效率高而精度较低的机床，精加工则要求机床精度高。划分加工阶段后，可以避免以精干粗，充分发挥机床的性能，延长机床使用寿命。

③ 便于安排热处理工序和检验工序。如粗加工阶段之后，一般要安排去应力的热处理，以消除内应力。某些零件精加工前要安排淬火等最终热处理，其变形可通过精加工予以消除。

④ 便于及时发现缺陷及避免损伤已加工表面。毛坯经粗加工阶段后，缺陷即已暴露，可以及时发现和处理。同时，精加工工序放在最后，可以避免加工好的表面在搬运和夹紧过程中受损伤。

在拟定零件的工艺路线时，一般应遵循划分加工阶段这一原则，但具体应用时要灵活处理。例如对一些精化毛坯，加工精度要求较低而刚性又好的零件，可不必划分加工阶段。又如对于一些刚性较好的重型零件，由于吊装较困难，往往不划分加工阶段而在一次装夹后完成粗精加工。

（3）加工顺序的安排

总的原则是前面的工序为后续工序创造条件，作为基准的准备。

1）切削加工顺序安排的原则

① 先粗后精。零件的加工一般应划分加工阶段，先进行粗加工，然后进行半精加工，最后是精加工和光整加工，应将粗、精加工分开进行。

② 先主后次。先考虑主要表面的加工，后考虑次要表面的加工。主要表面加工容易出废品，应放在前阶段进行，以减少工时的浪费。应当指出，先主后次的原则应正确理解和应用。次要表面一般加工量较小，加工比较方便，因此把次要表面加工穿插在各加工阶段中进行，使加工阶段更明显且能顺利进行，又能增加加工阶段的时间间隔，可以有足够的时间让残余应力重新分布并使其引起的变形充分表现，以便在后续工序中修正。

③ 先面后孔。先加工平面，后加工孔。因为平面一般面积较大，轮廓平整，先加工好平面，便于加工孔时的定位装夹，利于保证孔与平面的位置精度，同时也给孔的加工带来方便。另外，由于平面已加工好，对于平面上的孔加工时，刀具的初始工作条件得到改善。

④ 先基准后其他。用作精基准的表面，要首先加工出来。所以第一道工序一般进行定位基面的粗加工或半精加工（有时包括精加工），然后以精基面定位加工其他表面。

2）热处理工序的安排

热处理的目的是提高材料的力学性能、消除残余应力和改善金属的切削加工性。按照热处理目的的不同，热处理工艺可分为两大类：预备热处理和最终热处理。

① 预备热处理。预备热处理的目的是改善加工性能、消除内应力和为最终热处理准备良好的金相组织。其热处理工艺有退火、正火、时效、调质等。

a. 退火和正火。退火和正火用于经过热加工的毛坯。含碳量大于或等于 0.5% 的碳钢和合金钢，为降低其硬度以易于切削，常采用退火处理；含碳量低于 0.5% 的碳钢和合金钢，为避免其硬度过低导致切削时粘刀，而采用正火处理。退火和正火尚能细化晶粒、均匀组织，为以后的热处理做准备。退火和正火常安排在毛坯制造之后、粗加工之前进行。

b. 时效处理。时效处理主要用于消除毛坯制造和机械加工中产生的内应力。为减少运输工作量，对于一般精度的零件，在精加工前安排一次时效处理即可。但精度要求较高的零件（如坐标镗床的箱体等），应安排两次或数次时效处理工序。简单零件一般可不进行时效处理。除铸件外，对于一些刚性较差的精密零件（如精密丝杠），为消除加工中产生的内应力，稳定零件加工精度，常在粗加工、半精加工之间安排多次时效处理。有些轴类零件加工，在校直工序后也要安排时效处理。

c. 调质。调质是在淬火后进行高温回火处理，能获得均匀细致的回火索氏体组织，为以后的表面淬火和渗氮处理时减少变形做准备，因此调质也可作为预备热处理。由于调质后零件的综合力学性能较好，对某些硬度和耐磨性要求不高的零件，也可作为最终热处理工序。

② 最终热处理。最终热处理的目的是提高硬度、耐磨性和强度等力学性能。

a. 淬火。淬火有表面淬火和整体淬火。其中表面淬火因为变形、氧化及脱碳较小而应用较广，而且表面淬火还具有外部强度高、耐磨性好，而内部保持良好的韧性、抗冲击力强的优点。为提高表面淬火零件的力学性能，常需进行调质或正火等热处理作为预备热处理。其一般工艺路线为：下料→锻造→正火（退火）→粗加工→调质→半精加工→表面淬火→精加工。

b. 渗碳淬火。渗碳淬火适用于低碳钢和低合金钢，先提高零件表层的含碳量，经淬火后使表层获得高的硬度，而心部仍保持一定的强度和较高的韧性和塑性。渗碳分整体渗碳和局部渗碳。局部渗碳时对不渗碳部分要采取防渗措施（镀铜或镀防渗材料）。由于渗碳淬火变形大，且渗碳深度一般在 $0.5 \sim 2mm$ 之间，所以渗碳工序一般安排在半精加工和精加工之间。其工艺路线一般为：下料→锻造→正火→粗、半精加工→渗碳淬火→精加工。

当局部渗碳零件的不渗碳部分，采用加大余量后切除多余的渗碳层的工艺方案时，切除多余渗碳层的工序应安排在渗碳后、淬火前进行。

c. 渗氮处理。渗氮是使氮原子渗入金属表面以获得一层含氮化合物的处理方法。渗氮层可以提高零件表面的硬度、耐磨性、疲劳强度和抗蚀性。由于渗氮处理温度较低、变形小且渗氮层较薄（一般不超过 $0.6 \sim 0.7mm$），渗氮工序应尽量靠后安排。为减小渗氮时的变形，在切削后一般需进行消除应力的高温回火。

3）辅助工序的安排

辅助工序一般包括去毛刺、倒棱、清洗、防锈、退磁、检验等。其中检验工序是主要的辅助工序，它对产品的质量有着极重要的作用。检验工序一般安排如下。

① 关键工序或较长的工序前后。

② 零件换车间前后，特别是进行热处理工艺前后。

③ 在加工阶段前后。如在粗加工后、精加工前。

④ 零件全部加工完毕后。

（4）工序集中和工序分散

在划分了加工阶段以及各表面加工先后顺序后，就可以把这些内容组成为各个工序。在组成工序时，有两条原则，即工序集中和工序分散。工序集中就是将工件加工内容集中在少数几道工序内完成，每道工序的加工内容较多。工序分散就是将工件加工内容分散在较多的工序中进行，每道工序的加工内容较少，最少时每道工序只包含一个简单工步。

工序集中可用多刀刃、多轴机床、自动机床、数控机床和加工中心等技术措施集中，称为机械集中；也可采用普通机床顺序加工，称为组织集中。工序集中有如下特点。

① 在一次装夹中可完成零件多个表面的加工，可以较好地保证这些表面的相互位置精度，同时减少了装夹时间和工件在车间内的搬运工作量，有利于缩短生产周期。

② 减少机床数量，并相应减少操作工人，节省车间面积，简化生产计划和生产组织工作。

③ 可采用高效率的机床或自动线、数控机床等，生产率高。

④ 因为采用专用设备和工艺装备，所以投资增大，调整和维修复杂，生产准备工作量大。

工序分散有如下特点：

① 机床设备及工艺装备简单，调整和维修方便，工人易于掌握，生产准备工作量少，便于平衡工序时间。

② 可采用最合理的切削用量，减少基本时间。

③ 设备数量多，操作工人多，占用场地大。

工序集中和工序分散各有利弊，应根据生产类型、现有生产条件、企业能力、工件结构特点和技术要求等进行综合分析，择优选用。单件小批量生产采用通用机床顺序加工，使工序集中，可以简化生产计划和组织工作。多品种小批量生产也可采用数控机床等先进的加工方法。对于重型工件，为了减少工件装卸和运输的劳动量，工序应适当集中。大批大量生产的产品，可采用专用设备和工艺装备，如多刀、多轴机床或自动机床等，将工序集中；也可将工序分散后组织流水生产。但对一些结构简单的产品，如轴承和刚性较差、精度较高的精密零件，则工序应适当分散。

3.2.6 工序内容的确定

(1) 机床与工艺装备的选择

机床与工艺装备是零件加工的物质基础，是保证加工质量和生产率的重要保障。机床与工艺装备包括机械加工过程中所需的机床、夹具、量具、刀具等。机床和工艺装备的选择是制定工艺规程的一个重要环节，对零件加工的经济性也有重要影响。为了合理地选择机床和工艺装备，必须对各种机床的规格、性能和工艺装备的种类、规格等进行详细的了解。

1) 机床的选择

在工件的加工方法确定以后，加工工件所需的机床就已基本确定，由于同一类型的机床中有多种规格，其性能也并不完全相同，所以加工范围和质量各不相同，只有合理地选择机床，才能加工出理想的产品。在对机床进行选择时，除需对机床的基本性能有充分了解之外，还要综合考虑以下几点。

① 机床的技术规格要与被加工的工件尺寸相适应。

② 机床的精度要与被加工的工件要求精度相适应。机床的精度过低，不能加工出设计的质量；机床的精度过高，又不经济。对于由于机床局限，理论上达不到应有加工精度的，可通过工艺改进的办法达到目的。

③ 机床的生产率应与被加工工件的生产纲领相适应。

④ 机床的选用应与自身经济实力相适应。既要考虑机床的先进性和生产的发展需要，又要实事求是，减少投资。要立足于国内情况，就近取材。

⑤ 机床的使用应与现有生产条件相适应。应充分利用现有机床，如果需要改造机床或设计专用机床，则应提出与加工参数和生产率有关的技术资料，确保零件加工质量的技术要求等。

2）工艺装备的选择

① 夹具的选择：单件小批量生产应尽量选用通用夹具，如卡盘、台虎钳和转台。大批量生产时，应采用高生产率的专用机床夹具，在推行计算机辅助制造、成组技术等新工艺或为提高生产效率时，应采用成组夹具、组合夹具。夹具的精度应与零件的加工精度相适应。

② 刀具的选择：一般选用标准刀具，刀具选择时主要考虑加工方法、加工表面的尺寸、工件材料、加工精度、表面粗糙度、生产率和经济性等因素。在组合机床上加工时，由于机床按工序集中原则组织生产，考虑到加工质量和生产率的要求，可采用专用的复合刀具（参见 2.2 节），这样可提高加工精度、生产率和经济效益。对于自动线和数控机床所使用的刀具，应着重考虑其寿命期内的可靠性；对于加工中心所使用的刀具，还应注意选择与其配套的工具系统。刀具材料方面，除了最常用的高速钢和硬质合金外，还要考虑先进新型材料：

a. 涂层刀具材料。采用化学气相沉积（CVD）和物理气相沉积（PVD）的方法将耐磨、难熔的 TiN、TiC、Al_2O_3 等涂层材料涂覆到硬质合金、高速钢等刀具机体材料上，形成较强的涂层附着能力。选用涂层刀具可以提高切削速度，适于现代的高速加工。

b. 陶瓷刀具材料。常用的陶瓷基体材料为 Al_2O_3、Si_3N_4、经高温烧结而成；其硬度 $90\sim95$HRA，耐磨性高出硬质合金 10 多倍；红硬性好；抗黏性好，亲和力小；化学稳定性高，抗氧化能力强；主要用于加工冷硬铸铁、淬火钢等。其缺点是脆性大，强度差，导热性差。

c. 超硬刀具材料。超硬材料有金刚石和立方氮化硼（CBN）两类。金刚石硬度最高，是 Al_2O_3 的 3 倍左右；其主要用于制造磨具和部分切削工具。金刚石刀具作为切削刀具，尽管使用的工具成本高，但在诸多场合可发挥特殊效果，反而会降低综合加工成本。如对于 60HRC 以上的工件加工，传统刀具都需要工件退火后再加工，然后淬火恢复硬度，而金刚石刀具可以直接车削 60HRC 以上的工件，减少工序，节约时间，减少工件周转。

③ 量具、检具和量仪的选择：主要依据生产类型和要检验的精度。单件小批量生产中，对于尺寸误差，广泛采用游标卡尺、千分尺等进行测量；对于形位误差，一般采用百分表和千分表等通用量具进行测量。大批大量生产中，应尽量选用效率高的量具、检具和量仪，如各种极限量规、专用检验器具和测量仪器等。

3）切削用量的选择

合理切削用量是指使刀具的切削性能和机床的动力性能得到充分发挥，并在保证加工质量的前提下，获得高生产率和低加工成本的切削用量。

其通用的选择原则：首先选取尽可能大的背吃刀量；其次根据机床动力和刚性限制条件或已加工表面粗糙度的要求，选取尽可能大的进给量；最后利用切削用量手册选取或者用公式确定切削速度。

背吃刀量应根据工件的加工余量和工艺系统的刚度来确定。粗加工时，一次走刀尽可能切除全部余量。半精加工时，背吃刀量取 $0.5\sim2$mm。精加工时，背吃刀量取 $0.1\sim0.4$mm。

粗加工时，在工艺系统刚度允许的情况下尽可能选大一些的进给量，否则应适当减小进给量。生产实际中多采用查表法确定进给量。

半精加工、精加工时，采用较小的背吃刀量和进给量，以减小工艺系统的弹性变形，减小已加工表面的残留面积高度。

在背吃刀量和进给量选定后，可在保证刀具合理寿命的前提下，确定合理的切削速度。

在 a_p（背吃刀量）、f（刀具的进给量）值选定后，根据合理的刀具耐用度或查表来选定切削速度 v。

在生产中选择切削速度的一般原则是：

① 粗车时，a_p、f 较大，故选择较低的 v；精车时，a_p、f 均较小，故选择较高的 v。

② 工件材料强度、硬度高时，应选较低的 v，减少刀具磨损。

③ 切削合金钢比切削中碳钢的切削速度应降低 $20\% \sim 30\%$；切削调质状态的钢比切削正火、退火状态钢的切削速度要降低 $20\% \sim 30\%$；切削有色金属比切削中碳钢的切削速度可提高 $100\% \sim 300\%$，防止积削瘤生成。

（2）工时定额的计算

工时定额是指在一定生产条件下，规定生产一件产品或完成一道工序所需消耗的时间。它是安排生产计划、进行成本核算、考核工人完成任务情况、新建和扩建工厂或车间时确定所需设备和工人数量的主要依据。

制定合理的工时定额是调动工人积极性的重要手段，可以促进工人技术水平的提高，从而不断提高生产率。一般是技术人员通过计算或类比的方法，或者通过对实际操作时间的测定和分析的方法进行确定。在使用中，工时定额应定期修订，以使其保持平均先进水平。

在机械加工中，为了便于合理地确定工时定额，把完成一个工件的一道工序的时间称为单件工序时间 T_p，包括如下组成部分。

1）基本时间

基本时间 T_b 是直接改变生产对象的尺寸、形状、相对位置、表面状态或材料性质等工艺过程所消耗的时间。对机械加工而言，是指从工件上切除材料层所耗费的时间（包括刀具的切入或切出时间）。基本时间可按公式求得。例如车削基本时间 T_b 为

$$T_b = \frac{L_j Z}{n f a_p}$$

式中　T_b——基本时间，min；

　　　L_j——工作行程的计算长度［包括加工表面的长度、刀具的切入或切出长度（切入、切出长度可查阅有关手册确定）］，mm；

　　　Z——工序余量，mm；

　　　n——工件的旋转速度，r/min；

　　　f——刀具的进给量，mm/r；

　　　a_p——背吃刀量，mm。

2）辅助时间

辅助时间 T_a 是为实现工艺过程所必须进行的各种辅助动作所消耗的时间。这些辅助动作包括：装夹和卸下工件；开动和停止机床；改变切削用量；进、退刀具；测量工件尺寸等。

辅助时间的确定方法随生产类型而异。大批大量生产时，为使辅助时间规定得合理，需将辅助动作分解，再分别确定各分解动作的时间，最后予以综合。中批量生产时可根据以往的统计资料来确定。单件小批量生产时常用基本时间的百分比估算。

基本时间和辅助时间的总和称为工序作业时间，即直接用于制造产品或零、部件所消耗的时间。

3）布置工作地时间

布置工作地时间 T_s 是为使加工正常进行，工人照管工作地（如更换刀具、润滑机床、

清理切屑、收拾工具等）所消耗的时间。布置工作地时间可按照工序作业时间的 α 倍（一般 $\alpha = 2\% \sim 7\%$）来估算。

4）休息和生理需要时间

休息和生理需要时间 T_r 是工人在工作班内为恢复体力和满足生理上的需要所消耗的时间。它可按工序作业时间的 β 倍（一般 $\beta = 2\% \sim 4\%$）来估算。

上述四部分的时间之和称为单件工时，因此，单件工时为

$$T_p = T_b + T_a + T_s + T_r = (T_b + T_a)(1 + \alpha + \beta)$$

5）准备和终结时间

成批生产还要考虑准备与终结时间。准备和终结时间 T_e 是工人为了生产一批产品或零部件，进行准备和结束工作所消耗的时间。这些工作包括：熟悉工艺文件、装夹工艺装备、调整机床、归还工艺装备和送交成品等。

准备和终结时间对一批工件只消耗一次，工件批量 n 越大，则分摊到每一个工件上的这部分时间越少。所以，成批生产时的单件工时为

$$T_p = T_b + T_a + T_s + T_r + T_e/n = (T_b + T_a)(1 + \alpha + \beta) + T_e/n$$

在大量生产时，每个工作地点完成固定的一道工序，一般不需考虑准备和终结时间。

（3）加工余量的确定

零件加工工艺路线确定后，在进一步安排各个工序的具体内容时，应正确地确定各工序的工序尺寸。为确定工序尺寸，首先应确定加工余量。

加工余量是指加工过程中从加工表面切除的金属层厚度。加工余量分为工序余量和总余量。工序余量是指某一表面在一道工序中切除的金属层厚度。毛坯尺寸与零件图样的设计尺寸之差称为加工总余量。它是从毛坯到成品时从某一表面切除的金属层总厚度，也等于该表面各工序余量之和，即

$$Z_{总} = \sum_{i=1}^{n} Z_i$$

式中　Z_i——第 i 道工序的工序余量，mm；

　　　n——该表面总加工的工序数。

加工总余量也是个变动值，其值及公差一般可从相关手册中查得或凭经验确定。

1）影响加工余量的因素

影响加工余量的因素有：①前工序的表面质量（包括表面粗糙度 Ra 和表面破坏层深度 S_a）；②前工序的工序尺寸公差 T_a；③前工序的位置误差 ρ_a，如工件表面在空间的弯曲、偏斜以及空间误差等；④本工序的装夹误差 ε_b。所以本工序的加工余量必须满足：

用于对称余量时，$Z \geqslant 2(Ra + S_a) + T_a + 2(\rho_a + \varepsilon_b)$；

用于单边余量时，$Z \geqslant Ra + S_a + T_a + |\rho_a + \varepsilon_b|$。

2）确定加工余量的方法

加工余量的大小，直接影响零件的加工质量和生产率。加工余量过大，不仅增加机械加工劳动量，降低生产率，而且增加材料、工具和电力的消耗，增加成本。但加工余量过小，又不能消除前工序的各种误差和表面缺陷，甚至产生废品。因此，必须合理地确定加工余量。其确定方法有以下几种。

① 经验估算法。经验估算法是根据工艺人员的经验来确定加工余量。为避免产生废品，所确定的加工余量一般偏大。适于单件小批量生产。

② 查表修正法。此法是根据有关手册，查得加工余量的数值，然后根据实际情况进行适当修正。这是一种广泛使用的方法。

③ 分析计算法。这是对影响加工余量的各种因素进行分析，然后根据一定的计算式来计算加工余量的方法。此法确定的加工余量较合理，但需要全面的试验资料，计算也较复杂，故很少应用。

(4) 工序尺寸和公差的确定

工序尺寸是指某一工序应加工到的尺寸，其公差即为工序尺寸公差。

零件从毛坯逐步加工至成品的过程中，零件图上的设计尺寸及其公差都要经过几道工序才能达到。每道工序的工序尺寸都不相同，它们逐步向设计尺寸接近。工序尺寸及其公差大小不仅受工序余量的影响，还与工艺基准的选择密切相关。编制工艺规程的一个重要工作就是确定每道工序的工序尺寸及其公差。

在确定工序尺寸及其公差时，应依据工序基准与设计基准是否重合，采用不同的计算方法。

1）基准重合时工序尺寸及公差的确定

当工序基准、定位基准或测量基准与设计基准重合时，根据与被加工对象关联尺寸的多少，工序尺寸及其公差的确定方法有以下两种。

① 单一工序的工序尺寸及公差的确定。单一工序的工序尺寸及公差的确定，主要是要保证被加工对象的位置尺寸。如图 3-18 所示，$\phi16$ 孔的中心位置以 B、C 面为设计基准。因此，在板料上钻 $\phi16$ 孔，应以 B、C 面为定位基准确定定位尺寸（65mm $\pm$ 0.20mm，25mm $\pm$ 0.10mm），即基准重合。

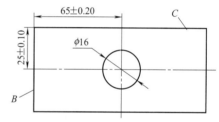

图 3-18 内孔工序尺寸计算

② 从同一基准对同一表面多次加工时工序尺寸及公差的确定。属于这种情况的有内外圆柱面和某些平面加工，计算时要考虑各工序的余量和该工序加工方法所能达到的经济精度，其计算顺序是从最后一道工序开始向前推算，计算步骤如下。

a. 制定工艺路线：根据零件图的设计要求，确定加工过程。

b. 计算公称尺寸：以设计尺寸为最终工序尺寸，由后向前逐个确定各工序的加工余量，分别计算得到各工序的公称尺寸。

c. 确定各工序尺寸公差及表面粗糙度：按各工序加工方法的经济精度和经济表面粗糙度确定工序公差和工序表面粗糙度。

d. 各工序尺寸极限偏差：按"单向入体原则"确定工序尺寸极限偏差。最终尺寸的极限偏差按图纸要求确定，毛坯尺寸极限偏差取对称偏差。

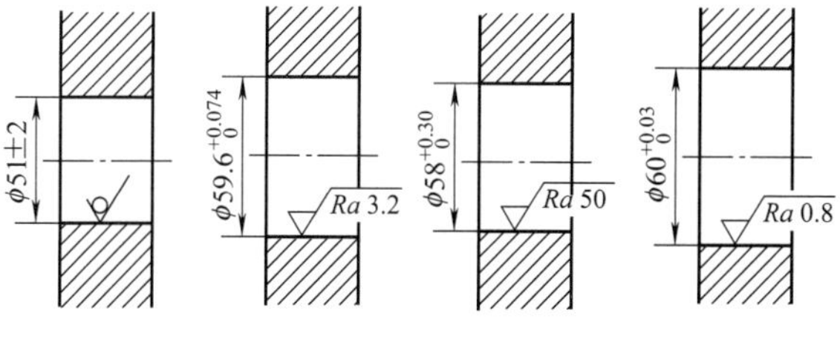

例如，某法兰盘零件上有一个孔，孔径为 $\phi60^{+0.03}_{0}$mm，表面粗糙度 Ra 为 0.8μm（图 3-19），毛坯为铸钢件，需淬火处理。其工艺路线见表 3-5。

解题步骤如下：

图 3-19 内孔工序尺寸计算

表 3-5　　　　工序尺寸及其公差的计算　　　　　　　　　　单位：mm

工序名称	余量	工序所能达到的精度等级	工序尺寸(最小工序尺寸)	工序尺寸及其上、下偏差
毛坯孔		± 2	51	51 ± 2
粗镗孔	7	$H12\left(^{+0.300}_{\ 0}\right)$	58	$58\left(^{+0.300}_{\ 0}\right)$
半精镗孔	1.6	$H9\left(^{+0.074}_{\ 0}\right)$	59.6	$59.6\left(^{+0.074}_{\ 0}\right)$
磨孔	0.4	$H7\left(^{+0.030}_{\ 0}\right)$	60	$60\left(^{+0.030}_{\ 0}\right)$

a. 根据各工序的加工性质，查表得它们的工序余量（见表 3-5 中的第 2 列）。

b. 确定各工序的尺寸公差及表面粗糙度。由各工序的加工性质查有关经济加工精度（见表 3-5 中的第 3 列）。

c. 根据查得的余量计算各工序尺寸（见表 3-5 中的第 4 列）。

d. 确定各工序尺寸的上下偏差。按"单向入体原则"，对于孔，基本尺寸值为公差带的下偏差，上偏差取正值；毛坯尺寸极限偏差取双向对称偏差（见表 3-5 中的第 5 列）。

2）基准不重合时工序尺寸及公差的确定

在零件的加工过程中，为了便于工件的定位或测量，有时难于以采用零件的设计基准作为定位基准或测量基准。工序基准、定位基准、测量基准与设计基准不重合时，需要用工艺尺寸链进行工序尺寸及公差的计算。

① 工艺尺寸链的概念。

a. 尺寸链的定义。在机器装配或零件加工过程中，由相互连接的尺寸形成的封闭尺寸组，称为尺寸链。如图 3-20 所示，用零件的表面 1 定位加工表面 2 得尺寸 A_1，再加工表面 3，得尺寸 A_2，自然形成 A_0，于是 A_1-A_2-A_0 连接成了一个封闭的尺寸组 [图 3-20（b）]，形成尺寸链。在机械加工过程中，同一工件的各有关尺寸组成的尺寸链称为工艺尺寸链。

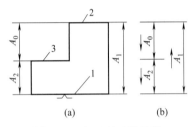

图 3-20 加工尺寸链示例

b. 工艺尺寸链的特征：

其一，尺寸链由一个自然形成的尺寸与若干个直接得到的尺寸所组成。如图 3-20 所示，尺寸 A_1、A_2 是直接得到的尺寸，而 A_0 是自然或间接形成的尺寸。其中，自然形成的尺寸大小和精度受直接得到的尺寸大小和精度的影响，并且自然形成的尺寸精度必然低于任何一个直接得到的尺寸的精度。

其二，尺寸链一定是封闭的且各尺寸按一定的顺序首尾相接。

c. 尺寸链的组成。组成尺寸链的各个尺寸称为尺寸链的环。如图 3-20 所示的 A_1、A_2、A_0 都是尺寸链的环，它们可以分为封闭环和组成环。

封闭环：在加工（或测量）过程中最后自然形成或间接获得的环称为封闭环，如图 3-20 所示的 A_0。每个尺寸链必须有且仅能有一个封闭环，用 A_0 表示。

组成环：在加工（或测量）过程中直接得到的环称为组成环。尺寸链中除了封闭环外，都是组成环。按其对封闭环的影响，组成环可分为增环和减环。

增环：尺寸链中，该类组成环的变动引起封闭环同向变动，则该类组成环称为增环，如图 3-20 所示的 A_1。增环用 $\overrightarrow{A}$ 表示。

减环：尺寸链中，该类组成环的变动引起封闭环反向变动，则该类组成环称为减环，如图 3-20 所示的 A_2。减环用 $\overleftarrow{A}$ 表示。

同向变动是指该组成环增大时，封闭环也增大，该组成环减小时，封闭环也减小；反向变动是指该组成环增大时，封闭环减小，该组成环减小时，封闭环增大。

增环和减环的判别。为了简易地判别增环和减环，可在尺寸链图上先给封闭环任意定出方向并画出箭头，然后以此箭头方向环绕尺寸链回路，顺次给每个组成环画出箭头。此时凡与封闭环箭头相反的组成环为增环，相同的为减环，如图 3-21 所示。

② 工艺尺寸链的建立。工艺尺寸链的建立并不复杂，但在尺寸链建立的过程中，封闭环的判定和组成环的查找应引起初学者的重视。因为封闭环的判定错误，整个尺寸链的解算将得出错误的结果；组成环查找不对，将得不到最少链环的尺寸链，解算的结果也是错误的。下面将分别予以讨论。

a. 封闭环的判定。在工艺尺寸链中，封闭环是加工过程中自然形成的尺寸。因此，封闭环是随着零件加工方案的变化而变化的。仍以图 3-20 为例，若以表面 1 定位加工表面 2 得尺寸 A_1，然后以表面 2 定位加工表面 3，则 A_0 为直接得到的尺寸，而 A_2 为自然形成的尺寸，即 A_2 为封闭环。

又如图 3-22 所示的零件，当以表面 3 定位加工表面 1 而获得尺寸 A_1，然后以表面 1 为测量基准加工表面 2 而直接获得尺寸 A_2，则自然形成的尺寸 A_0 为封闭环；但以加工过的表面 1 为测量基准加工表面 2，直接获得尺寸 A_2，再以表面 2 为定位基准加工表面 3 直接获得尺寸 A_0，此时尺寸 A_1 便为自然形成而成为封闭环。所以封闭环的判定必须根据零件加工的具体方案，紧紧抓住"自然形成"或"间接获得"这一要领。

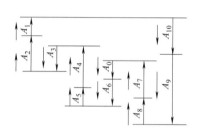

图 3-21　增、减环的简易判别

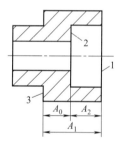

图 3-22　封闭环的判定

b. 组成环的查找。组成环查找的方法：从构成封闭的两表面开始，同步地按照工艺过程的顺序，分别向前查找各表面最后一次加工的尺寸，之后再进一步查找此加工尺寸的工序基准的最后一次加工时的尺寸，如此继续向前查找，直到两条路线最后得到的加工尺寸的工序基准重合（即两者的工序基准为同一表面），至此上述尺寸系统即形成封闭轮廓，从而构成了工艺尺寸链。

查找组成环必须掌握它的基本特点：组成环是加工过程中"直接获得"的，而且对封闭环有影响。下面以图 3-23 为例，说明尺寸链建立的具体过程。图 3-23 所示为套类零件，为便于讨论问题，图中只标出轴向设计尺寸，轴向尺寸加工顺序安排如下：

• 以大端面 A 定位，车端面 D 获得 A_1；并车小外圆至 B 面，保证长度 $40_{-0.2}^{\ 0}$ mm［图 3-23（b）］；

• 以端面 D 定位，精车大端面 A 获得尺寸 A_2，并在车大孔时车端面 C，获得孔深尺寸 A_3［图 3-23（c）］；

• 以端面 D 定位，磨大端面 A 保证全长尺寸 $50_{-0.5}^{\ 0}$ mm，同时保证孔深尺寸为

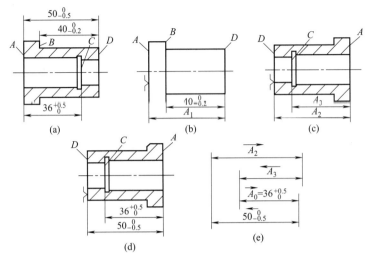

图 3-23　工艺尺寸链建立过程

$36^{+0.5}_{0}$ mm [图 3-23（d）]。

由以上工艺过程可知，孔深设计尺寸 $36^{+0.5}_{0}$ mm 是自然形成的，应为封闭环。从构成封闭环的两界面 A 面和 C 面开始查找组成环，A 面的最近一次加工是磨削，工艺基准是 D 面，直接获得的尺寸是 $50^{0}_{-0.5}$ mm；C 面最近的一次加工是车孔时的车削，测量基准是 A 面，直接获得的尺寸是 A_0。显然上述两尺寸的变化都会引起封闭环的变化，是欲查找的组成环。但此两环的工序基准各为 D 面与 A 面，不重合，为此要进一步查找最近一次加工 D 面和 A 面的加工尺寸。A 面的最近一次加工是精车 A 面，直接获得的尺寸是 A_2，工序基准为 D 面，正好与加工尺寸 $50^{0}_{-0.5}$ mm 的工序基准重合，而且 A_2 的变化也会引起封闭环的变化，应为组成环。至此，找出 A_2、A_3、$50^{0}_{-0.5}$ mm 为组成环，$36^{+0.5}_{0}$ mm 为封闭环，它们组成了一个封闭的尺寸链 [图 3-23（e）]。

③ 工艺尺寸链计算的基本公式。工艺尺寸链的计算方法有两种：极值法和概率法。目前生产中多采用极值法计算，下面仅介绍极值法计算的基本公式，概率法将在装配尺寸链中介绍。

图 3-24 所示为尺寸链中各种尺寸和偏差的关系，表 3-6 列出了尺寸链计算中所用的符号。

表 3-6　尺寸链计算所用的符号

环名	符号名称							
	基本尺寸	最大尺寸	最小尺寸	上偏差	下偏差	公差	平均尺寸	中间偏差
封闭环	A_0	A_{0max}	A_{0min}	ES_0	EI_0	T_0	A_{0av}	Δ_0
增环	$\overrightarrow{A}_i$	$\overrightarrow{A}_{imax}$	$\overrightarrow{A}_{imin}$	ES_i	EI_i	T_i	A_{iav}	Δ_i
减环	$\overleftarrow{A}_i$	$\overleftarrow{A}_{imax}$	$\overleftarrow{A}_{imin}$	ES_i	EI_i	T_i	A_{iav}	Δ_i

a. 封闭环基本尺寸：

$$A_0 = \sum_{i=1}^{n} \overrightarrow{A}_i - \sum_{i=n+1}^{m} \overleftarrow{A}_i \tag{3-1}$$

式中　A_0——封闭环基本尺寸；

n——增环数目；

m——组成环数目。

b. 封闭环的中间偏差：

$$\Delta_0 = \sum_{i=1}^{n} \overrightarrow{\Delta}_i - \sum_{i=n+1}^{m} \overleftarrow{\Delta}_i \qquad (3\text{-}2)$$

式中　Δ_0——封闭环中间偏差；

$\overrightarrow{\Delta}_i$——第 i 组成增环的中间偏差；

$\overleftarrow{\Delta}_i$——第 i 组成减环的中间偏差。

中间偏差是指上偏差与下偏差的平均值，即

$$\Delta = \frac{1}{2}(\text{ES} + \text{EI}) \qquad (3\text{-}3)$$

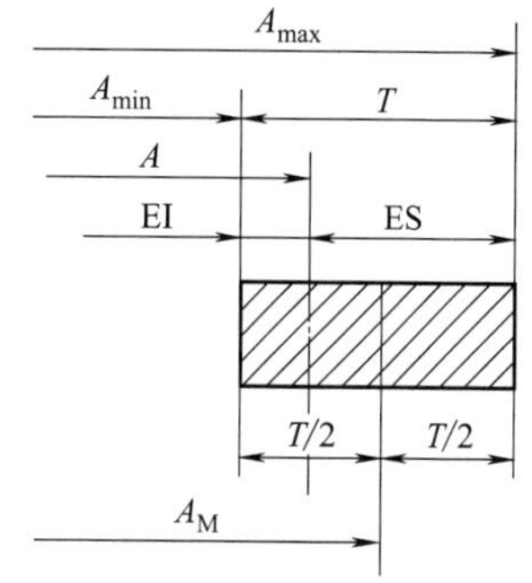

图 3-24　各种尺寸
和偏差的关系

c. 封闭环公差：

$$T_0 = \sum_{i=1}^{m} T_i \qquad (3\text{-}4)$$

d. 封闭环极限偏差：

上偏差

$$\text{ES}_0 = \Delta_0 + \frac{T_0}{2} \qquad (3\text{-}5)$$

下偏差

$$\text{EI}_0 = \Delta_0 - \frac{T_0}{2} \qquad (3\text{-}6)$$

e. 封闭环极限尺寸：

最大极限尺寸　　　　$A_{0\max} = A_0 + \text{ES}_0 \qquad (3\text{-}7)$

最小极限尺寸　　　　$A_{0\min} = A_0 + \text{EI}_0 \qquad (3\text{-}8)$

f. 组成环平均公差：

$$T_{\text{avi}} = \frac{T_0}{m} \qquad (3\text{-}9)$$

g. 组成环极限偏差：

上偏差

$$\text{ES}_i = \Delta_i + \frac{T_i}{2} \qquad (3\text{-}10)$$

下偏差

$$\text{EI}_i = \Delta_i - \frac{T_i}{2} \qquad (3\text{-}11)$$

h. 组成环极限尺寸：

最大极限尺寸　　　　$A_{i\max} = A_i + \text{ES}_i \qquad (3\text{-}12)$

最小极限尺寸　　　　$A_{i\min} = A_i + \text{EI}_i \qquad (3\text{-}13)$

i. 列竖式计算尺寸链：

环类型	基本尺寸	上偏差 ES	下偏差 EI
增环 $\overrightarrow{A}_1$	$+A_1$	ES_1	EI_1
增环 $\overrightarrow{A}_2$	$+A_2$	ES_2	EI_2
减环 $\overleftarrow{A}_3$	$-A_3$	$-\text{EI}_3$	$-\text{ES}_3$
减环 $\overleftarrow{A}_4$	$-A_4$	$-\text{EI}_4$	$-\text{ES}_4$
封闭环 A_0	A_0	ES_0	EI_0

口诀：增环上下偏差照抄；减环上下偏差对调、反号。组成环的基本尺寸、上偏差、下偏差分别累加等于封闭环的基本尺寸、上偏差、下偏差。

3）工序尺寸及公差的确定实例

① 测量基准与设计基准不重合。在零件加工时会遇到一些表面加工后设计尺寸不便于直接测量的情况。因此需要在零件上选一个易于测量的表面作为测量基准进行测量，以间接检验设计尺寸。

【例 3-1】 如图 3-25（a）所示的套筒类零件，两端面已加工完毕，加工孔底 C 时，要保证尺寸 $\phi 16_{-0.35}^{0}$ mm，因该尺寸不便于测量，试标出测量尺寸。

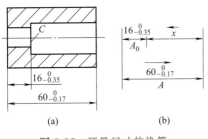

图 3-25 测量尺寸的换算

解：由于孔的深度可以用深度游标尺测量，因此尺寸 $\phi 16_{-0.35}^{0}$ mm 可以通过 $A=\phi 60_{-0.17}^{0}$ mm 和孔深 x 间接计算出来。绘制尺寸链如图 3-25（b）所示，尺寸 $\phi 16_{-0.35}^{0}$ mm 是封闭环（间接得到尺寸）。

公式法计算：

由式（3-1）得

$$A_0 = \vec{A} - \overleftarrow{x}$$

$$x = A - A_0 = (60 - 16)\,\text{mm} = 44\,\text{mm}$$

由式（3-2）得

$$\Delta_0 = \vec{\Delta}_A - \overleftarrow{\Delta}_x$$

$$\Delta_x = \Delta_A - \Delta_0 = \left[\frac{1}{2} \times (0 - 0.17) - \frac{1}{2} \times (0 - 0.35)\right]\text{mm} = 0.09\,\text{mm}$$

由式（3-4）得

$$T_0 = T_A + T_x$$

$$T_x = T_0 - T_A = (0.35 - 0.17)\,\text{mm} = 0.18\,\text{mm}$$

由式（3-10）和式（3-11）得

$$\text{ES}_x = \Delta_x + \frac{T_x}{2} = \left(0.09 + \frac{0.18}{2}\right)\text{mm} = 0.18\,\text{mm}$$

$$\text{EI}_x = \Delta_x - \frac{T_x}{2} = \left(0.09 - \frac{0.18}{2}\right)\text{mm} = 0\,\text{mm}$$

所以 $x = 44_{0}^{+0.18}$ mm。

列竖式计算：

环类型	基本尺寸	上偏差 ES	下偏差 EI
增环 $\vec{A}$	60	0	-0.17
减环 $\overleftarrow{x}$	$-A_2(44)$	$-\text{EI}_2(0)$	$-\text{ES}_2(+0.18)$
封闭环 A_0	16	0	-0.35

通过以上计算可以发现，由于基准不重合而进行尺寸换算将带来以下两个问题。

a. 换算结果明显提高了测量尺寸精度的要求。

如果按原设计尺寸进行测量，其公差值为 0.35mm，换算后的测量尺寸公差为 0.18mm，公差值减小了 0.17mm，此值恰为另一组成环的公差值。

b. 假废品现象。按照工序图测量尺寸 x，当其最大尺寸为 44.18mm，最小尺寸为 44mm 时，零件合格。假如 x 的实测尺寸偏大或偏小 0.17mm，即 x 的尺寸为 44.35mm 或 43.83mm，零件似乎是"废品"。但只要 A 的实际尺寸也相应为最大 60mm 和最小 59.83mm，此时算得 A_0 的相应尺寸分别为 （60－44.35）mm＝15.65mm 和 （59.83－43.83）mm＝16mm，此尺寸符合零件图上的设计尺寸，此零件应为合格件。这就是假废品现象。

② 定位基准与设计基准不重合。零件加工中定位基准与设计基准不重合，就要进行尺寸链换算来计算工序尺寸。

【例 3-2】 如图 3-26（a）所示零件，尺寸 $60_{-0.12}^{0}$ mm 已经保证，现以表面 1 定位加工表面 2，试计算工序尺寸 A_2。

解：当以表面 1 定位加工表面 2 时，应按 A_2 调整后进行加工，因此设计尺寸 $A_0＝25_{0}^{+0.22}$ mm 是本工序间接保证的尺寸，应为封闭环，其尺寸链图如图 3-26（b）所示。

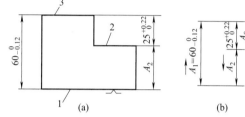

图 3-26　定位基准与设计基准不重合时的尺寸换算

则公式法计算 A_2 如下：

由式（3-1）得

$$A_0＝\overrightarrow{A}_1－\overleftarrow{A}_2$$
$$A_2＝A_1－A_0＝(60－25)\mathrm{mm}＝35\mathrm{mm}$$

由式（3-2）得

$$\Delta_0＝\overrightarrow{\Delta}_1－\overleftarrow{\Delta}_2$$
$$\Delta_2＝\Delta_1－\Delta_0＝\left[\frac{1}{2}(0－0.12)－\frac{1}{2}(0.22－0)\right]\mathrm{mm}＝－0.17\mathrm{mm}$$

由式（3-4）得

$$T_0＝T_1＋T_2$$
$$T_2＝T_0－T_1＝(0.22－0.12)\mathrm{mm}＝0.10\mathrm{mm}$$

由式（3-10）和式（3-11）得

$$\mathrm{ES}_2＝\Delta_2＋\frac{T_2}{2}＝\left(－0.17＋\frac{0.10}{2}\right)\mathrm{mm}＝－0.12\mathrm{mm}$$

$$\mathrm{EI}_2＝\Delta_2－\frac{T_2}{2}＝\left(－0.17－\frac{0.10}{2}\right)\mathrm{mm}＝－0.22\mathrm{mm}$$

故工序尺寸 $A_2＝35_{-0.22}^{-0.12}$ mm。

列竖式计算 A_2 如下：

环类型	基本尺寸	上偏差 ES	下偏差 EI
增环 $\overrightarrow{A}_1$	60	0	－0.12
减环 $\overleftarrow{A}_2$	$－A_2$(35)	$－\mathrm{EI}_2$(0.22)	$－\mathrm{ES}_2$(0.12)
封闭环 A_0	25	＋0.22	0

在进行工艺尺寸链计算时，有时可能出现算出的工序尺寸公差过小，还可能出现零公差或负公差。遇到这种情况一般可采取两种措施：一是压缩各组成环的公差值；二是改变定位

基准和加工方法。如图 3-26 所示，可用表面 3 定位，使定位基准与设计基准重合，也可用复合铣刀同时加工表面 2 和表面 3，以保证设计尺寸。

③ 在尚需继续加工的表面上标注的工序尺寸。

【例 3-3】 图 3-27（a）所示为一齿轮内孔。内孔尺寸为 $\phi 85^{+0.035}_{0}$ mm，键槽的深度尺寸为 $90.4^{+0.20}_{0}$ mm，内孔及键槽的加工顺序如下：a. 精镗孔至 $\phi 84.8^{+0.07}_{0}$ mm；b. 插键槽深至尺寸 A_3（通过尺寸换算求得）；c. 热处理；d. 磨内孔全尺寸 $\phi 85^{+0.035}_{0}$ mm，同时保证键槽深度尺寸 $90.4^{+0.20}_{0}$ mm。试计算工序尺寸。

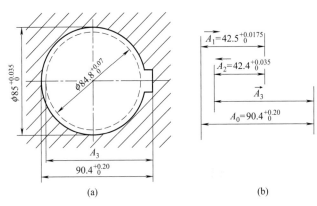

图 3-27 内孔与键槽加工尺寸换算

解： 根据以上加工顺序，可以看出磨孔后必须保证内孔的尺寸，同时还必须保证键槽的深度。为此必须计算镗孔后加工的键槽深度的工序尺寸 A_3。如图 3-27（b）所示，画出了尺寸链，其精车后的半径 $A_2 = 42.4^{+0.035}_{0}$ mm，磨孔后的半径 $A_1 = 42.5^{+0.0175}_{0}$ mm，以及键槽深度 A_3 都是直接保证的，为组成环。磨孔后所得的键槽深度尺寸 $A_0 = 90.4^{+0.20}_{0}$ mm 是间接得到的，是封闭环。列竖式计算：

环类型	基本尺寸	上偏差 ES	下偏差 EI
增环 $\overrightarrow{A_1}$	42.5	+0.0175	0
减环 $\overleftarrow{A_2}$	−42.4	0	−0.035
增环 $\overrightarrow{A_3}$	A_3（90.3）	ES_2（+0.1825）	EI_2（+0.035）
封闭环 A_0	90.4	+0.2	0

所以 $A_3 = 90.3^{+0.1825}_{+0.035}$ mm。

④ 保证渗碳层、渗氮层厚度的工序尺寸计算。

有些零件的表面需要进行渗碳、渗氮处理，而且在精加工后还要保证规定的渗层深度。为此必须正确确定精加工前的渗层深度尺寸。

【例 3-4】 图 3-28 所示为一套筒类零件，孔径为 $\phi 145^{+0.04}_{0}$ mm 的表面要求渗氮，精加工后要求渗氮层深度为 0.3～0.5mm，即单边深度为 $0.3^{+0.2}_{0}$ mm，双边深度为 $0.6^{+0.4}_{0}$ mm。该表面的加工顺序为：磨内孔至尺寸 $\phi 144.76^{+0.04}_{0}$ mm；渗氮处理；精磨孔至尺寸 $\phi 145^{+0.04}_{0}$ mm，并保证渗层深度为 t_0。试求精磨前渗氮层的深度 t_1。

解： 如图 3-28（d）所示，尺寸 A_1、A_2、t_1、t_0 组成了一工艺尺寸链。t_0 由其余尺寸间接得到，故为封闭环，A_1、t_1 为增环，A_2 为减环。

列竖式求解 t_1 如下：

环类型	基本尺寸	上偏差 ES	下偏差 EI
增环 $\overrightarrow{A_1}$	144.76	+0.04	0
增环 $\overrightarrow{t_1}$	(0.84)	(+0.36)	(+0.04)
减环 $\overleftarrow{A_2}$	−145	0	−0.04
封闭环 t_0	0.6	+0.4	0

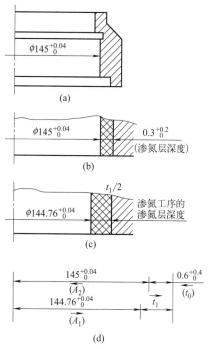

最后得出：

$$t_1 = 0.84^{+0.36}_{+0.04}\,\text{mm（双边）}$$

$$\frac{t_1}{2} = 0.42^{+0.18}_{+0.02}\,\text{mm（单边）}$$

所以，进行单边、公差换算后渗氮层深度应为 $0.44^{+0.16}_{0}\,\text{mm}$。

⑤ 零件电镀时工序尺寸的计算。

有些零件的表面需要电镀，电镀后有两种情况：一是为了美观和防锈，对电镀表面无精度要求；二是对电镀表面有精度要求，既要保证图纸上的设计尺寸，又要保证一定的镀层厚度。保证电镀表面精度的方法有两种：一种是镀前控制表面加工尺寸并控制镀层厚度；另一种是镀后进行磨削加工来保证尺寸精度。这两种方法在进行尺寸链计算时，其封闭环是不同的。

图 3-28 保证渗氮深度的尺寸计算

【例 3-5】 图 3-29（a）所示为圆环体，其表面镀铬后直径为 $\phi 28^{0}_{-0.045}\,\text{mm}$，镀层厚度（双边厚度）为 $0.05 \sim 0.08\text{mm}$，外圆表面加工工艺是车—磨—镀铬。试计算磨削前的工序尺寸 A_2。

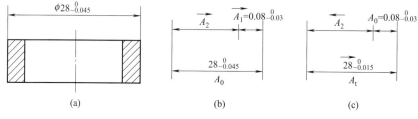

图 3-29 圆环镀层厚度工序尺寸的计算

解： 圆环的设计尺寸是由控制镀铬前的尺寸和镀层厚度来间接保证的，故封闭环是设计尺寸 $\phi 28^{0}_{-0.045}\,\text{mm}$。画出尺寸链如图 3-29（b）所示。

列竖式求解 A_2 如下：

环类型	基本尺寸	上偏差 ES	下偏差 EI
增环 $\overrightarrow{A_1}$	0.08	0	−0.03
增环 $\overrightarrow{A_2}$	(27.92)	(0)	(−0.015)
封闭环 A_0	28	0	−0.045

所以 $A_2 = \phi 27.92^{0}_{-0.015}\,\text{mm}$。

【例 3-6】 仍以图 3-29（a）圆环工件表面镀铬。其外圆直径改为 $\phi 28_{-0.015}^{\ 0}$mm，而加工工艺采用车—粗磨—镀铬—精磨。精磨后镀层厚度在直径上为 0.05～0.08mm。求镀前粗磨时的工序尺寸 A_2。

解： 因所要求的镀层厚度是精磨后间接得到的，故为封闭环。画出尺寸链如图 3-29（c）所示。列竖式求解 A_2 如下：

环类型	基本尺寸	上偏差 ES	下偏差 EI
增环 $\overrightarrow{A_1}$	28	0	−0.015
减环 $\overleftarrow{A_2}$	（−27.92）	（0）	（−0.015）
封闭环 A_0	0.08	0	−0.03

所以 $A_2 = \phi 27.92_{\ 0}^{+0.015}$mm。

3.2.7　提高机械加工生产率的工艺措施

在制订机械加工工艺规程时，必须在保证零件质量要求的前提下，提高劳动生产率并降低成本。也就是说，必须做到优质、高产、低消耗。

劳动生产率是一个衡量生产效率的综合技术经济指标，它不是一个单纯的工艺技术问题，而是与产品设计、生产组织和管理工作有关，所以，改进产品结构设计，改善生产组织和管理工作，都是提高劳动生产率的有力措施。下面仅讨论与机械加工有关的一些工艺措施。

（1）缩减时间定额

在时间定额的五个组成部分中，缩减每一项都能使时间定额降低，从而提高劳动生产率。但主要应缩减占比例较大的部分，如单件小批量生产时主要应缩减辅助时间，大批大量生产时主要应缩减基本时间。休息时间本来所占比例甚少，不宜作为缩减对象。

1）缩减基本时间

① 提高切削用量 n、f、a_p。增加切削用量将使基本时间减小，但会增加切削力、切削热和工艺系统的变形以及刀具磨损等。因此，必须在保证质量的前提下采用。

要采用大的切削用量，关键要提高机床的承受能力，特别是刀具的耐用度。要求机床刚度好、功率大，要采用优质的刀具材料，如陶瓷车刀的切削速度可达 500m/min，新出现的聚晶氮化硼刀具切削速度可达 900m/min，并能加工淬硬钢。

② 减小切削长度。在切削加工时，可以通过采用多刀加工、多件加工的方法减小切削长度。

图 3-30（a）所示为采用三把刀具同时切削同一表面，切削行程约为工件长度的 1/3。

图 3-30（b）所示为合并走刀，用三把刀具一次性地完成三次走刀，切削行程约可减少 2/3。

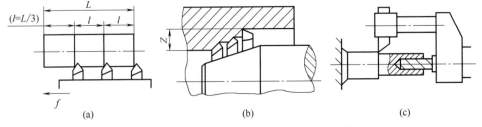

图 3-30 采用多刀加工以减小切削行程长度

图 3-30（c）所示的复合工步加工，也可大大减小切削行程长度。

另外，将纵向进给改成横向进给也是减小刀具切削长度的一个有效办法。

③ 多件加工。多件加工可分为顺序多件加工、平行多件加工和平行顺序多件加工三种方式。

图 3-31（a）所示为顺序多件加工，这样可减小刀具的切入和切出长度。这种方式多见于龙门刨床加工、镗削及滚齿加工中。

图 3-31（b）所示为平行多件加工，一次走刀可同时加工几个零件，所需基本时间与加工一个零件时基本相同。这种方式常用于铣床和平面磨床上。

图 3-31（c）所示为平行顺序多件加工，这种加工方式能非常显著地减少基本时间。常见于立轴式平面磨削和铣削加工。

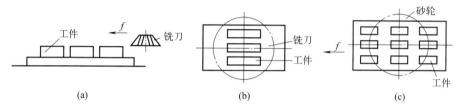

图 3-31　采用多件加工以减少切削行程长度

2）缩减辅助时间

缩减辅助时间的方法主要是实现机械化和自动化，或使辅助时间与基本时间重合。具体措施有：

① 采用先进高效夹具。在大批大量生产时，采用高效的气动或液压夹具；在单件小批量生产和中批量生产时，采用组合夹具、可调夹具或成组夹具，都将减少装卸工件的时间。

② 采用多工位连续加工。采用回转工作台和转位夹具，能在不影响切削的情况下装卸工件，使辅助时间与基本时间重合。如图 3-32 所示利用回转工作台的多工位立铣以及图 3-33 所示的双工位转位夹具。

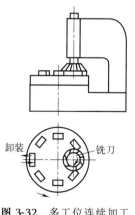

图 3-32　多工位连续加工

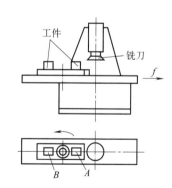

图 3-33　双工位夹具

③ 采用主动检验或数字显示自动测量装置，可以大大减少停机测量工件的时间。

④ 采用两个相同夹具交替工作的方法。当一个夹具装夹好工件进行加工时，另一个夹具同时进行工件的装卸，这样也可以使辅助时间与基本时间重合。

3）缩减布置工作地时间

缩减布置工作地时间主要是要缩减调整和更换刀具的时间，提高刀具或砂轮的耐用度。主要方法是采用各种快换刀夹、自动换刀装置、刀具微调装置以及不重磨硬质合金刀片等，以减少工人在刀具的装卸、刃磨、对刀等方面所耗费的时间。

4）缩减准备终结时间

在批量生产时，应设法缩减装夹工具、调整机床的时间，同时应尽量扩大零件的批量，使分摊到每个零件上的准备终结时间减少。在中、小批量生产时，由于批量小，准备终结时间在时间定额中占有较大比重，影响到生产率的提高。因此，应尽量使零件通用化和标准化，或者采用成组技术，以增加零件的生产批量。

(2) 采用先进工艺方法

采用先进的工艺方法是提高劳动生产率极为有效的手段。主要有以下几种。

① 采用先进的毛坯制造方法。例如粉末冶金、失蜡铸造、压力铸造、精密锻造等新工艺，可提高毛坯精度，减少切削加工的劳动量，提高生产率。

② 采用少、无切屑新工艺。如用挤齿代替剃齿，生产率可提高 6～7 倍。还有滚压、冷轧等工艺，都能有效地提高生产率。

③ 采用特种加工。对于某些特硬、特脆、特韧的材料及复杂型面等，采用特种加工能极大地提高生产率。如用电解或电火花加工锻模型腔、用线切割加工冲模等，可减少大量的钳工劳动量。

④ 改进加工方法。如用拉孔代替镗、铰孔；用宽刃精刨、精磨代替刮研等，都可大大提高生产率。

思考与练习

3-1 试举例说明零件图的工艺分析通常包括哪些内容、工艺分析有何作用。

3-2 零件如题图 3-1 所示，若按调整法加工，试在图中指出：

① 加工平面 2 时的设计基准、定位基准、工序基准和测量基准。

② 镗孔 4 时的设计基准、定位基准、工序基准和测量基准。

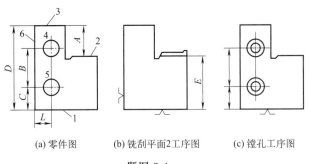

(a) 零件图　　　　(b) 铣刮平面2工序图　　　　(c) 镗孔工序图

题图 3-1

1～3,6—平面；4,5—孔

3-3 何谓"六点定位原理"？"不完全定位"和"过定位"是否均不能采用？为什么？

3-4 根据题图 3-2 工件的工序要求，试分析图中各工件所需限制的自由度。

3-5 什么叫粗基准和精基准？试述它们的选择原则。

3-6 以加工表面本身为定位基准有什么作用？试举出三个生产中的实例。

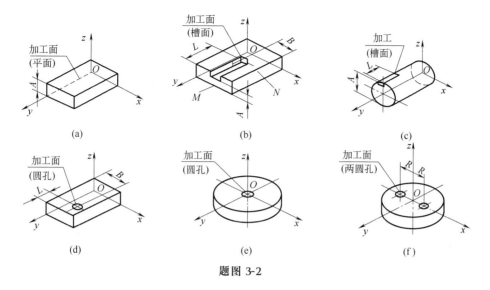

題图 3-2

3-7　試分析下列加工情况的定位基准：

①拉齿坯内孔；②浮动铰刀铰孔；③珩磨内孔；④攻螺纹；⑤无心磨削销轴外圆；⑥磨削车床床身导轨面。

3-8　試述设计基准、定位基准、工序基准的概念，并举例说明。

3-9　題图 3-3 所示零件加工时的粗、精基准应如何选择（有△者为加工面，其余为非加工面）？

3-10　題图 3-4 所示的一批零件，欲在铣床上加工 C、D 面，其余各表面均已加工完成，符合图样规定的精度要求。应如何选择定位方案？

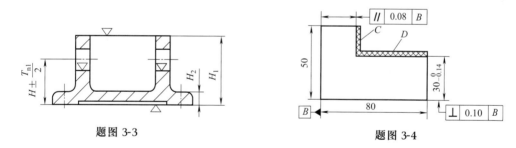

題图 3-3　　　　　　　　　　　題图 3-4

3-11　某轴的毛坯为热轧棒料，大量生产的工艺路线为"粗车⇨精车⇨淬火⇨粗磨⇨精磨"，外圆的设计尺寸为 $\phi 30_{-0.013}^{\ 0}$ mm。已知各工序的加工余量和经济精度如題表 3-1 所示，试确定各工序尺寸及其偏差、毛坯尺寸及其偏差，填入表格中。

題表 3-1　各工序加工参数　　　　　　　　　　　单位：mm

工序名称	工序余量	经济精度	工序尺寸及偏差	工序名称	工序余量	经济精度	工序尺寸及偏差
精磨	0.1	0.013(IT6)		粗车	6	0.21(IT12)	
粗磨	0.4	0.033(IT8)		毛坯		±1.2	
精车	1.5	0.084(IT10)					

3-12　试对題图 3-5 所示钻套制定机械加工路线，并查表确定内、外表面的工序尺寸和工序公差。（材料为 20 钢，热轧圆钢，零件要求渗碳 0.8mm 后淬火硬度为 62HRC。）

3-13　试找出題图 3-6 所示尺寸链中的增环与减环。

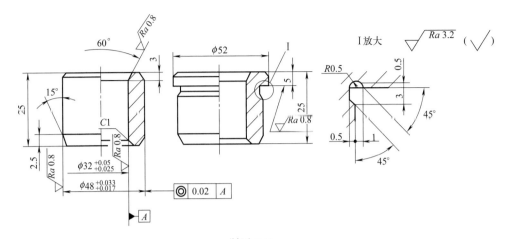

题图 3-5

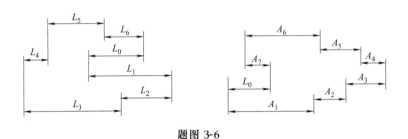

题图 3-6

3-14 题图 3-7 所示工件中，$L_1 = 60_{-0.06}^{-0.02}$ mm，$L_2 = 48_{-0.036}^{0}$ mm，$L_3 = 18_{0}^{+0.2}$ mm。L_3 不便于直接测量，请确定测量尺寸，并计算该测量尺寸及其极限偏差。

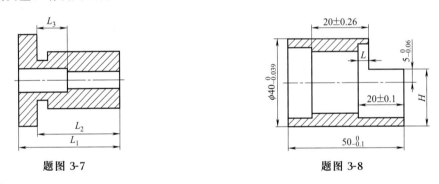

题图 3-7   题图 3-8

3-15 题图 3-8 所示零件，其外圆、内孔及端面已加工完毕，现要在铣床上以左端面和外圆定位铣出右端缺口，试求出调整刀具时测量尺寸 L、H 及其偏差。

3-16 题图 3-9 所示的带键槽轴的局部工艺过程为：①车外圆至 $\phi 28.5_{-0.10}^{0}$ mm；②在铣床上铣键槽，槽深尺寸为 H；③淬火热处理；④磨外圆至尺寸 $\phi 28_{+0.008}^{+0.024}$ mm。请计算铣键槽工序尺寸 H 及其偏差。

3-17 题图 3-10 所示套筒零件，$\phi 30_{0}^{+0.021}$ mm 的内孔表面要求保证磨削后渗碳层深度为 0.8～1.1mm。求：

① 磨削前精镗工序的工序尺寸及其偏差。

② 精镗后热处理的渗碳层深度。

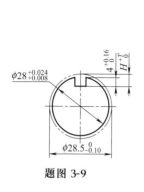

题图 3-9

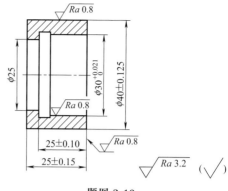

题图 3-10

3-18 零件如题图 3-11 所示，其 A、B、D 三面都已加工完成，本工序要求加工 C 面，设计基准为 B 面，设计尺寸为 $10^{+0.43}_{0}$ mm。加工时，为便于定位，选择 A 面定位，试确定定位尺寸 L 及其极限偏差。

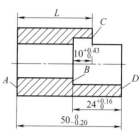

题图 3-11

3-19 题图 3-12 为一齿轮内孔局部简图，其工艺过程如下：

① 镗内孔至尺寸 $\phi 49.7^{+0.062}_{0}$ mm，如题图 3-12（b）所示；

② 插键槽至尺寸 L_3，如题图 3-12（c）所示；

③ 淬火热处理；

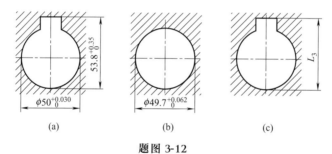

| (a) | (b) | (c) |

题图 3-12

④ 磨内孔，保证内孔尺寸 $\phi 50^{+0.030}_{0}$ mm，同时保证键槽深度尺寸 $53.8^{+0.35}_{0}$ mm。

试确定插键槽的深度尺寸及其极限偏差。

3-20 零件的内孔如题图 3-13 所示，其孔直径为 $\phi 145^{+0.04}_{0}$ mm，要求内孔表面渗碳，渗碳层深度（单边）为 $0.3 \sim 0.5$ mm，其加工工艺过程为：

① 磨内孔至尺寸 $\phi 144.76^{+0.04}_{0}$ mm；

② 渗碳热处理；

③ 磨内孔至尺寸 $\phi 145^{+0.04}_{0}$ mm，并且保留渗碳层深度 $0.3 \sim 0.5$ mm。

求渗碳热处理时渗碳层的深度 t 及其极限偏差。

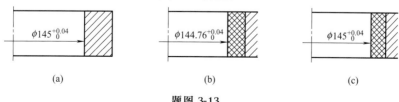

| (a) | (b) | (c) |

题图 3-13

3-21 零件如题图 3-14 所示,各尺寸均按设计要求加工完毕,C 平面最后加工,为便于测量,选择母线 B 作为测量基准。试求出测量尺寸 L 及其极限偏差。

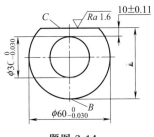

题图 3-14

3-22 安排切削加工工序的原则是什么?为什么要遵循这些原则?

3-23 某法兰盘零件上有一个孔,孔径 $\phi 100^{+0.035}_{0}$ mm,表面粗糙度 $Ra=0.8\mu m$。从工艺方面考虑,需经过粗镗、精镗和精细镗加工。试计算各工序的工序尺寸及其公差。

注:从《机械加工工艺人员手册》中查出各工序的基本加工余量如下。

精细镗余量:0.8mm;精镗余量:2.2mm;粗镗余量:5mm。

第 **4** 章

机械加工质量及其保证措施

4.1 机械加工精度及误差影响因素

4.1.1 加工精度与误差概述

(1) 机械加工精度的概念

机械加工精度（简称加工精度）是指零件加工后的实际几何参数对理想几何参数的符合程度。它们之间的偏离程度即为加工误差。加工误差越大，则加工精度越低，反之越高。机械加工用控制加工误差来保证零件的加工精度。加工精度包括零件的几何形状精度、尺寸精度、相互位置精度。

(2) 影响加工精度的原始误差

机械加工时，机床、刀具、夹具和工件等组成的工艺系统的各个部分在加工过程中，应该保持严格的相对位置关系。由于受到许多因素的影响，系统的各个环节难免会产生一定的偏移，使工件和刀具间相对位置的准确性受到影响，从而引起加工误差。原始误差即导致工艺系统各环节产生偏移的这些因素的总称。原始误差中，有的取决于工艺系统的初始状态，有的与切削过程有关。

下面以外圆车削为例，说明原始误差与加工误差的关系。

如图 4-1 所示，车外圆时，当原始误差使刀具相对于工件沿径向偏移一个 δ 时，就会使工件直径产生一个 2δ 的加工误差；如果原始误差使刀具相对于工件沿切向偏移一个 δ，则工件直径的加工误差为

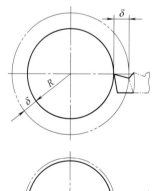

$$\Delta = 2(\sqrt{R^2+\delta^2}-R) = 2\frac{R^2+\delta^2-R^2}{\sqrt{R^2+\delta^2}+R} \approx \frac{\delta^2}{R} \quad (4\text{-}1)$$

由式（4-1）可以看出，直径误差 Δ 与相对位移量 δ 相比是高阶小量，一般可忽略不计。通过分析可知，其他方向的原始误差对加工精度的影响情况介于上述两种情况之间。即：当原始误差发生在加工表面法线方向时，引起的加工误差最大；

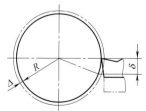

图 4-1 原始误差与加工误差的关系

当原始误差发生在加工表面的切线方向时，引起的加工误差最小，一般可以忽略不计。为了便于分析原始误差对加工精度的影响程度，我们把对加工精度影响最大的那个方向（即通过

切削刃的加工表面的法向）称为误差的敏感方向，而把对加工精度影响最小的那个方向（即通过切削刃的加工表面的切向）称为误差的不敏感方向。在分析加工精度问题时，要注重分析误差敏感方向的原始误差情况。

1）与工艺系统初始状态有关的主要原始误差

① 原理误差，即加工原理上存在的误差。

② 工艺系统几何误差，主要包括机床、刀具、夹具的制造误差和磨损，系统调整误差，工件定位误差和夹具、刀具安装误差等。实际上，切削加工中的原理误差也属于几何误差，只是因为其原因特别，所以予以区分。

2）与切削过程有关的主要原始误差

① 工艺系统力效应产生的变形，包括系统受力变形、工件内应力变形等。

② 工艺系统热效应产生的变形，即在系统工作中出现的热源的影响下产生的变形。

此外，环境的温度条件、测量方法和工人的技术水平等，也对加工精度有影响。

4.1.2 工艺系统几何误差的影响

(1) 加工原理误差（理论误差）

原理误差即在加工中由于采用近似的加工运动、近似的刀具轮廓和近似的加工方法而产生的原始误差。

完全符合理论要求的加工方法，有时很难实现，甚至是不可能的。这种情况下，只要能满足零件的精度要求，就可以采用近似的方法进行加工。这样能够使加工难度大为降低，有利于提高生产效率，降低成本。

例如，常用的齿轮滚刀就有两种原理误差：一是近似造形原理误差，即由于制造上的困难，采用阿基米德蜗杆或法向直廓基本蜗杆代替渐开线基本蜗杆；二是由于滚刀必须是具有有限的前后刀面和切削刃才能滚切齿轮，并不是连续的蜗杆，滚切的齿轮齿形实际上是一根折线，和理论上光滑的渐开线有差异，这两种蜗杆的螺旋面在成形原理上与渐开线蜗杆存在着差异。所以，滚齿是一种近似的加工方法。

又如模数蜗杆的螺距为 πm（m 为与之啮合的蜗轮的模数），车削加工时，由于 π 是无理数，无法精确选配挂轮齿数，只能用近似于 π 的分数值来计算挂轮，从而产生了原理误差。这一原理误差使得成形运动不准确，造成螺距误差。

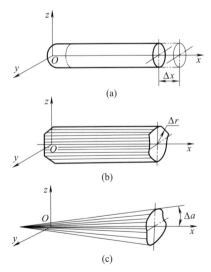

(a)

(b)

(c)

图 4-2　主轴回转轴线误差运动类别

(2) 工艺系统制造误差

对加工精度起主要影响作用的工艺系统制造误差包括主轴回转误差、导轨导向误差、传动链误差、刀具误差、定位误差等。

1）主轴回转误差

主轴回转轴线的误差运动，可分为三种基本形式：

① 轴向窜动：瞬时回转轴线沿平均回转轴线方向的漂移运动 [图 4-2（a）]。它主要影响所加工工件的端面形状精度而不影响圆柱面的形状精度，见图 4-3。在加工螺纹时则影响螺距精度。

② 径向跳动：瞬时回转轴线始终平行于平均回转

轴线，但沿径向方向有漂移运动［图 4-2（b）］，因此在不同横截面内，轴心的误差运动轨迹都是相同的。径向漂移运动对加工精度的影响要看加工的具体情况而定。如图 4-4 所示，在车削加工中对工件圆柱面的形状精度无影响，而在镗床上镗孔时则对孔的形状精度有影响，如图 4-5 所示。

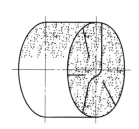

图 4-3 主轴轴向窜动对
端面加工的影响

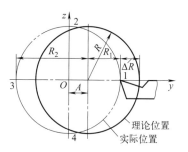

图 4-4 车削时几何偏心引起的
径向圆跳动对圆度的影响

$$y = A\cos\phi + R\cos\phi$$
$$z = R\sin\phi$$

对两式平方后相加，则得

$$\frac{y^2}{(R+A)^2} + \frac{z^2}{R^2} = 1$$

这是一个长半轴为 $R+A$、短半轴为 R 的椭圆方程，它代表孔横截面形状，由方程知道，孔存在大小为 $2A$ 的圆度误差。

③ 纯角向摆动：瞬时回转轴线与平均回转轴线成一倾斜角，但其交点位置固定不变的漂移运动［图 4-2

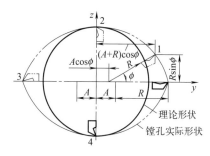

图 4-5 镗孔时主轴几何偏心引起的
径向圆跳动对孔的圆度的影响

(c)］。因此，在不同横截面内，轴心的误差运动轨迹是相似的。纯角度摆动主要影响所加工工件圆柱面的形状精度，同时对端面的形状精度也有影响。

实际上，主轴工作时其回转轴线的漂移运动总是上述三种误差运动的合成，故不同横截面内轴心的误差运动轨迹既不相同，又不相似，既影响所加工工件圆柱面的形状精度，又影响端面的形状精度。

主轴回转轴线漂移的原因主要是：轴承的误差、轴承间隙、与轴承配合零件的误差及主轴系统工作时的受力变形和热变形，以及回转过程多方面的动态因素。

通过上面分析可知，主轴回转误差对加工精度有显著影响。为了提高主轴回转精度，不但要根据机床精度要求选择相应精度等级的轴承，还需要恰当确定支承轴颈、支承座孔等有关零件的精度及其与轴承的配合精度，并严格保证装配质量要求。只有这样，才能获得高的回转精度。

2）机床导轨误差

在各类机床上进行机械加工时，一般都需要机床的某些运动部件完成直线运动，该运动大多作为加工中的进给运动，加工中进给运动的精度高低直接关系到加工精度的好坏。机床导轨副是实现直线运动的主要导向部件，其制造、装配精度和使用中的磨损程度是影响直线运动精度的主要因素。现以水平设置的导轨结构为例，说明机床导轨误差的形式及其影响。

① 导轨在水平面内的直线度误差。如图 4-6 所示，导轨如果存在水平方向的直线度误

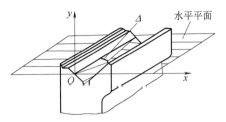

图 4-6 导轨在水平面内的直线度误差

差，则导轨上的移动部件沿导轨直线移动时，将在水平方向偏离理想位置。对于在卧式车床、外圆磨床上加工外圆来讲，这是加工误差的敏感方向，在工件的半径上造成等量的误差；对于在铣床、刨床上加工垂直面来说，它也是敏感方向。但如果是在平面磨床上磨削水平面或在铣床、刨床上加工水平面，则该方向是误差的非敏感方向，该误差对加工精度的影响可忽略不计。

② 导轨在垂直平面内的直线度误差。导轨在磨损后都会出现这种情况。移动的部件沿导轨移动时，在垂直方向上偏离理想位置，如图 4-7 所示。这对于车、磨床加工外圆，为误差非敏感方向；而对于铣、刨、磨水平面的加工，却是误差的敏感方向，该误差会对加工造成很大影响。

③ 导轨面间的平行度误差。图 4-8 所示是车床床身的两条平行导轨，其平行度误差（扭曲）是指导轨在水平方向的倾斜，且两导轨面不一致。在某一截面上就出现了图 4-8 所示的状况：床鞍产生后仰（或前倾），使刀具偏离理想位置。由几何关系可知，$\Delta y = H \times \Delta / B$。

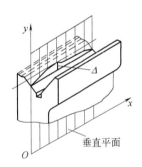

图 4-7 导轨在垂直平面内的直线度误差

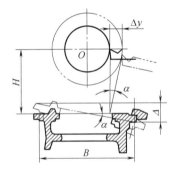

图 4-8 机床导轨面的平行度误差

3）机床传动链误差

在对传动比有严格要求的内联系传动链中，传动链的误差都是加工误差的敏感方向。传动链误差主要是由于传动链中各传动元件如齿轮、蜗轮、蜗杆、丝杠、螺母等的制造误差、装配误差和磨损等所致，一般可用传动链末端元件的转角误差来衡量。由于传动链常由数个传动副组成，传动链误差是各传动副传动误差累积的结果。而各传动元件在传动链中的位置不同，其影响程度也不一样。在一对齿轮的啮合过程中，假如主动轮 Z_1 存在 Δ_1 的转角误差，传到被动轮 Z_2 就变为 Δ_2，而 $\Delta_2 = \Delta_1 \times Z_1 / Z_2$。由此可见，如果传动链是升速传动，则传动元件的转角误差被扩大；反之，则转角误差被缩小。机床的传动系统较多采用降速传动，因此其末端元件的误差对加工精度的影响最大，精度要求应最高。

4）刀具误差

一般刀具（如普通车刀、单刃镗刀和铣平面的铣刀等）的制造误差不直接影响加工精度，但在加工时，其切削过程中的磨损将造成一定的加工误差。例如，车削长轴时，由于刀具的磨损，工件的纵剖面将出现锥度。为了减小刀具磨损对加工精度的影响，应根据工件的

材料和加工要求，合理选择刀具材料、切削用量和冷却润滑方法。

用定尺寸刀具（如钻头、绞刀、拉刀等）加工时，刀具的制造误差和使用过程中的磨损都将直接影响工件的尺寸精度，刀具安装不正确也会影响工件的尺寸精度。

用成形刀具加工时，刀具的形状误差将直接影响工件的形状精度；用刀具对工件表面进行展成加工时，刀具的切削刃形状及有关尺寸和技术条件也会直接影响工件的加工精度。另外，这类刀具使用过程中的磨损都会造成加工误差。

5）夹具误差

夹具误差主要是指由于定位元件、刀具导向装置、分度机构以及夹具的零、部件的制造误差所引起的，定位元件工作面间、导向元件间、定位工作面与对刀面或导向元件工作面间，以及定位工作面与夹具在机床上的定位面间等的尺寸误差和相互位置误差。夹具误差将直接影响加工表面的位置精度或尺寸精度。例如平面定位时支承钉的等高性误差将直接影响加工表面的位置精度；各钻模套间的尺寸误差和平行度（或垂直度）误差将直接影响所加工孔系的尺寸精度和位置精度。

6）定位误差和调整误差

工件与刀具、夹具夹装在机床上或工件装在夹具上，均应保证它们之间一定的相互位置关系，但由于定位、调整不可避免地存在误差，影响它们之间的相互位置关系，因而影响工件的加工精度。

零件加工的每一个工序中，为了获得被加工表面的形状、尺寸和位置精度，必须对机床、夹具和刀具进行调整，以确保它们之间的相互位置关系正确。任何调整工作必然会带来一些误差，使它们之间的位置关系偏离理想状态。这种由于调整而产生的误差即为调整误差。

4.1.3 工艺系统受力变形的影响

机床—夹具—工件—刀具组成的工艺系统是一弹性系统。加工时，工艺系统在切削力和其他外力作用下，各组成环节会发生弹性变形；同时，各环节接合处还会发生位移。以上均破坏了刀具与工件之间的正确位置，造成工件在尺寸、形状和表面位置方面的加工误差。

（1）工艺系统的刚度

刚度是物体抵抗使其变形的作用力的能力，即作用力与其引起的在作用力方向上的变形量的比值。而工艺系统受力位移产生的加工误差，主要决定于系统本身的刚度。影响工艺系统刚度的因素有以下四种。

① 接触面刚度差。由于配合零件表面具有宏观的形状误差和微观的粗糙度，因此，实际接触面积只是理论接触面积的一小部分，真正处于接触状态的只是个别凸峰（图4-9）。所以，接触表面随外力作用的增加，将产生弹性和塑性变形，使接触面相互靠近，即产生相对位移。这就是部件刚度远比实体零件刚度低的原因。

② 系统中的薄弱零件，受力后极易产生较大的变形。

③ 接触面之间的摩擦力，在加载时会阻止变形的增加，卸载时又会阻止变形的恢复。

④ 有的接触面存在间隙和润滑油膜。

因此，一个部件受力位移的大致过程首先是消除各有关配合零件之间的间隙和挤掉其间油膜的变形，接着主要是部件中薄弱环节零件的变形，最后则是其他组成零件本身的弹

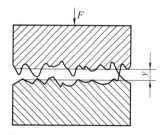

图4-9 连接面之间的接触情况

性变形和相互连接面的弹性变形和塑性变形参加进来。

从一个部件受力位移和每个零件变形的关系来看，凡是外力能传递到的每个环节，都有不同程度的变形汇总到部件或整个工艺系统的总位移中去。因此，工艺系统在受力情况下的总位移量 $y_{系统}$ 是各组成部分变形和位移的叠加，即

$$y_{系统} = y_{机床} + y_{夹具} + y_{刀具} + y_{工件}$$

这就是说，知道了工艺系统各组成环节的刚度以后，工艺系统刚度即可求出。各组成环节中，对于工件和刀具受力变形的情况及其刚度，按照不同的安装方法，根据材料力学的理论可以直接计算出来，这里不再重复。

(2) 工艺系统刚度对零件加工精度的影响

1) 切削力位置的影响

工艺系统因受力点位置的变化，其位移量也随之变化，因而造成工件的形状误差。例如，在车床两顶尖上车外圆。设工件刚度很大，在切削力 F_y 作用下的变形可以忽略不计，则工艺系统的总位移取决于机床的头座、尾座和刀架的位移。图 4-10 所示为刀具距离前顶尖 x 时，工艺系统的变形情况。

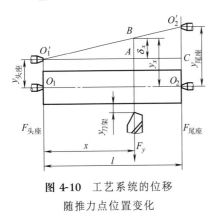

图 4-10 工艺系统的位移随推力点位置变化

由图可知，离前顶尖 x 处系统的总位移为 $y_{系统} = y_{刀架} + y_x$。

工艺系统的刚度随进给位置 x 的改变而改变；刚度大则位移小，刚度小则位移大。由于工艺系统的位移量是 x 的二次函数，故车成的工件母线不是直线，而是两头大、中间小，呈鞍形。

若假设工件细长、刚度很低，机床、夹具、刀具有切削推力作用下的位移可以忽略不计，则工艺系统的位移完全等于工件的变形量，如图 4-11 所示。按《材料力学》的计算公式，在切削点 x 处的工件变形量为

$$y_{工件} = \frac{F_y}{3EI} \times \frac{(l-x)^2 x^2}{l} \text{(N/mm)}$$

式中　　E——弹性模量；

　　　　I——惯性矩。

按此公式算出工件各点的位移量表明，工件两头小、中间大，呈腰鼓形。

综合以上分析，在一般情况下，工艺系统的总位移量应为上述两种情况位移量的叠加。由此可见，工艺系统的刚度随切削推力作用点的位置变化而变化，加工后的工件各横截面的直径也不相同，可能造成锥形、鞍形、鼓形等形状误差。

2) 切削力大小变化对零件加工精度的影响——误差复映规律

当工艺系统刚度不变时，若毛坯加工余量和材料硬度不均匀，则会引起切削力 F_y 不断变化。切削层厚（或硬度大）的地方推力大，位移也大；切削层薄（或硬度小）的地方推力小，位移也小。这种位移量的变化就使毛坯（或上道工序）的误差反映在加工后的工件上，这种现象在车、铣、刨、磨等各种机械加工中都存在，称为误差复映规律。

例如，车削一个有椭圆形误差的毛坯（图 4-12）。工作时，在工件一转范围，刀具切削深度不同，引起的位移量也不同，这就使毛坯的圆度误差复映到工件的已加工表面上。

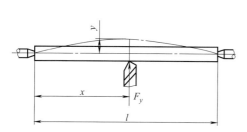

图 4-11 工件刚性差时位移量随受力点变化

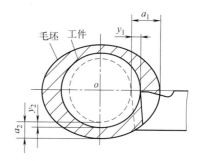

图 4-12 毛坯形状误差的复映

令 $\Delta_{\text{工件}} = \varepsilon \Delta_{\text{毛坯}}$，式中 ε（<1）称为误差复映系数。

公式说明，毛坯（或上道工序）的误差要复映到加工后的工件上，复映到工件上的误差总是小于毛坯（或上道工序）的误差；误差复映系数 ε 的大小反映误差复映的程度。

当第一次走刀后，工件误差仍然大于图纸的要求时，可进行第二次、第三次以至若干次走刀。由于各次走刀后的工件误差为

$$\Delta_{\text{工件}1} = \varepsilon_1 \Delta_{\text{毛坯}}$$
$$\Delta_{\text{工件}2} = \varepsilon_2 \Delta_{\text{工件}1}$$
$$\Delta_{\text{工件}3} = \varepsilon_3 \Delta_{\text{工件}2}$$
$$\cdots\cdots \quad \cdots\cdots$$
$$\Delta_{\text{工件}n} = \varepsilon_n \Delta_{\text{工件}n-1}$$

所以，最后一次走刀的工件误差为

$$\Delta_{\text{总}} = \varepsilon_1 \varepsilon_2 \varepsilon_3 \cdots \varepsilon_n \Delta_{\text{毛坯}}$$

式中，各次走刀的误差复映系数 ε_1、ε_2、ε_3、$\cdots$、ε_n 都小于1，故多次走刀后的总误差复映系数 $\Delta_{\text{总}} = \varepsilon_1 \varepsilon_2 \varepsilon_3 \cdots \varepsilon_n \Delta_{\text{毛坯}}$ 将会降到很小的数值，最后总可以使工件的误差降低到图纸要求的公差范围以内。

由公式可知，进给量 f 越小，则 ε 越小。所以，粗车、半精车、精车的误差复映系数依次递减，且加工误差的下降越往后越快；工艺系统的刚度系数 k 越大，则 ε 越小，误差复映也越不明显。例如一般车削加工，系数 k 越小，则误差复映系数 ε 越大，工件上误差复映就明显。又如镗孔时刀杆较细，磨孔时磨杆较细，车丝杠时工件细长，由于系统刚度差，故误差复映明显，这就需要经过多次走刀，才能把毛坯带来的误差消除到符合要求的程度。

误差复映规律表明，一个要求较高的工件表面，必须经过多次走刀或多个工序的加工，才能逐步消除毛坯带来的误差，从而达到较高的加工精度。这就是机械加工过程的"渐精"概念。因此，对于高精度的表面加工，往往要经过粗加工、半精加工、精加工、精整或光整加工等几个阶段，最后才能达到高精度的要求。

3）传动力、惯性力、重力和夹紧力的影响

这些力产生变化将会引起工艺系统某些环节受力变形发生变化，从而造成加工误差。分述如下。

① 由传动力变化引起的加工误差。例如，用单爪拨盘带动工件时，传动力 F_a 在拨盘的每一转中不断改变方向，有时与切削力 F_y 方向相同，有时则相反（图 4-13），因而引起工艺系统有关环节受力变形的变化，使工件产生圆度误差。这种误差可采用双爪拨盘来消除。

② 由惯性力变化引起的误差。高速切削时，若工件不平衡，会产生较大的离心力。此

离心力在工件每转中不断改变方向，有时与推力 F_y 同向，有时则反向。图 4-14（a）表示离心力 Q 正好与推力 F_y 反向，把工件推向刀具，增加了实际切深；图 4-14（b）表示力 Q 正好与 F_y 同向，把工件推离刀具，减少了实际切深，结果工件产生圆度误差。

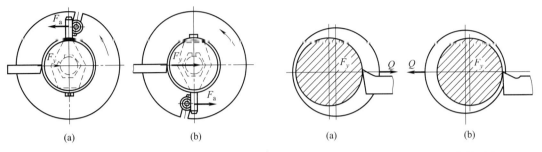

图 4-13　单爪拨盘传动对工件形状误差的影响　　　图 4-14　离心力对加工误差的影响

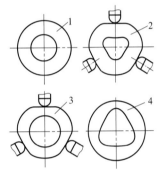

图 4-15　薄壁套筒的装夹变形

③ 由夹紧力引起的误差。工件刚度较差时，若夹紧方法不当，常引起零件加工后的形状误差。例如用三爪卡盘夹持薄壁套筒镗孔（图 4-15），图中 1 为工件，2 为工件夹紧后内、外圆变形呈三棱圆，3 为镗孔成正圆，4 为松开卡爪后工件因弹性复原，孔又变成三棱圆。

④ 重力对零件加工精度的影响。例如图 4-16 所示的龙门铣床，其横梁在两个铣头重力的作用下，随横向进给使横梁受力变形不断改变，因而严重影响了加工表面的形状精度。再如细长工件在自重作用下会产生弯曲变形，影响加工精度。

(3) 减少工艺系统受力变形的途径

根据生产经验，减少工艺系统受力变形的途径可归纳为以下几个方面。

① 提高配合面的接触刚度。由于部件的刚度大大低于相同外形尺寸的实体零件的刚度，所以提高接触刚度是提高工艺系统刚度的关键。提高各零件接合表面的几何形状精度，降低接触表面粗糙度，就能提高接触刚度。

提高机床导轨面的刮研质量，提高顶尖锥体与主轴和尾座锥孔的接触质量，多次修研工件中心孔等，都是实际生产中为提高接触刚度经常采用的工艺措施。

生产实践证明，合理调整和使用机床可以增加接触刚度。如正确调整镶条和使用锁紧机构，便可取得良好效果。

② 设置辅助支承或减少悬伸长度以提高工件刚度。例如车细长轴时采用中心架和跟刀架；工件在卡盘上悬伸太长时可加后顶尖支承；用卡盘安装工件时尽量减小外伸长度；等等。

③ 提高刀具刚度。欲提高刀具刚度，可在刀具材料、结构和热处理方面采取措施。例如采用硬质合金刀片和淬硬刀杆以增加刚度。可能时增加刀具外形尺寸也很有效。

④ 采用合理的安装方法和加工方法。例如，在卧式铣床上铣一角形零件的端面，用图 4-17（a）所示的方法，工艺系统的刚度较差。如果将工件倒放，改用端铣刀加工［图 4-17（b）］，则工艺系统刚度提高。

4.1.4　工艺系统热变形的影响

工艺系统受热后，各部分温度上升，产生变形，即工件体积增加（如直径为 50mm 的

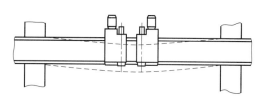

图 4-16　龙门铣床部件在重力作用下的变形

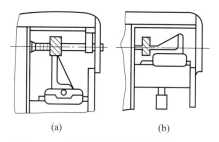

图 4-17　铣角形零件的两种安装方法

工件，温度上升 5℃，直径将增加 3～5μm），使切削深度加大，改变了刀具尺寸，改变了工艺系统各组成部分之间的相对位置，破坏了刀具与工件相对运动的正确性。因此，工艺系统的热变形会引起加工误差。据统计，在精密加工中，由热变形引起的加工误差约占总加工误差的 40%～70%。

热变形不仅严重地降低了加工精度，而且还影响生产效率。这是因为，为了避免热变形的影响，往往在工作前要使机床空转或在工作过程中进行调整，这就要浪费许多工时；有时由于机床局部温升过高，还不得不暂停工作。

控制工艺系统的热变形，是机械加工的重要课题。

(1) 引起工艺系统变形的热源

引起工艺系统热变形的热源有两大类：一是内热源，包括运动摩擦热和切削热；二是外热源，包括环境温度和辐射热。

① 运动摩擦热。机床的各种运动副，如轴与轴承、齿轮与齿轮、溜板与导轨、丝杠与螺母、摩擦离合器等，它们在相对运动中将产生一定程度的摩擦并转化为摩擦热。

动力能源的能量消耗也有部分转化为热能，如电动机、液压马达、液压系统和冷却系统等工作时所产生的热。

② 切削热。车削时，大量切削热被切屑带走。切削速度越高，切屑带走的热量占总切削热的百分比越大。传给工件的热量只占切削热的 10%～30%，传给刀具的热量不大于 5%。铣、刨加工时，传给工件的热量一般在 30% 以下。钻、镗孔时，大量切屑留在孔内，故传给工件的热量约占 50% 以上。而磨削时，84% 的热量传给工件，磨削区温度有时高达 800～1000℃。

③ 环境温度的影响。周围环境温度随四季气温和昼夜温度的变化而变化。局部室温差、热风、冷风、空气对流，都会使工艺系统的温度发生变化。

④ 辐射热。靠近窗口的机床，常单面或局部受阳光辐射，靠近采暖设备的机床，也是单面或局部受热，于是直接受辐射的部分和未受辐射的部分出现温差，从而导致机床变形。照明灯和人体热量的辐射，在精密加工的恒温工房里也是不可忽视的。

(2) 机床热变形及其对加工精度的影响

机床质量大，受热后一般温度上升缓慢，且温升不高。但由于热量分布不均匀和结构复杂，机床各部分的温度也不均匀，即有较大的温差出现。因而机床各部分的变形出现差异，使零部件之间的相对位置发生变化，丧失了机床原有的精度。故机床上出现温差是机床热变形、产生加工误差的主要原因。

例如，C620-1 型车床，主轴在 16.8℃下，以 $n=1200$r/min 的转速运转 6h，实际测得的温度升高值的分布情况如图 4-18 所示。从图中可以看出：①由于热源来自主轴箱，床身

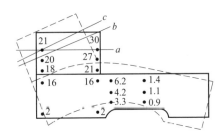

图 4-18 C620-1 型车床的温度分布
（单位：℃）及其热变形

左面温度高于右面，床面温度高于床脚，特别是床面与床脚温差很大（14℃），这就导致床面膨胀量远大于床脚膨胀量，左面膨胀大于右面膨胀，因而床面凸起，使主轴轴线位置由 a 变到 b；②由于主轴箱温度高，膨胀变形后使主轴轴线由 b 上升到 c；③前轴承比后轴承温度高 9℃，故前轴承变形升高量大于后轴承变形升高量，致使主轴进一步倾斜。

一般机床受热升温的过程是：开始工作时温度逐渐上升，经过一段时间后温度接近一个稳定值，此时热量的传入和传出达到平衡，温度不再随时间变化，这种现象称为热平衡。当机床停车后，各点温度将以更为缓慢的速度逐渐下降。与加热阶段一样，冷却过程的温度也是不稳定的，因而变形也是不稳定的。

（3）刀具热变形对加工精度的影响

刀具热变形的主要热源是切削热。虽然切削热传入刀具的比例很小，但刀具体积小，热容量小，因而具有较高温度，并会因热伸长造成加工误差。

一般情况下，刀具工作是间断的（特别是铣刀），有短暂的冷却时间，因而对加工精度影响很小。在加工大型零件时，例如车长轴或在立车上加工大直径的平面时，由于刀具在长时间的切削过程中逐渐膨胀，往往造成几何形状误差（前者造成锥形误差，后者造成平面度误差）。但由于刀具的磨损能互相补偿一些，故对加工精度的影响有时也不甚显著。对于定尺寸刀具和成形刀具，一般都在充分冷却下工作，故热变形不大。但冷却不充分时则会影响零件的尺寸和形状精度。

在采用定距切削法加工一批零件时，开始一段时间加工的零件尺寸有变化（外圆直径逐渐减少，内孔直径逐渐增大），当刀具达到热平衡后，工件尺寸就只在微小范围内变动。

综上所述，通常刀具热变形对加工精度影响不大。

（4）工件热变形对加工精度的影响

在切削加工过程中，工件主要受切削热的影响产生变形。若在工件热膨胀的条件下达到了规定尺寸，则冷却收缩后尺寸将变小，甚至超差。

工件热变形有两种情况：一种是比较均匀的受热，如车、镗、圆磨等加工方法；一种是不均匀的受热，如平面的刨、铣、磨加工。对于均匀受热的工件，一般情况下热变形主要影响尺寸精度。例如，磨精密丝杠时，工件受热伸长，磨完后冷却收缩就会出现螺距累积误差。据研究，被磨丝杠因热升温，与机床母丝杠出现 1℃温差时，400mm 长的丝杠要出现 $4.4\mu m$ 的螺距累积误差。而旧 5 级精度的丝杠，400mm 内螺距累积误差的公差为 $6.5\mu m$，显然这种热变形造成的误差不可忽视。对于不均匀受热的工件，如磨平面，工件单面受热，上下表面形成温差而变形，从而影响工件的几何形状精度。图 4-19 所示床身磨削时的受热变形就是例子，导轨面因热而中部凸处被多磨，冷却后中部呈凹形。

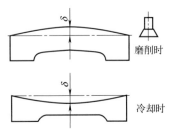

图 4-19 床身磨削时的热变形

（5）控制热变形的主要途径

1）隔热和减少热量的产生

由于内热源是影响机床热变形的主要热源，因此，凡是可以从主机分离出去的热源，如电机、变速箱、液压装置和油箱等，应尽可能放置在机床外部。对不能分离出去的热源，如主轴轴承、丝杠副、摩擦离合器和高速运动导轨等，则可采取隔热、改进结构和加强润滑等方法。

图 4-20 为 T4163B 单柱坐标镗床，应用隔热罩将主电机和变速箱封闭起来，通过电机上的风扇将热风强制排出机外，从而解决了机床立柱受热变形的问题，使主轴轴线由横向热位移 $42\mu m$ 降低至 $8\mu m$。

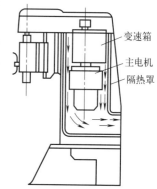

图 4-20　坐标镗床的隔热装置

在切削过程中，切屑落在工作台、溜板、床面以及夹具和工件上，是工艺系统产生热变形的不可忽视的问题。对此，除采用冷却液外，可在工作台等处装上隔热塑料板，并将切屑及时清除掉。

在机床结构上采用静压轴承、滚珠丝杠、滚柱导轨等先进技术，有利于减少摩擦热的产生。采用低黏度润滑油、锂基油脂或油雾润滑等，也有利于降低主轴、导轨和丝杠副的温度。

加工过程中，保持刀具和砂轮锋利，正确选择切削用量，是减少切削热产生的重要方法。

2）强制冷却以控制温升

要完全消除内热源发出的热量是不可能的，为此可采取强制冷却的办法。

例如，数控机床普遍采用冷冻机对润滑油进行强制冷却。机床内的润滑油被当作冷却剂使用，将主轴轴承和齿轮箱中产生的热由润滑油吸收带走。

又如，在 S7450 型螺纹磨床上，为了保证被磨丝杠温度稳定，采用恒温的切削液对工件进行淋浴。机床的空心母丝杠则通入恒温油以保证加工精度的稳定。

3）均衡温度

均衡机床各部分温度、减小温差，是降低工艺系统热变形的又一个办法。

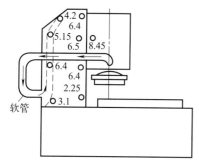

图 4-21　用热空气均衡立柱前后壁的温度（单位：℃）

图 4-21 表示在平面磨床上，采用热空气加热温升较低的立柱后壁，以均衡立柱前后壁的温度，这样可以显著地降低立柱的弯曲变形。

M7150A 平面磨床：利用带有余热的回油流经床身下部，使床身下部温度提高，借以补偿床身上部导轨的摩擦热，减小上下温差。回油用油泵强制循环。采用这一措施后，床身上下温差仅有 1～2℃，导轨中凹量由未采取措施前的 0.265mm 下降为 0.05mm。

4）控制温度变化

在热的影响中，比较棘手的问题在于温度变化不定。若能保持温度稳定，即使热变形产生了加工误差，也容易设法补偿。

对于环境温度的变化，一般是将精密设备（如螺纹磨床、齿轮磨床、坐标镗床等）安置在恒温房内工作。恒温的精度一般取 ±1℃，精度高的取 ±0.5℃。精加工前先让机床空转一段时间，待机床达到或接近热平衡后，变形趋于稳定，然后加工。这也是解决温度变化不定问题，保证加工精度的一项措施。

5）采取补偿措施

当热变形不可避免时，可采用补偿措施以消除其对加工精度的影响。例如精磨床身导轨时，导轨因热变形，中部被磨去较多金属，冷却后中部下凹，如图 4-19 所示。为了减小此种变形的影响，可采取使床身向相反方向预先变形进行补偿的办法。如磨前用螺钉压板将工件压成中凹，或在前道工序预先将工件加工成中凹，加工时中部只能磨去较少金属，使热变形造成的误差得到补偿。

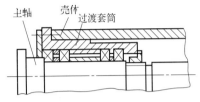

图 4-22　双端面磨床主轴的热补偿

又如，为了解决 MB7650 双端面磨床主轴热伸长的问题，采用了如图 4-22 所示的补偿机构，即在轴承与壳体间增设一个过渡套筒，此套筒与壳体仅在前端接触而后端不接触。当主轴因发热而向前伸长时，套筒则向后伸长，并使整个主轴也向后移动，自动补偿了主轴向前的伸长，消除了主轴热变形对加工精度的影响。

4.1.5　工件内应力引起的变形

(1) 内应力的概念和影响

零件在没有外加载荷或其他外界因素作用的情况下，其内部仍然存在的应力称为内应力，或残余应力。具有内应力的工件始终处于一种不稳定状态，其内部组织有一种强烈要求恢复到稳定的、没有内应力的状态的倾向。现分两种情况来讨论。

① 在常温下，零件处于某种相对稳定状态，外表看不出明显变化，但实际上零件却在缓慢而不明显地不断变形，直到内应力消失为止。例如，刮研具有内应力的平板，对于已经刮得很平的表面，隔一段时间后检查，表面又有了翘曲；一些零件加工后存放一段时间会出现变形，这说明具有残余应力的零件，其尺寸、形状的稳定性差，时间长了会丧失原有的加工精度。若将这种零件装入机器，使用中产生变形，可能破坏整台机器的质量。

② 在零件受力、受热、受振动或破坏其原有结构时，其相对平衡和稳定的状态被破坏，内应力将重新分布，以求达到新的相对平衡。在内应力重新分布的过程中，零件将产生相应的变形，有时甚至是急剧的变形。

(2) 产生内应力的原因

残余应力是由金属内部相邻的宏观或微观组织发生不均匀的体积变化引起的。这种变化来源于热加工，也来源于冷加工。

1) 毛坯制造过程中产生的内应力

在铸、锻、热轧、焊接等毛坯热加工过程中，由于毛坯各部分厚度不均匀，冷却速度和收缩程度不一致，因而各部分互相牵制，使毛坯内部产生了较大的残余应力。

图 4-23 (a) 所示为一壁厚不均匀的铸件毛坯。在浇铸后冷却时，由于壁 1 和壁 2 比较薄，容易散热，故冷却较快。壁 3 比较厚，冷却较慢。当壁 1、壁 2 从塑性状态冷却到弹性状态时温度约 620℃；壁 3 也冷却到弹性状态时，壁 1、壁 2 的温度已下降很多而接近于室温，固态收缩基本结束，因而将阻碍壁 3 进一步地固态收缩。结果使壁 3 受到拉应力，

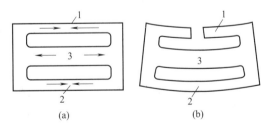

图 4-23　铸件残余应力的形成及铸件变形

壁 1、壁 2 受到压应力，相互间可取得暂时的平衡。如果在铸件的壁 1 上开个口 [图 4-23

（b）］，则壁1上的压应力消失。铸件在壁3和壁2的残余应力作用下，壁3收缩，壁2伸长，铸件产生弯曲变形，直到内应力达到新的平衡状态为止。

对如图4-24所示的床身铸件。浇铸冷却时，上下表层冷却快，中间部分冷却慢，这就使床面表层和床身底座产生压应力［图（a）］。当对导轨表面粗刨一层金属后，由于引起残余应力重新分布，工件产生弯曲变形［图（b）］。

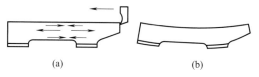

图4-24　床身因残余应力引起的变形

以上两例，既说明毛坯存在着残余应力，也说明具有内应力的工件，若破坏其原有结构（如切去表层金属），将引起内应力重新分布而产生急剧变形。

2）热处理产生的内应力

热处理过程中，当工件冷却时，各部分的冷却速度和收缩不一致，于是在工件内部造成残余应力（称热应力）。而当金属的金相组织发生转变时（如奥氏体转变为马氏体时），体积要膨胀，但各部分在转变时间上不一致，因而膨胀量也不一致，这也会造成工件的内应力（称为组织应力）。

3）机械加工产生的内应力

切削加工时，工件表层在切削力和切削热的作用下，由于各部分塑性变形程度不同，以及金相组织变化的作用，也将产生内应力。

① 工件在刀具刃口圆角的挤压下，表层组织产生塑性变形、晶格扭曲，金属密度下降（疏松），体积增大，但由于受基体金属的限制，于是表层产生压应力，靠近表层未变形的基体则产生拉应力。已加工表面还受刀具后面的摩擦而拉伸，也因受基体金属的限制，表层产生压应力，里层产生拉应力。其深度在精加工时为十分之几毫米，粗加工时可达1.5～2mm。

② 切削热使工件表层受热膨胀，也由于受里层金属限制而产生应力，若表层的压应力超过材料弹性极限，则温度降至常温后形成内应力。

③ 磨削加工中，有时表层的局部高温会引起金相组织转变，从而产生内应力。

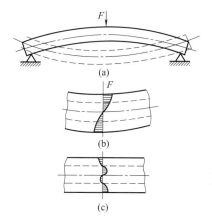

图4-25　冷校直引起的内应力

4）冷校直带来的内应力

细长轴和丝杠等刚度差的工件，为了减少轴线弯曲，常在工艺过程中进行冷校直。冷校直后的工件，直线度误差减小了，但却产生了内应力。图4-25（b）所示工件在校直力 F 的作用下，轴线上部产生压应力，用"－"表示；轴线下部产生拉应力，用"＋"表示。中心区（虚线内）由于应力小，只产生弹性变形；外部层（虚线外）由于应力大于材料的弹性极限，产生塑性变形。当外力去除后，中心部分的弹性变形本来可以全部恢复原状，但受外部塑性变形层的限制恢复不了，于是里外层相互牵制，形成了新的应力分布，如图4-25（c）所示。

（3）减小和消除内应力的措施

对于精度要求较高或易于变形的零件，必须消除内应力，以稳定加工精度。具体措施有：

① 在铸、锻、焊毛坯制造后，采用时效或退火处理，消除毛坯制造时造成的内应力。

② 对于精度较高、形状较为复杂的零件，应将粗、精加工分开。这样可使粗加工后，内应力因结构变化而重新分布引起的变形有充分时间表现出来，并被精加工修正，从而避免了内应力对零件精度的影响。对于不便划分粗、精加工阶段的大型工件，可在粗加工后，将夹紧在机床或夹具上的工件松开，使内应力自由地重新分布、充分变形，然后再轻夹或轻压好工件进行精加工。

③ 对于精密零件，单靠粗、精加工分开还不足以彻底消除内应力的影响，通常还必须在粗加工至精加工之间进行多次时效处理，以消除各阶段切削加工造成的内应力。

将铸件喷丸或放在滚筒内清砂，在它们相互撞击的过程中，也可达到消除内应力的目的。

④ 精密零件在加工过程中严禁冷校直，改用加热校直。

4.1.6 提高加工精度的措施

提高加工精度、减少加工误差的措施大致可归纳为以下六个方面。

(1) 直接减少原始误差法

即在查明影响加工精度的主要原始误差因素之后，设法对其直接进行消除或减少。

例如，车削细长轴时，采用跟刀架、中心架可消除或减少工件变形所引起的加工误差。采用大进给量反向切削法，基本消除了轴向切削力引起的弯曲变形。若辅以弹簧顶尖，可进一步消除热变形所引起的加工误差。

又如在加工薄壁套筒内孔时，采用过渡圆环以使夹紧力均匀分布，避免夹紧变形所引起的加工误差。

(2) 误差补偿法

误差补偿法是人为地制造一种误差，去抵消工艺系统固有的原始误差，或者利用一种原始误差去抵消另一种原始误差，从而达到提高加工精度的目的。

例如，用预加载荷法精加工磨床床身导轨，借以补偿装配后受部件自重而引起的变形。磨床床身是一个狭长的结构，刚度较差，在加工时，导轨尺寸精度和形位精度虽然都能达到，但在装上进给机构、操纵机构等以后，便会使导轨产生变形而破坏了原来的精度，采用预加载荷法可补偿这一误差。

又如用校正机构提高丝杠车床传动链的精度。在精密螺纹加工中，机床传动链误差将直接反映到工件的螺距上，使精密丝杠加工精度受到一定的影响。为了满足精密丝杠加工的要求，采用螺纹加工校正装置以消除传动链造成的误差，如图 4-26 所示。

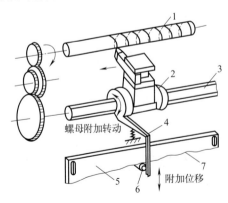

图 4-26 螺纹加工校正装置
1—工件；2—丝杆螺母；3—车床丝杠；
4—杠杆；5—校正尺；6—滚柱；7—工作尺面

(3) 误差转移法

误差转移法的实质是转移工艺系统的累积误差、受力变形和热变形等。例如，磨削主轴锥孔时，锥孔和轴径的同轴度不是靠机床主轴回转精度来保证的，而是靠夹具保证，当机床主轴与工件采用浮动连接以后，机床主轴的原始误差就不再影响加工精度，而转移到由夹具来保证加工精度。外圆磨削工件时，利用死顶尖定心和鸡心夹头传递转矩，驱动工件旋转，原因也是在于磨床主轴的径向误差不会传递给工件。

在箱体的孔系加工中，在镗床上用镗模镗削孔系时，孔系的位置精度和孔距间的尺寸精度都依靠镗模和镗杆的精度来保证，镗杆与主轴之间为浮动连接，故机床的精度与加工无关，这样就可以利用普通精度和生产率较高的组合机床来精镗孔系。由此可见，往往在机床精度达不到零件的加工要求时，通过误差转移的方法，能够用一般精度的机床加工高精度的零件。

(4) 误差分组法

在加工中，工序毛坯误差的存在造成了本工序的加工误差。毛坯误差的变化，对本工序的影响主要有两种情况：复映误差和定位误差。如果上述误差太大，不能保证加工精度，而且要提高毛坯精度或上一道工序加工精度是不经济的，这时可采用误差分组法，即把毛坯或上工序尺寸按误差大小分为 n 组，每组毛坯的误差就缩小为原来的 $1/n$，然后按各组分别调整刀具与工件的相对位置或调整定位元件，就可大大地缩小整批工件的尺寸分散范围。

例如，某厂加工齿轮磨床上的交换齿轮时，为了达到齿圈径向跳动的精度要求，将交换齿轮的内孔尺寸分成三组，并用与之尺寸相对应的三组定位心轴进行加工。其分组尺寸见表4-1。误差分组法的实质，是用提高测量精度的手段来弥补加工精度的不足，从而达到较高的精度要求。当然，测量、分组需要花费时间，故一般只是在配合精度很高而加工精度不易提高时采用。

表 4-1　交换齿轮内孔尺寸分组　　　　　　　　　　　　　　　　单位：mm

组别	心轴直径（$\phi25^{+0.011}_{+0.002}$）	工件孔径（$\phi25^{+0.013}_{0}$）	配合精度
1	$\phi25.002$	$\phi25.000 \sim 25.004$	±0.002
2	$\phi25.006$	$\phi25.004 \sim 25.008$	±0.002
3	$\phi25.011$	$\phi25.008 \sim 25.013$	$\pm(0.002 \sim 0.003)$

(5) 就地加工法

在加工和装配中，有些精度问题牵涉到很多零部件间的相互关系，相当复杂。如果单纯依靠提高零件精度来满足设计要求，有时不仅困难，而且很可能达不到。此时，若采用就地加工法，就可解决这种难题，将各环节的累积误差一次性消除。

例如，在转塔车床制造中，转塔上六个安装刀具的孔，其轴心线必须保证与机床主轴旋转中心线重合，而六个平面又必须与旋转中心线垂直。如果单独加工转塔上的这些孔和平面，装配时要达到上述要求是困难的，因为其中包含了很复杂的尺寸链关系。因而在实际生产中采用了就地加工法，即在装配之前，这些重要表面不进行精加工，等转塔装配到机床上以后，再在自身机床上对这些孔和平面进行精加工。具体方法是在机床主轴上装上镗刀杆和能做径向进给的小刀架，对这些表面进行精加工，便能达到所需要的精度。

又如龙门刨床、牛头刨床，为了使它们的工作台分别与横梁或滑枕保持位置的平行度关系，都是装配后在自身机床上，进行就地精加工来达到装配要求的。平面磨床的工作台，也是在装配后利用自身砂轮精磨出来的。

(6) 误差平均法

误差平均法是利用有密切联系的表面之间的相互比较和相互修正，或者利用其互为基准进行加工，以达到很高的加工精度。如配合精度要求很高的轴和孔，常用对研的方法来加工。所谓对研，就是配偶件的轴和孔互为研具相对研磨。在研磨前有一定的研磨量，其本身的尺寸精度要求不高，在研磨过程中，配合表面相对研擦和磨损的过程，就是两者的误差相互比较和相互修正的过程。

又如三块一组的标准平板，是利用相互对研、配刮的方法加工出来的。另外还有直尺、角度规、多棱体、标准丝杠等高精度量具和工具，都是利用误差平均法制造出来的。

通过上述例子可知，采用误差平均法可以最大限度地排除机床误差的影响。

4.2 机械加工表面质量

机械加工表面质量是指零件加工后的表面层状态，它是判定零件质量的主要依据之一。因为机械零件的破坏大多是从表面开始的，而任何机械加工都不能获得理想表面，总会存在着一定程度的微观不平度和表面层的物理、力学性能的变化。因此，探讨和研究机械加工表面，对保证产品质量具有重要意义。

4.2.1 表面质量内涵及其对零件使用性能的影响

(1) 机械加工表面质量的含义

表面质量的含义有以下两方面的内容。

1) 表面层的几何形状特征

① 表面粗糙度，即表面的微观几何形状误差。评定的参数主要有轮廓算术平均偏差 Ra 或轮廓微观不平度十点平均高度 Rz。

② 波度。它是介于宏观几何形状误差与表面粗糙度之间的周期性几何形状误差，如图 4-27 所示。其主要产生于振动，应作为工艺缺陷设法消除。

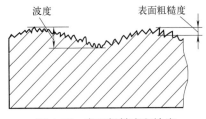

图 4-27　表面粗糙度和波度

2) 表面层物理、力学性能的变化

表面层物理、力学性能主要指以下三个方面的内容：

① 表面层的加工硬化；

② 表面层金相组织的变化；

③ 表面层残余应力。

(2) 表面质量对零件使用性能的影响

1) 表面质量对零件耐磨性的影响　零件的耐磨性是一项很重要的性能指标，当零件的材料、润滑条件和加工精度决定之后，表面质量对耐磨性起着关键的作用。因加工后的零件表面存在着凸起的轮廓峰和凹下的轮廓谷，两配合面或结合面的实际接触面积总比理想接触面积小，实际上只是在一些凸峰顶部接触，这样，当零件受力的作用时，凸峰部分的应力很大。零件的表面越粗糙，实际接触面积就越小，凸峰处单位面积上的应力就越大。当两个零件相对运动时，接触处就会产生弹性、塑性变形和剪切等现象，凸峰部分被压平而造成磨损。

虽然表面粗糙度对摩擦面影响很大，但并不是表面粗糙度愈小愈耐磨。过于光滑的表面会挤出接触面间的润滑油，引起分子之间的亲和力，从而产生表面咬焊、胶合，使得磨损加剧，如图 4-28 所示。就零件的耐磨性而言，最佳表面粗糙度 Ra 的值在 $0.8 \sim 0.2 \mu m$ 之间为宜。

零件表面纹理形状和纹理方向对耐磨性也有显著的影响。一般来讲，圆弧状的、凹坑状的表面纹理，耐磨性好；尖峰状的表面纹理耐磨性差，因它的承压面小，而压强大。在轻载并充分润滑的运动副中，两配合面的刀纹方向与运动方向相同时，耐磨性较好；与运动方向垂直时，耐磨性最差；其余的情况，介于上述两者之间。而在重载又无充分润滑的情况下，两结合表面的刀纹方向垂直时，磨损较小。由此可见，对于重要的零件，应规定最后工序的加工纹理方向。

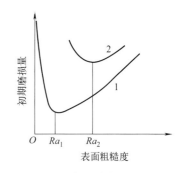

图 4-28　初始磨损量与表面
粗糙度的关系
1—轻载荷；2—重载荷

零件表面层材料的冷作硬化，能提高表面层的硬度，增强表面层的接触刚度，减小摩擦表面间发生弹性和塑性变形的可能性，使金属之间咬合的现象减少，因而增强了耐磨性。但硬化过度会降低金属组织的稳定性，使表层金属变脆、脱落，致使磨损加剧，所以硬化的程度和深度应控制在一定的范围内。

表面层金属的残余应力和金相组织发生变化时，会影响表层金属的硬度，因此也将影响耐磨性。

2）零件表面质量对零件疲劳强度的影响　零件在交变载荷的作用下，其表面微观不平的凹谷处和表面层的缺陷处容易引起应力集中而产生疲劳裂纹，造成零件的疲劳破坏。试验表明，减小表面粗糙度值可以使零件的疲劳强度有所提高。因此，对于重要零件的重要表面，往往应进行光整加工，以减小零件的表面粗糙度值，提高其疲劳强度。

冷作硬化可以在零件表面形成一个冷硬层，因而能阻碍表面层疲劳裂纹的出现，从而提高疲劳强度。但冷硬程度过大，表层金属变脆，反而易于产生裂纹。

表面残余应力对疲劳强度也有很大影响。当表面层残余应力为残余压应力时，能延缓疲劳裂纹的扩展，提高零件的疲劳强度；当表面层残余应力为残余拉应力时，容易使零件表面产生裂纹，从而降低其疲劳强度。

3）零件表面质量对零件耐腐蚀性能的影响　零件的耐腐蚀性在很大程度上取决于零件的表面粗糙度。零件表面越粗糙，凹谷越深，越容易沉积腐蚀性介质而产生腐蚀。因此，减小零件表面粗糙度，可以提高零件的耐腐蚀性能。

零件表面层的残余压应力和一定程度的硬化有利于阻碍表面裂纹的产生和扩展，因而有利于提高零件的抗腐蚀能力。而表面残余拉应力则降低零件的耐腐蚀性能。

4）零件表面质量对配合性质及其他性能的影响　零件表面粗糙度的存在，将影响配合精度和配合性质。在间隙配合中，零件表面的粗糙度将使配合件表面的凸峰被挤平，从而增大配合间隙，降低配合精度；在过盈配合中，则将使配合件间的有效过盈量减小甚至消失，影响了配合的可靠性。因此，对有配合要求的表面，必须规定较小的表面粗糙度。

在过盈配合中，如果表面硬化严重，将可能造成表层金属与内部金属脱离的现象，从而破坏配合的性质和精度。表面残余应力过大，将引起零件变形，使零件的几何尺寸改变，这样也将影响配合精度和配合性质。

表面质量对零件的其他性能也有影响。例如减小零件的表面粗糙度可以提高密封性能，提高零件的接触刚度，降低相对运动零件的摩擦因数，从而减少发热和功率损耗，减少设备的噪声等。

4.2.2 切削表面粗糙度的影响因素和改进措施

零件经过切削加工之后所获得的表面，影响其质量好坏的因素是很多的，一般来说，最主要的是几何因素、物理因素和加工中工艺系统的振动等。

(1) 影响切削加工表面粗糙度的几何因素

切削加工过程中，刀具相对于工件做进给运动时，在被加工表面上残留的面枳愈大，所获得表面将愈粗糙。用单刃刀切削时，残留面积只与进给量 f、刀尖圆角半径 r_0 及刀具的主偏角 κ_r、副偏角 κ_r' 有关，如图 4-29 所示。

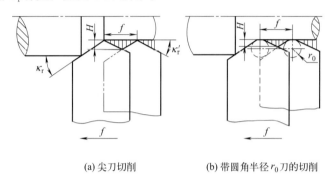

(a) 尖刀切削　　　　　(b) 带圆角半径 r_0 刀的切削

图 4-29　切削层残留面积

尖刀切削时 [图 4-29 (a)]，残留面积的高度为

$$H = \frac{f}{\cot\kappa_r + \cot\kappa_r'}$$

带圆角半径 r_0 的刀切削时 [图 4-29 (b)]，残留面积的高度为

$$H \approx \frac{f^2}{8r_0}$$

由公式可知，减小进给量，减小主、副偏角，增大刀尖圆角半径，都能减小残留面积的高度 H，也就减小了零件的表面粗糙度。

进给量 f 对表面粗糙度影响较大，当 f 值较低时，虽然有利于表面粗糙度的减小，但生产率也成比例地降低；而且过小的进给量将造成薄层切削，反而容易引起振动，使得表面粗糙度增大。

增大刀尖圆角半径有利于表面粗糙度的减小，但同时会引起吃刀抗力 F_y 的增加，从而加大工艺系统的振动。因此在增大刀尖圆角半径时，要考虑吃刀抗力的潜在因素。

减小主、副偏角均有利于表面粗糙度的降低。但在精加工时，它们对粗糙度的影响较小。

前角对表面粗糙度没有直接影响。但适当增大前角，刀具易于切入工件，塑性变形小，有利于减小表面粗糙度。

(2) 影响切削加工表面粗糙度的物理因素

① 切削力和摩擦力的影响。在切削过程中，刀具的刃口圆角及后刀面对工件的挤压和摩擦使金属材料发生塑性变形，引起已有的残留面积扭歪或沟纹加深，增大表面粗糙度。而加工脆性材料时，切屑成碎粒状，加工表面往往出现微粒崩碎痕迹，留下许多麻点，使表面显得粗糙。

② 积屑瘤的影响。当切削刀具以一定的速度切削塑料材料时，切屑上的一些小颗粒就会黏附在前刀面的刀尖处，形成硬度很高的积屑瘤，它可以代替前刀面和切削刃进行切削。当切屑与积屑瘤之间的摩擦力大于积屑瘤与前刀面的冷焊强度，或受到冲击、振动时，积屑瘤就会脱落，以后又逐渐生成新的积屑瘤，见图 4-30。这种积屑瘤的生成、长大和脱落将严重影响零件表面粗糙度。

③ 鳞刺的影响。在切削过程中，由于切屑在前刀面上的摩擦和冷焊作用，切屑在前刀面上产生周期停留，从而挤拉刚加工过的表面，严重时使表面出现撕裂现象，在已加工表面上形成鳞刺，使表面粗糙不平，见图 4-31。

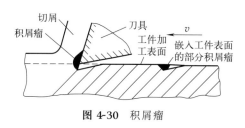

图 4-30　积屑瘤

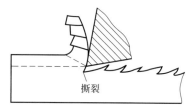

图 4-31　鳞刺的产生

从以上物理因素对粗糙度的影响来看，要减小表面粗糙度，除必须减少切削力引起的塑性变形外，主要应避免产生积屑瘤和鳞刺，其主要工艺措施有：选择不易产生积屑瘤和鳞刺的切削速度；改善材料的切削性能；正确选择切削液等。

4.2.3　磨削表面粗糙度的影响因素和改进措施

(1) 磨削加工的特点

① 磨削过程比金属切削刀具的切削过程要复杂得多。砂轮在磨削工件时，磨粒在砂轮表面上所分布的高度是不一致的。磨粒的磨削过程常分为：滑擦阶段、刻划阶段和切削阶段。但对整个砂轮来讲，滑擦作用、刻划作用、切削作用是同时产生的。

② 砂轮的磨削速度高、磨削温度高。磨削时，砂轮线速度为 $v_{砂}=30\sim50\text{m/s}$。目前高速磨削发展很快，$v_{砂}=80\sim125\text{m/s}$。磨粒大多为负前角，单位切削力比较大，故切削温度很高，磨削点附近的瞬时温度可高达 $800\sim1000℃$。这么高的温度常引起被磨表面烧伤、工件变形和产生裂纹。

③ 磨削时砂轮的线速度高，参与切削的磨粒多，所以，单位时间内切除金属的量大。径向切削力较大，会引起机床工作系统发生弹性变形和振动。

(2) 影响磨削表面粗糙度的因素

影响磨削表面粗糙度的因素很多，主要的有：

① 磨削用量的影响。

a. 砂轮速度。随着砂轮线速度的增加，在同一时间里参与切削的磨粒数也增加，每颗磨粒切去的金属厚度减小，残留面积也减小，而且高速磨削可减少材料的塑性变形，减小表面粗糙度。

b. 工件速度。在其他磨削条件不变的情况下，随工件线速度的降低，每颗磨粒每次接触工件时切去的切削厚度减小，残留面积也小，因而粗糙度低。但必须指出，工件线速度过低时，工件与砂轮接触的时间长，传到工件上的热量增多，甚至会造成工件表面金属微熔，反而增大表面粗糙度，而且还增加表面烧伤的可能性。因此，通常取工件线速度等于砂轮线速度的 1/60 左右。

　　c. 磨削深度和光磨次数。磨削深度增加，则磨削力和磨削温度都增加，磨削表面塑性变形程度增大，从而增大表面粗糙度值。为提高磨削效率并获得较小的表面粗糙度，一般开始采用较大的磨削深度，然后采用较小的磨削深度，最后进行无进给磨削，即光磨。光磨次数增加，可减小粗糙度。

　　② 砂轮的影响。

　　a. 砂轮的粒度。粒度越细，则砂轮单位面积上的磨粒越多，每颗磨粒切去的金属厚度越少，刻痕越细，粗糙度就越小。但粒度过细时切屑容易堵塞砂轮，使工件表面温度增高，塑性变形加大，粗糙度值反而增大，同时还容易引起烧伤，所以常用的砂轮粒度在 80♯ 以内。

　　b. 砂轮的硬度。砂轮太软，则磨粒易脱落，有利于保持砂轮的锋利，但很难保证砂轮的等高性。砂轮如果太硬，磨损了的磨粒也不易脱落，这些磨损了的磨粒会加剧与工件表面的挤压和摩擦作用，造成工件表面温度升高，塑性变形加大，并且还容易使工件产生表面烧伤。所以砂轮的硬度以适中为好，主要根据工件的材料和硬度进行选择。

　　c. 砂轮的修整。砂轮使用一段时间后必须进行修整，及时修整砂轮有利于获得锋利和等高的微刃。慢的修整进给量和小的修整深度，还能大大增加切刃数，这些均有利于降低被磨工件的表面粗糙度。

　　d. 砂轮材料。砂轮材料即指磨料，它可分为氧化物类（刚玉）、碳化物类（碳化硅、碳化硼）和超硬磨料类（人造金刚石、立方碳化硼）。钢类零件用刚玉砂轮磨削可得到满意的表面粗糙度；铸铁、硬质合金等工件材料用碳化物砂轮磨削时表面粗糙度较小；用金刚石砂轮磨削可得到极小的表面粗糙度值，但加工成本也比较高。

　　③ 被加工材料的影响。工件材料的性质对磨削粗糙度影响也大，太硬、太软、太韧的材料都不容易磨光，这是因为：材料太硬时，磨粒很快钝化，从而失去切削能力；材料太软时，砂轮又很容易被堵塞；而韧性太大且导热性差的材料又容易使磨粒早期崩落，这些都不利于获得低的表面粗糙度。

4.2.4　表面力学、物理性能的影响因素及改进措施

　　机械加工过程中，工件由于受到切削力、切削热的作用，其表面与基体材料性能有很大不同，在物理、力学性能方面发生较大的变化。

(1) 表面层的冷作硬化

　　在切削或磨削加工过程中，加工表面层产生的塑性变形使晶体间产生剪切滑移，晶格严重扭曲，并产生晶粒的拉长、破碎和纤维化，引起表面层的强度和硬度提高的现象，称为冷作硬化现象。

　　表面层的硬化程度取决于产生塑性变形的力、变形速度及变形时的温度。力越大，塑性变形越大，产生的硬化程度也越大。变形速度越大，塑性变形越不充分，产生的硬化程度也就相应减小。变形时的温度影响塑性变形程度，温度高则硬化程度减小。

　　1）影响表面层冷作硬化的因素

　　① 刀具。刀具的刃口圆角和后刀面的磨损对表面层的冷作硬化有很大影响，刃口圆角和后刀面的磨损量越大，冷作硬化层的硬度和深度也越大。

　　② 切削用量。在切削用量中，影响较大的是切削速度 v_c 和进给量 f。当 v_c 增大时，则表面层的硬化程度和深度都有所减小。这是由于：一方面，切削速度增大会使温度增高，

有助于冷作硬化的恢复；另一方面，由于切削速度的增大，刀具与工件接触时间短，使工件的塑性变形程度减小。当进给量 f 增大时，则切削力增大，塑性变形程度也增大，因此表面层的冷作硬化现象严重。但当 f 过小时，由于刀具的刃口圆角在加工表面上的挤压次数增多，因此表面层的冷作硬化现象也会严重。

③ 被加工材料。被加工材料的硬度越低、塑性越大，则切削加工后其表面层的冷作硬化现象越严重。

2）减少表面层冷作硬化的措施

① 合理选择刀具的几何参数，采用较大的前角和后角，并在刃磨时尽量减小其切削刃口圆角半径。

② 使用刀具时，应合理限制其后刀面的磨损程度。

③ 合理选择切削用量，采用较高的切削速度和较小的进给量。

④ 加工时采用有效的切削液。

（2）表面层的金相组织变化

1）表面层金相组织变化的原因及磨削烧伤

机械加工时，切削所消耗的能量绝大部分转化为热能而使加工表面温度升高。当温度升高到超过金相组织变化的临界点时，就会产生金相组织的变化。一般的切削加工，由于单位切削截面所消耗的功率不是太大，故产生金相组织变化的现象较少。但磨削加工因切削速度高，产生的切削热比一般的切削加工大几十倍，这些热量一部分由切屑带走，很小一部分传入砂轮；若冷却效果不好，则很大一部分将传入工件表面，使工件表面层的金相组织发生变化，引起表面层的硬度和强度下降，产生残余应力甚至引起显微裂纹，这种现象称为磨削烧伤。因此，磨削加工是一种典型的易于出现加工表面金相组织变化的加工方法。磨削烧伤根据烧伤时温度的不同，可分为以下几种。

① 回火烧伤。磨削淬火钢时，若磨削区温度超过马氏体转变温度，则工件表面原来的马氏体组织将转化成硬度降低的回火屈氏体或索氏体组织，这种现象称为回火烧伤。

② 淬火烧伤。磨削淬火钢时，若磨削区温度超过相变临界温度，在切削液的急冷作用下，工件表面最外层金属转变为二次淬火马氏体组织。其硬度比原来的回火马氏体高，但是又硬又脆，而其下层因冷却速度较慢仍为硬度降低的回火组织，这种现象称为淬火烧伤。

③ 退火烧伤。若不用切削液，进行干磨时超过相变的临界温度，由于工件金属表层空冷冷却速度较慢，磨削后强度、表面硬度急剧下降，则产生了退火烧伤。

磨削烧伤时，表面会出现黄、褐、紫、青等烧伤色。这是工件表面在瞬时高温下产生的氧化膜颜色，不同烧伤色表面烧伤程度不同。较深的烧伤层，虽然在加工后期采用无进给磨削可除掉烧伤色，但烧伤层却未除掉，成为将来使用中的隐患。

2）防止磨削烧伤的工艺措施

① 合理选择磨削用量。减小磨削深度可以减少工件表面的温度，故有利于减轻烧伤。增加工件速度和进给量，由于热源作用时间减少，使金相组织来不及变化，因而能减轻烧伤，但会导致表面粗糙度值增大。一般采用提高砂轮速度和使用较宽砂轮的方法减轻烧伤。

② 合理选择砂轮并及时修整。砂轮的粒度越细、硬度越高时，自砺性越差，磨削温度也高。砂轮组织太紧密时，磨屑堵塞砂轮，易出现烧伤。砂轮钝化时，大多数磨粒只在加工表面挤压和摩擦而不起切削作用，使磨削温度增高，故应及时修整砂轮。

③ 改善冷却方法。采用切削液可带走磨削区的热量，避免烧伤。常用的冷却方法效果

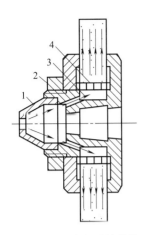

图 4-32 内冷却砂轮结构
1—锥形盖；2—切削液通孔；
3—砂轮中心腔；4—有径
向小孔的薄壁套

较差，由于砂轮高速旋转时，圆周方向产生强大气流，使切削液很难进入磨削区，因此不能有效地降温。为改善冷却方法，可采用如图 4-32 所示的内冷却砂轮。切削液从中心通入，靠离心力作用，通过砂轮内部的空隙从砂轮四周的边缘甩出，因此切削液可直接进入磨削区，冷却效果甚好。但必须采用特制的多孔砂轮，并要求切削液经过仔细过滤以免堵塞砂轮。

（3）表面层的残余应力

工件经机械加工后，其表面层都存在残余应力。残余压应力可提高工件表面的耐磨性和受拉应力时的疲劳强度，残余拉应力的作用正好相反。若拉应力值超过工件材料的疲劳强度极限，则使工件表面产生裂纹，加速工件的损坏。引起残余应力的原因有以下三个方面。

① 冷塑性变形引起的残余应力。在切削力作用下，已加工表面受到强烈的冷塑性变形，其中以刀具后刀面对已加工表面的挤压和摩擦产生的塑性变形最为突出，此时基体金属受到影响而处于弹性变形状态。切削力除去后，基体金属趋向恢复，但受到已产生塑性变形的表面层的限制，恢复不到原状，因而在表面层产生残余压应力。

② 热塑性变形引起的残余应力。工件加工表面在切削热作用下产生热膨胀，此时基体金属温度较低，因此表层金属产生热压应力。当切削过程结束时，表面温度下降较快，故收缩变形大于里层，由于表层变形受到基体金属的限制，故而产生残余拉应力。切削温度越高，热塑性变形越大，残余拉应力也越大，有时甚至产生裂纹。磨削时产生的热塑性变形比较明显。

③ 金相组织变化引起的残余应力。切削时产生的高温会引起表面层的金相组织变化。不同的金相组织有不同的密度，表面层金相组织变化造成了体积的变化。表面层体积膨胀时，因为受到基体的限制，产生了压应力；反之，则产生拉应力。

思考与练习

4-1　什么叫加工误差？它与加工精度、公差有何区别？

4-2　什么是主轴回转误差？它可分解成哪三种基本形式？其产生原因是什么？对加工误差有何影响？

4-3　何为误差敏感方向？卧式车床与平面磨床的误差敏感方向有何不同？

4-4　什么叫误差复映？误差复映的大小与哪些因素有关？如何减小误差复映的影响？

4-5　某工艺系统的误差复映系数为 0.20，工件在加工前有椭圆度误差 0.40mm，若要求工序加工后形状精度规定公差为 0.01mm，至少应走刀几次才能使零件加工合格？

4-6　工艺系统的几何误差包括哪些方面？

4-7　试说明磨削外圆时，使用死顶尖的目的是什么。哪些因素会引起外圆的圆度和锥度误差？

4-8　表面质量的含义包括哪些主要内容？它们对零件的使用性能有何影响？

4-9　为什么机器上许多静止连接的接触表面往往要求较小的表面粗糙度值，而有相对运动的表面又不能对表面粗糙度值要求过小？

4-10 车削一铸铁零件的外圆表面，若进给量 $f=0.5mm/r$，车刀刀尖的圆弧半径 $r_0=4mm$，则能达到的表面粗糙度值为多少？

4-11 磨削加工时，影响加工表面粗糙度的原因有哪些？磨削外圆时，为什么说提高工件速度 v_w 及砂轮速度 v_s，有利于降低加工表面的粗糙度值、防止表面烧伤并能提高生产率？

4-12 为什么有色金属用磨削加工得不到低表面粗糙度？通常为获得低表面粗糙度的加工表面应采用哪些加工方法？若需要磨削有色金属，为提高表面质量应采取什么措施？

第**5**章
机床专用夹具设计

前面已讨论过工件的定位、工件的夹紧和机床夹具的应用。本章将集中讨论机床夹具的有关概念及专用夹具的设计方法。

5.1 夹具概述

5.1.1 夹具的作用和分类

(1) 机床夹具的作用

在机械加工中，为了迅速、准确地确定工件在机床上的位置，进而正确地确定工件与机床、刀具的相对位置关系，并在加工中始终保持这个正确位置而使用的工艺装备称为机床夹具，其作用如下。

① 保证加工精度，稳定加工质量。工件经过在夹具上装夹，与机床、刀具之间获得了稳定且正确的相对位置和几何关系，因此可以较容易地保证工件的加工精度。

② 提高劳动生产率。使用夹具后，工件的定位、夹紧能在很短的时间内完成，缩短辅助时间。

③ 改善工人的劳动条件，降低对工人的技术要求。用夹具装夹工件，方便、省力、安全。

④ 降低生产成本。在批量生产中使用夹具时，由于劳动生产率的提高和允许技术等级较低的工人操作，故可明显降低生产成本。

⑤ 扩大机床的工艺范围。根据机床的成形运动，辅以不同类型的夹具，即可扩大原有机床的工艺范围。例如在车床的溜板上或摇臂钻床的工作台上装上镗模，即可进行箱体的镗孔加工。

(2) 机床夹具的分类

机床夹具的种类很多，现按几种常见的分类方法描述如下。

1) 按机床夹具的通用特性分类

这是一种基本的分类方法，主要反映机床夹具在不同生产类型中的通用特性，是我们选择夹具的主要依据。

① 通用夹具。通用夹具是指结构、尺寸已标准化、系列化，具有一定通用性的夹具。如三爪自定心卡盘、四爪单动卡盘、万能分度头、机用虎钳、顶尖、中心架、跟刀架、回转工作台、电磁吸盘等。这类夹具作为机床附件已经商品化。

② 专用夹具。专用夹具是针对某一工件某一工序的加工要求而专门设计和制造的机床夹具。这类夹具专用性强、操作迅速方便。

③ 可调夹具。可调夹具是针对通用夹具和专用夹具的缺陷而发展起来的一类新型夹具。对于不同类型和尺寸的工件，只需调整或更换原来夹具上的个别定位元件和夹紧元件便可使用。

在通用夹具上设置可调（或可换）元件构成可调夹具，则称为通用可调夹具，其适用范围比通用夹具更大；在专用夹具上设置可调（或可换）元件构成可调夹具，则称为专用可调夹具，也称成组夹具。它按成组原理设计并能加工一组相似的工件，故能在多品种、中小批量生产中取得较好的经济效益。

④ 组合夹具。组合夹具是在夹具零、部件标准化的基础上发展起来的一种模块化夹具。标准的模块元件具有较高的精度和耐磨性，可组装成各种夹具，夹具用毕可拆卸，经清洗后入库留待组装新的夹具。组合夹具也已经商品化。

⑤ 自动线夹具。自动线夹具一般分为两种：一种为固定式夹具，它与专用夹具相似；另一种为随行夹具，使用中夹具随工件一起在自动线上运动，将工件沿着自动线从一个工位移至下一个工位加工。

2）按夹具使用的机床分类

这是专用夹具设计所用的分类方法。夹具按在何种机床上使用分为：车床夹具、铣床夹具、钻床夹具、镗床夹具、磨床夹具和其他机床夹具等。设计夹具时要求机床的类别、型号和主要参数均已确定。

3）按夹紧动力源分类

按夹具夹紧时使用的动力源，可将夹具分为手动夹具和机动夹具，机动夹具又可分为气动夹具、液压夹具、气液夹具、电动夹具、电磁夹具、真空夹具和其他夹具。其选择应根据工件生产批量的大小、所需夹紧力的大小、企业现有的生产条件等综合考虑。

5.1.2 夹具的组成

① 定位装置。夹具上用来确定工件位置的一些元件总称定位装置。定位装置是机床夹具的主要功能元件之一，其功能是确定工件在夹具上的正确位置。

② 夹紧装置。夹具中由夹紧元件、中间传力机构和动力装置构成的装置称为夹紧装置。夹紧装置也是机床夹具的主要功能元件之一，其功能是确保工件定位后获得的正确位置在加工过程中各种力的作用下保持不变。

③ 夹具体。夹具体是机床夹具的基础支承件，是基本骨架。其功能是将夹具中的定位装置、夹紧装置及其他所有元件或装置连接起来构成一个整体，并通过它与机床相连接，以确定整个夹具在机床上的位置。

④ 连接元件。连接元件用来确定夹具本身在机床上的位置。根据机床的工作特点，夹具在机床上的装夹连接有两种形式：一种是装夹在机床工作台上，例如铣床夹具、镗床夹具等；另一种是装夹在机床主轴上，例如车床夹具中的心轴类、花盘类夹具等。夹具在机床上的装夹形式不同，所用的连接元件也不相同，例如铣床夹具上用于与铣床工作台连接用的定位键、花盘类车床夹具与车床主轴连接用的过渡盘都是连接元件。

⑤ 对刀元件。对刀元件用来确定刀具与工件的位置。它是铣床夹具的特殊元件，加工前，用对刀块来调整铣刀的位置。

⑥ 导向元件。导向元件用来调整刀具的位置，并引导刀具进行切削。它是钻床夹具和镗床夹具所特有的特殊元件，主要指钻模中的钻套和镗模中的镗套等。加工时，钻头与钻套、镗杆与镗套之间均应留有适量间隙，因此钻头和镗杆的中心就有可能略偏离理想位置，这是影响钻床夹具和镗床夹具加工精度的一个因素。

⑦ 其他元件或装置。根据不同工件的不同加工表面要素的加工需要，有些夹具分别需要采用分度装置、靠模装置、上下料装置、顶出器和平衡块等，以分别满足生产率、加工精度、仿形、装卸工件等其他要求。这些装置或元件一般需专门设计。

5.1.3 定位误差的组成及分析

(1) 工件在夹具中加工时加工误差的组成

工件在机床夹具中装夹时，是否能达到工件的加工精度要求，这是夹具设计人员必须解决的重要问题。使用夹具时，表面位置的加工误差包括下列四方面：

① Δ_A——夹具位置误差，即定位元件相对机床的切削成形运动的位置误差。它包括 Δ_{A1}——定位元件定位面对夹具体基面的误差；Δ_{A2}——夹具的安装连接误差。

② Δ_D——定位误差，即由定位引起的工序基准的位置误差。

③ Δ_T——刀具相对夹具的位置误差，即对刀导向误差。

④ Δ_G——与加工过程中一些因素有关的加工误差。包括机床误差、刀具误差以及工艺系统的受力变形（如夹紧误差）、热变形、磨损等因素造成的加工误差。

为了保证工件的加工要求，上述误差合成不应超出工件的加工公差 δ_k，即

$$\Delta_D + \Delta_A + \Delta_T + \Delta_G < \delta_k$$

上述误差不等式中，与夹具有关的误差是 Δ_A、Δ_D、Δ_T 三项。本小节先研究与工件在夹具中定位有关的误差 Δ_D。

(2) 定位误差及其产生的原因

工件按六点定位规则定位后，它在夹具中的位置就已被确定，然而由于种种原因，工件仍会产生定位误差。为了保证工件的加工精度，在定位设计时要仔细分析和研究定位误差。

目前，随着机械加工精度的不断提高，许多高精度的定位已将定位误差限制在极小的范围内。例如高精度的定中心定位，使主轴的径向圆跳动公差达到 0.0005mm 以内。通常认为当 $\Delta_D \leqslant \delta_k/3$ 时，定位误差是较合适的。

1) 定位误差的定义 由定位引起的同一批工件的工序基准在加工尺寸方向上的最大变动量，称为定位误差，以 Δ_D 表示。

定位误差研究的主要对象是工件的工序基准和定位基准。工序基准的变动量将影响工件的尺寸精度和位置精度。

2) 定位误差产生的原因 造成定位误差的原因有定位基准与工序基准不重合以及定位基准的位移误差两个方面。

① 基准不重合误差 Δ_B。由于定位基准与工序基准不重合而造成的定位误差，称为基准不重合误差，以 Δ_B 表示，如图 5-1 所示。

图 5-2 所示为工件在夹具中定位后铣削台阶面。B 面为定位基准，工序基准是 A 面把铣刀调整到距离 B 面为 20mm，以保证得到工件上相应的尺寸 20mm±0.15mm，但由于工件的高度 40mm±0.14mm 在前道工序中有允许加工误差 ±0.14mm，因此这一批工件的工序基准面 A 相对于夹具定位支承面 B，在尺寸 20mm±0.15mm 方向上有 0.28mm 的变动

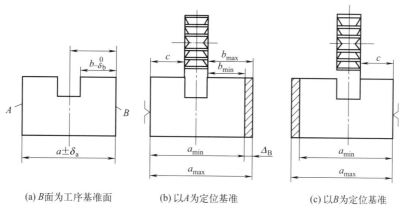

(a) B面为工序基准面　　　(b) 以A为定位基准　　　(c) 以B为定位基准

图 5-1　定位基准

量，使加工出来的工件尺寸 20mm 有大有小。这种由于定位基准和工序基准不重合而产生的误差就是基准不重合误差 Δ_B，消除这种误差的唯一方法是遵循基准重合的工艺原则。

图 5-3 所示工件的定位是以 C 面为定位基准，即定位基准与工序基准重合，上述基准不重合误差 Δ_B 就不存在了。

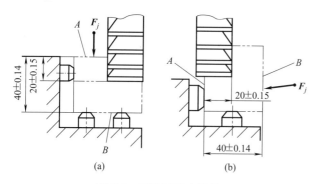

(a)　　　　　　　(b)

图 5-2　基准不重合误差

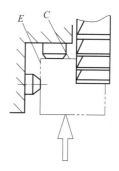

图 5-3　基准重合

　　基准不重合误差的计算中，可以先找出加工工件的定位基准和工序基准位置，然后确定它们之间的联系尺寸。联系尺寸有时在图纸上直接给出（如图 5-2 中的 40 ± 0.14），有时需通过尺寸链换算求得。如图 5-4 所示工件的镗孔，工序基准为 E 面，通常为了安装方便和夹持可靠而选 A 面为定位基准，E 面与 A 面之间的联系尺寸通过 L_1、L_2、L_3、L_4 求得：

$$L=L_1-L_2+L_3+L_4$$

图 5-4　座架镗孔时的尺寸关系

其公差为各组成环公差之和（参见第 3 章），即：

$$\Delta_L=\Delta_1+\Delta_2+\Delta_3+\Delta_4$$

　　基准不重合误差是由定位尺寸（定位基准与工序基准间的联系尺寸）的制造误差引起的，其最大的制造误差为该尺寸的公差带，所以，基准不重合误差就等于定位尺寸的公差带数值。例如，图 5-2 中的基准不重合误差 Δ_B 为 0.28mm，图 5-4 中的基准不重合误差 Δ_B 为 Δ_L。

② 基准位移误差 Δ_W。由于定位基准的位置变化而产生的定位误差，称为基准位移误差，以 Δ_W 表示。

图 5-5 为工件以内孔定位铣削键槽的示意图。为了装卸方便，工件内孔与定位销采用间隙配合，由于工件内孔和定位销直径尺寸均有允许制造误差，因此一批工件的孔与定位销的配合间隙有大有小。受到工件重力的影响，工件中心线落下的距离在 O_1O_2 范围内变动，因此，$\overline{O_1O_2}$ 段就是尺寸 $a_2 - a_1$ 的定位误差。这种由于定位基准的位置变化而产生的误差就是基准位移误差 Δ_W（此例中定位基准与工序基准重合，均为内孔中心轴线，即 $\Delta_B = 0$）。

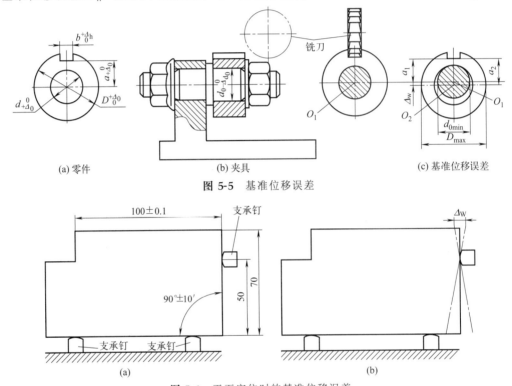

(a) 零件　　　　　　(b) 夹具　　　　　　(c) 基准位移误差

图 5-5 基准位移误差

图 5-6 平面定位时的基准位移误差

基准位移误差的计算中，应找出由定位副（工件定位表面与定位元件合称为定位副）的制造误差造成的定位基准在加工方向上可能产生的最大位移，下面介绍几种常用定位方法的基准位移误差的计算。

a. 工件以平面定位。工件以平面定位时，采用支承钉或支承板来定位，如图 5-6 中铣削台阶面，要求保证尺寸 100mm±0.1mm，其基准位移误差为

$$\Delta_W = 2 \times (70 - 50)\tan10' = 0.116 \,(\text{mm})$$

b. 工件以圆柱孔为定位表面。当工件以圆柱孔为定位表面在夹具定位元件的外圆柱表面上定位时，工件的定位基准可认为是孔的中心轴线。

若定位副之间为间隙配合，则圆柱体水平放置时，工件的定位基准向下移动（如图 5-5 所示），在垂直方向上的基准位移误差为

$$\Delta_W = \frac{D_{\max} - d_{0\min}}{2}$$

如果圆柱体垂直放置时，工件定位基准在径向的位移误差为

$$\Delta_{\mathrm{W}} = D_{\mathrm{max}} - d_{\mathrm{0min}}$$

c. 工件以外圆在 V 形块上定位。工件以外圆在 V 形块上定位时，因 V 形块是按照与工件直径相同的标准芯棒中心线为对刀依据，在理想条件下，工件的外圆中心线应与芯棒中心重合。所以，可将工件外圆的中心线作为定位基准。

由于工件外圆直径有制造误差，因此定位基准相对于芯棒中心产生位移误差，如图 5-7（a）所示，其值为

$$\Delta_{\mathrm{W}} = \overline{OO_1} = \frac{\Delta_{\mathrm{D}}}{2\sin\dfrac{\alpha}{2}}$$

另外，工件加工尺寸标注方法不同，其位移误差也不相同〔图 5-7（b）〕。

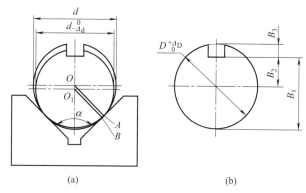

图 5-7　工件在 V 形块上定位时的位移误差

标注尺寸为 B_2 时，基准重合（$\Delta_{\mathrm{B}} = 0$）：

$$\Delta_{\mathrm{W}} = \frac{\Delta_{\mathrm{d}}}{2\sin\dfrac{\alpha}{2}}$$

标注尺寸为 B_3 时，因基准不重合，除了位移误差外，还有基准不重合误差，两者的矢量和❶为

$$\Delta_{\mathrm{D}} = \Delta_{\mathrm{W}} + \Delta_{\mathrm{B}} = \frac{\Delta_{\mathrm{d}}}{2\sin\dfrac{\alpha}{2}} + \frac{\Delta_{\mathrm{d}}}{2} = \frac{\Delta_{\mathrm{d}}}{2}\left(\frac{1}{\sin\dfrac{\alpha}{2}} + 1\right)$$

标注尺寸为 B_1 时，基准不重合误差使尺寸 B_1 减小，而位移误差使 B_1 增大，故定位误差为

$$\Delta_{\mathrm{D}} = \Delta_{\mathrm{W}} - \Delta_{\mathrm{B}} = \frac{\Delta_{\mathrm{d}}}{2\sin\dfrac{\alpha}{2}} - \frac{\Delta_{\mathrm{d}}}{2} = \frac{\Delta_{\mathrm{d}}}{2}\left(\frac{1}{\sin\dfrac{\alpha}{2}} - 1\right)$$

当 V 形块的 $\alpha = 90°$ 时，三种定位误差分别为：

$$\Delta_{\mathrm{D}} = 0.707\Delta_{\mathrm{d}}（标注尺寸为 B_2）$$

---

❶　此处"矢量和"强调必须是同方向的误差。公式中在计算各项误差的时候已经统一了方向，故直接同量加减。

$$\Delta_D = 1.207\Delta_d (标注尺寸为 B_3)$$
$$\Delta_D = 0.207\Delta_d (标注尺寸为 B_1)$$

上述分析说明：以下母线为工序基准时，定位误差最小；以上母线为工序基准时，定位误差最大。所以，轴类工件的键槽深度尺寸，一般多由下母线标注，或由轴心线标注。

5.2 常见定位方法和定位元件

为了保证同一批工件在夹具中占据一个正确的位置，必须选择合理的定位方法并设计相应的定位装置。

前面已介绍了工件定位原理及定位基准选择的原则。在实际应用时，一般不允许将工件的定位基面直接与夹具体接触，而是通过定位元件上的工作表面与工件定位基面的接触来实现定位。定位基面与定位元件的工作表面合称为定位副。

对定位元件的基本要求是：①足够的精度，②足够的强度和刚度，③较高的耐磨性，④良好的工艺性。定位元件的结构应力求简单、合理，便于加工、装配和更换。对于工件不同定位基面的形式，定位元件的结构、形状、尺寸和布置方式也不同。

5.2.1 平面定位和支承元件

工件以平面作为定位基准时常用的定位元件如下。

(1) 主要支承

主要支承用来限制工件自由度，起定位作用。

① 固定支承。固定支承有支承钉和支承板两种形式，如图 5-8 所示，在使用过程中它们都是固定不动的。当工件以粗糙不平的毛坯面定位时，采用球头支承钉［图（b）］；齿纹头支承钉［图（c）］，用在工件侧面，以增大摩擦因数，防止工件滑动；当工件以加工过的平面定位时，可采用平头支承钉［图（a）］或支承板。图（d）所示的支承板结构简单，制造方便，但孔边切屑不易清除干净，故适用于侧面和顶面定位；图（e）所示的支承板便于清除切屑，适用于底面定位。

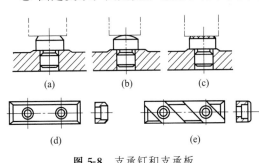

图 5-8 支承钉和支承板

需要经常更换的支承钉应加衬套，如图 5-9 所示。支承钉、支承板均已标准化，其公差配合、材料、热处理等可查国家标准《机床夹具零件及部件》。一般支承钉与夹具体孔的配合可取 H7/n6 或 H7/r6。如用衬套则支承钉与衬套内孔的配合可取 H7/js6。当要求几个支承钉或支承板装配后等高时，可采用装配后一次磨削法，以保证它们的工作面在同一平面内。

工件以平面定位时，除了采用上面介绍的标准支承钉和支承板，也可根据工件定位平面的不同形状设计相应的支承板。

② 可调支承。在工件定位过程中，支承钉的高度需调整时，应采用如图 5-10 所示可调支承。图 5-10（a）中，工件为砂型铸件，先以 A 面定位铣 B 面，再以 B 面定位镗双孔。铣

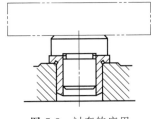

图 5-9 衬套的应用

B 面时若用固定支承，由于定位基面 A 的尺寸和形状误差较大，铣完后的 B 面与两毛坯孔 [图 5-11（a）中的点画线] 的距离尺寸 H_1、H_2 变化也大，使镗孔时余量很不均匀，甚至可能使余量不够。因此图 5-11（a）中应采用可调支承，定位时适当调整支承钉的高度，便可避免出现上述情况。对于中小型零件，一般每批调整一次，调整好后，用锁紧螺母拧紧固定，此时其作用与固定支承完全相同。若工件较大且毛坯精度较低，也可能每件都要调整。

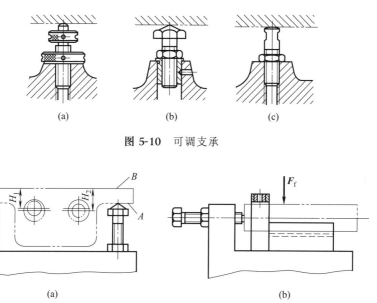

图 5-10 可调支承

图 5-11 可调支承的应用

在同一夹具上加工形状相同但尺寸不同的工件时，可用可调支承，如图 5-11（b）所示，在轴上钻径向孔，对于孔至端面的距离不等的工件，只要调整支承钉的伸出长度，便可进行加工。

③ 自位支承。工件定位过程中，能自动调整位置的支承称为自位支承，或浮动支承。

图 5-12（a）和（b）所示是两点式自位支承。图 5-12（c）所示是三点式自位支承。这类支承的工作特点是：支承点的位置能随着工件定位基面位置的变动而自动调整，定位基面压下其中一点，其余点便上升，直至各点均与工件接触。接触点数的增加，提高了工件装夹刚度和稳定性，但其作用相当于一个固定支承，只限制了工件的一个自由度。自位支承适用于工件以毛坯面定位或定位刚性较差的场合。

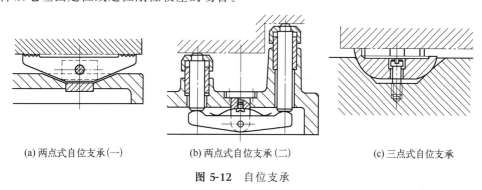

(a) 两点式自位支承(一)　　(b) 两点式自位支承(二)　　(c) 三点式自位支承

图 5-12 自位支承

（2）辅助支承

辅助支承用来提高装夹刚度和稳定性，不起定位作用。如图 5-13 所示，工件以内孔及

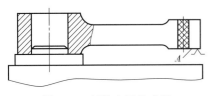

图 5-13 辅助支承的应用

端面定位钻右端小孔。若右端不设支承，工件装夹后，右臂为一悬臂，刚性差。若在 A 点设置固定支承则属过定位，有可能破坏左端定位。在这种情况下，宜在右端设置辅助支承。工件定位时，辅助支承是浮动的（或可调的），待工件夹紧后再把辅助支承固定下来，以承受切削力。

① 螺旋式辅助支承。如图 5-14（a）所示，螺旋式辅助支承的结构与可调式支承相近，但操作过程不同，前者不起定位作用，而后者起定位作用。

② 自位式辅助支承。如图 5-14（b）所示，弹簧 2 推动滑柱 1 与工件接触，用顶柱 3 锁紧，弹簧力应能推动滑柱，但不可推动工件。

③ 推引式辅助支承。如图 5-14（c）所示，工件定位后，推动手轮 4 使滑销 5 与工件接触，然后转动手轮使斜楔 6 开槽部分胀开锁紧。

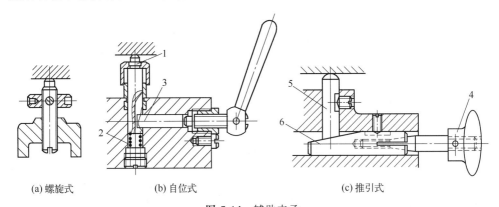

(a) 螺旋式   (b) 自位式   (c) 推引式

图 5-14 辅助支承

1—滑柱；2—弹簧；3—顶柱；4—手轮；5—滑销；6—斜楔

5.2.2 外圆定位与定位元件

工件以外圆柱面定位时常用的定位元件如下。

（1）V 形块

如图 5-15 所示，V 形块主要参数有：d（V 形块的设计心轴直径，d 等于工件定位基面的平均尺寸，其轴线是定位基准）；α（V 形块两工作面间的夹角，有 60°、90°、120°三种，以 90°应用最广）；H（V 形块的高度）；T（V 形块的定位高度，即 V 形块的定位基准至 V 形块底面的距离）；N（V 形块的开口尺寸）。V 形块已标准化了，H、N 等参数均可从机械行业标准 JB/T 8018.3—1999《机床夹具零件及部件　调整 V 形块》中查得，但 T 必须计算。

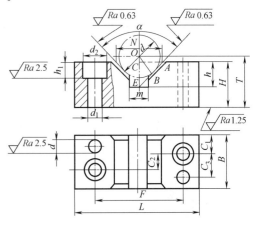

图 5-15 V 形块的结构尺寸

图 5-16 所示为常用 V 形块的结构。其中，图（a）用于短的精定位基面；图（b）用于粗基面和阶梯定位面；图（c）用于较长的精基面和相距较远的两个定位基准面。V 形块不一定采用整体结构的钢，可在铸铁底座上镶嵌淬硬支承板或硬质合金板，如图 5-16（d）所示。

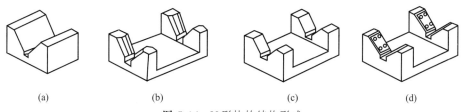

| (a) | (b) | (c) | (d) |

图 5-16 V 形块的结构形式

V 形块有活动式和固定式之分。活动 V 形块的应用如图 5-17（a）所示加工轴承座孔的定位方式，活动 V 形块除限制一个自由度外，同时还有夹紧作用。图 5-17（b）所示 V 形块只起定位作用，限制工件一个自由度。固定 V 形块与夹具体的连接，一般采用两个定位销和 2～4 个螺钉，定位销孔在装配时调整好位置后与夹具体一起配钻、配铰，然后打入定位销。

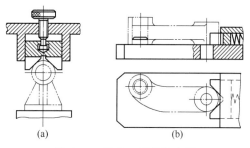

图 5-17 活动 V 形块的应用

V 形块既能用于精基面，又能用于粗基面；能用于完整的圆柱面，也能用于局部的圆柱面；而且具有对中性好的特点，活动 V 形块还可兼作夹紧元件。因此当工件以外圆定位时，V 形块是应用得最多的定位元件。

（2）定位套

图 5-18 所示为常用的几种定位套，其内孔表面是定位工作面。通常，定位套的圆柱面与端面结合定位，限制工件五个自由度。当用端面作为主要定位基面时，应控制长度，以免过定位而在夹紧时使工件产生不允许的变形。这种定位方式是间隙配合的中心定位，故对定位基面的精度要求也较严格，通常取轴颈精度 IT7、IT8，表面粗糙度 Ra 小于 $0.8\mu m$。定位套结构简单，制造容易，但定心精度不高，常用于小型、形状简单零件的定位。此外，还有自动定心和夹紧的弹性薄壁套对外圆表面定位。

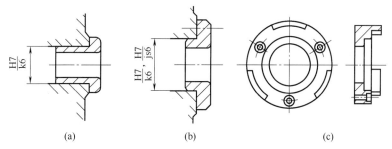

| (a) | (b) | (c) |

图 5-18 常用定位套

（3）半圆套

如图 5-19 所示，下面的半圆套是定位元件，上面的半圆套起夹紧作用。这种定位方式主要用于大型轴类零件及不便于轴向装夹的零件。定位基面的精度不低于 IT9～IT8，半圆套的最小内径应取工件定位基面的最大值。

(4) 圆锥套

图 5-20 所示为常用的反顶尖,由顶尖体 1、螺钉 2 和圆锥套 3 组成。工件以圆柱面的端部在圆锥孔中定位,锥孔中有齿纹,以带动工件旋转。顶尖体 1 的锥柄部分插入机床主轴孔中,螺钉 2 用来传递转矩。

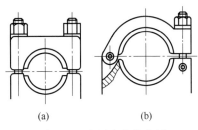

图 5-19　半圆套定位装置

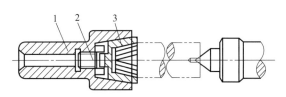

图 5-20　工件在圆锥套中定位

(5) 三小圆柱定外圆

图 5-21 所示是采用三点决定一个圆的基本原理设计的特殊外圆定位装置,具有操作方便、接触面积小等特点。对于有磁力的工件吸力小,装夹轻松容易。

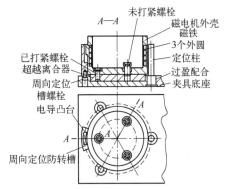

图 5-21　三个外圆柱定工件外圆

5.2.3　内孔定位与定位元件

工件以内孔表面作为定位基面时常用的定位元件介绍如下。

(1) 圆柱销 (定位销)

图 5-22 所示为常用定位销结构。当定位销直径 D 小于 3～10mm 时,为避免使用中折断或热处理时淬裂,通常将根部制成圆角 R。夹具体上应有沉孔,使定位销的圆角部分沉入孔内而不影响定位。

大批大量生产时,为了便于定位销的更换,可采用如图 5-22(d) 所示的带有衬套的结构形式。为了便于工件装入,定位销头部有 15°的倒角。此时衬套的外径与夹具体底孔采用 H7/h6 或 H7/r6 配合,而内径与定位销外径采用 H7/h6 或 H7/h5 配合。

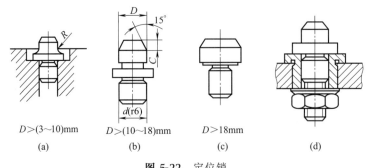

$D>(3～10)\text{mm}$　　$D>(10～18)\text{mm}$　　$D>18\text{mm}$
(a)　　　　　　(b)　　　　　　(c)　　　　　　(d)

图 5-22　定位销

(2) 圆柱心轴

圆柱心轴在很多工厂中有自己的厂标。图 5-23 所示为常用心轴的结构形式。图 5-23

（a）所示为间隙配合心轴。心轴的圆柱配合面一般按 h6、g6 或 f7 制造，装卸工件方便，但定心精度不高。为减少因配合间隙而造成的工件倾斜，工件常以孔和端面联合定位，因而工件定位孔与定位端面之间、心轴定位圆柱面与定位平面之间都有较高的垂直度要求，最好能在一次装夹中加工出来。图 5-23（b）所示为过盈配合心轴，由引导部分、工作部分、传动部分组成。图 5-23（c）所示是花键心轴，用于加工以花键孔定位的工件。当工件定位孔的长径比 $L/d>1$ 时，工作部分可稍带锥度。心轴在机床上的装夹如图 5-24 所示。

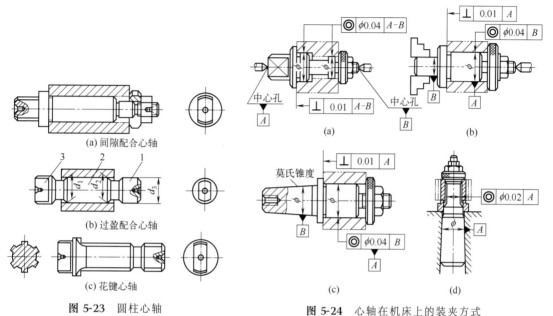

图 5-23　圆柱心轴

1—引导部分；2—工作部分；3—传动部分

图 5-24　心轴在机床上的装夹方式

（3）圆锥销

图 5-25 所示为工件以圆孔在圆锥销上定位，它限制了工件的 X、Y、Z 三个移动自由度。其中图（a）所示用于粗定位基面，图（b）所示用于精定位基面。工件在单个定位销上定位容易倾斜，为此圆锥销一般与其他元件组合定位。

（4）圆锥心轴（小锥度心轴）

如图 5-26 所示，工件在锥度心轴上定位，并靠工件定位基准孔与心轴工作圆锥表面的弹性变形夹紧工件，这种定位方式的定心精度较高，可达 $\phi0.02\sim0.01$mm，但工件轴向位移误差较大，适用于工件定位孔精度不低于 IT7 的精车和磨削，但不能作为轴向定位加工

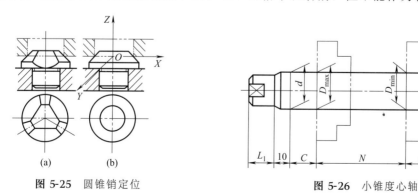

图 5-25　圆锥销定位

图 5-26　小锥度心轴

端面等有轴向尺寸精度的工件。为保证心轴有足够的刚度，心轴的长径比 $L/d > 8$ 时，应将工件按定位孔的公差范围分为 2～3 组，每组设计一根心轴。

5.2.4 组合定位

工件以多个定位基准组合定位是很常见的。它们可以是平面、外圆柱面、内圆柱面、圆锥面等的各种组合。工件组合定位时，应注意下列问题。

① 合理选择定位元件，实现工件的完全定位或不完全定位。不能发生欠定位、过定位。

② 按基准重合原则选择定位基准。首先确定主要定位基准，然后再确定其他定位基准。

③ 组合定位中，一些定位元件原单独使用时限制沿坐标轴方向的自由度，而在组合定位时则转化为限制绕坐标轴方向的自由度。

④ 从多种定位方案中选择定位元件时，应特别注意定位元件所限制的自由度与加工精度的关系，以满足加工要求。

最常见的组合定位是工件以一面两孔定位，即夹具上的"一面双销"定位。在加工箱体、支架类零件时（图 5-27），常用工件的一面两孔定位，以使基准统一。若工件上无定位孔，需专门加工两个定位工艺孔，这种定位方式所采用的定位元件为支承板、定位销和菱形销。

工件是以平面作主要定位基准，用支承板限制工件的三个自由度（X、Y 转动和 Z 移动）；其中一孔用定位销定心定位，限制工件的两个自由度（X、Y 移动）；另一孔仅消除工件的一个自由度（Z 转动）。菱形销作为防转支承，其布置应使长轴方向与两销的中心连线相垂直，并应正确选择菱形销直径的基本尺寸和经削边后圆柱部分的宽度。

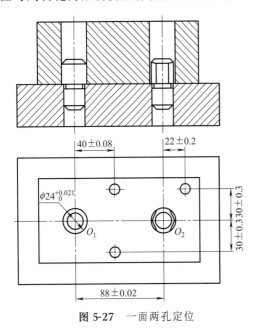

图 5-27 一面两孔定位

5.3 夹紧原理与装置

5.3.1 夹紧装置的组成及设计要求

(1) 夹紧装置的组成

在机械加工前，工件在夹具的定位元件上获得正确位置之后，还必须在夹具上设置夹紧机构将工件夹紧，以保证工件在加工过程中不致因受到切削力、惯性力、离心力或重力等外力作用而产生位置偏移和振动，并保持已由定位元件所确定的加工位置。由此可见，夹紧机构在夹具中占有重要地位。

夹紧装置分为手动夹紧和机动夹紧两类。根据结构特点和功用，典型夹紧装置由三部分组成（图 5-28）。

① 力源装置。它是产生夹紧力的装置，通常是指动力夹紧时所用的气压装置、液压装

置、电动装置、磁力装置、真空装置等。图 5-28 中的气缸 1，便是动力夹紧中的一种气压装置。手动夹紧时的力源由人力保证，它没有力源装置。

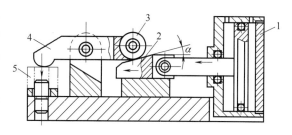

图 5-28 夹紧装置的组成
1—气缸；2—斜楔；3—滚子；4—压板；5—工件

② 中间传力机构。它是介于力源和夹紧元件之间的机构。通过它将力源产生的夹紧力传给夹紧元件，然后由夹紧元件最终完成对工件的夹紧。一般中间传力机构可以在传递夹紧力的过程中，改变夹紧力的方向和大小，并根据需要亦可具有一定的自锁性能。图 5-28 中的斜楔 2，便是中间传力机构。

③ 夹紧元件。它是实现夹紧的最终执行元件。通过它和工件直接接触而完成夹紧工件，如图 5-28 中的压板。

对于手动夹紧装置而言，夹紧机构由中间传力机构和夹紧元件所组成。

(2) 夹紧装置的设计要求

夹紧装置设计的好坏，不仅关系到工件的加工质量，而且对提高生产效率、降低加工成本以及创造良好的工作条件等诸方面都有很大的影响。所以设计的夹紧装置应满足下列基本要求：

① 夹紧过程中，不改变工件定位后占据的正确位置。

② 夹紧力的大小要可靠和适当，既要保证工件在整个加工过程中位置稳定不变，振动小，又要使工件不产生过大的夹紧变形。

③ 夹紧装置的自动化和复杂程度应与生产纲领相适应，在保证生产率的前提下，其结构要力求简单，以便于制造和维修。

④ 夹紧装置的操作应当方便、安全、省力。

5.3.2 夹紧力三要素的确定

夹紧力的概念是由力的大小、方向和作用点（数量和位置）三个要素体现的，它们对夹紧机构的设计起着决定性的作用。在设计夹紧装置时，首先要确定的就是夹紧力的三要素，然后进一步选择适当的传力方式，并具体设计合理的夹紧机构。

(1) 夹紧力方向的确定

在实际生产中，尽管工件的装夹方式各式各样，但对夹紧力作用方向的选择必须考虑下面几点：

① 夹紧力的作用方向应不破坏工件定位的准确性和可靠性。要达到这条要求，夹紧力的方向应朝向主要定位基准，把工件压向定位元件的主要定位表面上。如图 5-29 所示直角支座镗孔，要求孔与 A 面垂直，故应以 A 面为主要定位基准，且夹紧力方向与之垂直，则较容易保证质量。反之，若压向 B 面，当工件 A、B 两面有垂直度误差时，就会使孔不垂

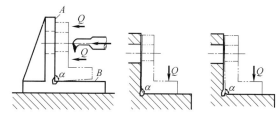

图 5-29 夹紧力方向对镗孔垂直度的影响

直于 A 面而可能报废。

②夹紧力方向应使工件变形尽可能小。工件在不同方向上刚度是不等的；不同的受力表面也因其接触面积大小而变形各异。尤其在夹压薄壁零件时更需注意，如图 5-30 所示套筒，用三爪自动卡盘夹紧外圆，显然比用特制螺母从轴向夹紧工件的变形要大。

③夹紧力方向应使所需夹紧力尽可能小。在保证夹紧可靠的情况下，减小夹紧力可以减轻工人的劳动强度，提高生产效率，同时可以使机构轻便、紧凑并减少工件变形。为此，应使夹紧力 Q 的方向最好与切削力 F、工件的重力 G 的方向重合，这时所需要的夹紧力为最小。如图 5-31 所示在钻床上钻孔的情况，即为 Q、F、G 三力方向重合的理想情况。一般在定位与夹紧同时考虑时，F、G、Q 三力的方向与大小也要同时考虑。

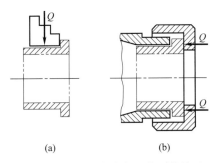

图 5-30　夹紧力方向与工件刚性关系

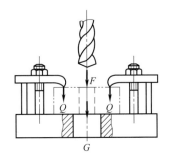

图 5-31　钻孔时夹紧力方向与
切削力、重力方向的关系

图 5-32 所示为 F、Q 和 G 三力方向之间关系的几种情况。显然，图（a）最合理，图（f）情况最差。

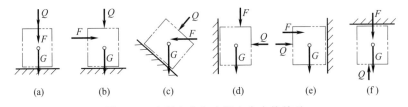

图 5-32　夹紧方向与夹紧力大小的关系

（2）夹紧力作用点的选择

夹紧力作用点是指夹紧件与工件接触的一小块面积。选择作用点是指在夹紧方向已定的情况下确定夹紧力作用点的位置和数目。合理选择夹紧力作用点必须注意以下几点：

①夹紧力应落在支承元件上或几个支承元件所形成的支承面内。如图 5-33（a）中，夹紧力作用在支承面范围之外，会使工件倾斜或移动，而图（b）则是合理的。

②夹紧力作用点应落在工件刚性较好的部位上。这对刚性较差的工件尤其重要，如图 5-34 中将作用点由中间的单点改成两旁的两点夹紧，变形大为改善，且夹紧也较可靠。

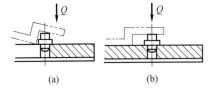

图 5-33　夹紧力作用点应在支承面内

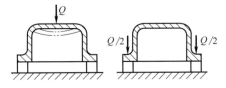

图 5-34　夹紧力作用点应在刚性较好部位

③ 夹紧力作用点应尽可能靠近被加工表面以减小切削力对工件造成的翻转力矩。必要时应在工件刚性差的部位增加辅助支承并施加夹紧力，以免振动和变形。如图 5-35 所示，支承 a 尽量靠近被加工表面，同时给予夹紧力 Q_2。这样翻转力矩小又增加了工件的刚度，既保证了定位夹紧的可靠性，又减小振动和变形。

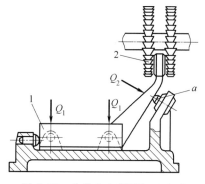

图 5-35 夹紧力应靠近加工表面
1—工件；2—铣刀

(3) 夹紧力大小的确定

夹紧力大小要适当，过大了会使工件变形，过小了则在加工时工件会松动造成报废甚至发生事故。

采用手动夹紧时，可凭人力来控制夹紧力的大小，一般不需要算出所需夹紧力的确切数值，只是必要时进行概略的估算。

当设计机动（如气动、液压、电动等）夹紧装置时，则需要计算夹紧力的大小，以便确定动力部件的尺寸（如气缸、活塞的直径等）。

计算夹紧力时，一般根据切削原理的公式求出切削力的大小，必要时算出惯性力、离心力的大小，然后与工件重力及待求的夹紧力组成静平衡力系，列出平衡方程式，即可算出理论夹紧力，再乘以安全系数 K，作为所需的实际夹紧力。K 值在粗加工时取 2.5～3，精加工时取 1.5～2。

夹紧力三要素的确定，实际上是一个综合性问题，必须全面考虑工件的结构特点、工艺方法、定位元件的结构和布置等多种因素，才能最后确定并具体设计出较为理想的夹紧机构。

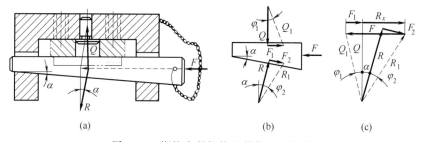

(a) (b) (c)

图 5-36 楔块夹紧机构及其作用力分析

5.3.3 典型夹紧施力机构/装置

在夹紧机构中，绝大多数都是利用机械摩擦的斜面自锁原理来夹紧工件的。在斜面自锁机构中，最基本的形式就是楔块。

(1) 楔块夹紧机构

图 5-36 所示为楔块夹紧钻具。以 F 力将楔块按图示方向推入工件和夹具体之间，这时 F 力按力的分解原理在楔块的两侧面上产生两个扩大的分力，即夹紧工件的夹紧力 Q 和对夹具体的压力 R，从而将工件夹紧。

楔块所产生的夹紧力 Q 的大小，可根据图 5-36（b）进行受力分析和计算。在夹紧状态下，F、Q 及 R 必须平衡。根据力学分析，$\varphi_1 \geqslant \alpha - \varphi_2$，即 $\alpha \leqslant \varphi_1 + \varphi_2$ 为斜楔夹紧的自锁条件。

一般钢与铁的摩擦因数在 $0.1\sim0.15$ 之间，取 $\varphi_1=\varphi_2=\varphi=5°\sim7°$，故 $\alpha\leqslant(10°\sim14°)$。通常为了可靠，取 $\alpha=5°\sim7°$。

楔块夹紧的特点：

① 楔块结构简单，有增力作用。一般扩力比 $i_p=Q/F\approx3$，α 愈小，则增力作用愈大。

② 楔块夹紧行程小，且受楔块升角 α 影响。增大 α 可加大行程，但自锁性能变差。

③ 夹紧和松开要敲击大、小端，操作不方便。

为了既夹紧迅速又自锁可靠，将斜面由两部分组成，前部大升角（$\alpha=30°\sim40°$）用于夹紧前的快速行程，后部分小升角（$\alpha=5°\sim10°$）用来夹紧和自锁。

楔块一般用 20 钢渗碳，淬硬 $50\sim55$HRC。

（2）螺旋夹紧机构

将楔块的斜面绕在圆柱体上就成为螺旋面，因此螺旋夹紧的原理与楔块夹紧相似。螺旋

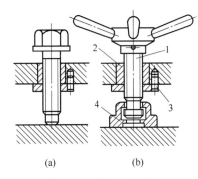

图 5-37 螺杆夹紧机构
1—螺杆；2—螺母套；3—止动销；4—压块

夹紧机构具有增力大、自锁性能好两大特点，在手动夹紧时使用极为普遍。

螺钉夹紧机构的主要元件有螺杆、压块、手柄等，如图 5-37 所示。螺钉夹紧机构的主要元件已经标准化，在夹具设计手册中可查得。

实际生产中，螺杆-压板夹紧机构在手动操作时用得比单螺旋夹紧更为普遍。图 5-38 所示为较典型的三种，所产生的夹紧力按照杠杆原理可知是不一样的。图（a）的扩力比最低，$i_p=1/2$；图（c）的 $i_p=2$；图（b）的 $i_p=1$。故设计这类夹具时，要注意合理布置杠杆比例，寻求最省力、最方便的方案。

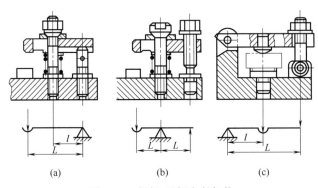

图 5-38 螺杆-压板夹紧机构

（3）偏心夹紧机构

螺旋夹紧的主要缺点是装卸工件的辅助时间太长，而偏心夹紧则是一种快速的夹紧机构。常用的有圆偏心和曲线偏心两种。圆偏心外形为圆，制造方便，应用最广。两种偏心夹紧原理基本相同，所以着重讨论圆偏心夹紧机构。

① 圆偏心的夹紧原理。由图 5-39 可知，偏心轮可以看作一个绕在转轴上的弧形楔（图中径向影线部分）。将偏心轮廓线展开，$\overset{\frown}{mk}$ 半圆作底边，高为 $\overline{kn}=2e$，$\overset{\frown}{mPn}$ 为斜边，因此圆偏心实质是一曲线斜楔，夹紧的最大行程为 $2e$（e 为偏心距）。由图（b）可以看出，升角 α 随转动角度而变化：在 m、n 两点之间的 $180°$ 圆周上，P 点附近的升角最大并向两端逐渐

减小，至 m、n 两点升角为零。由图（a）看出，若用 P 点夹紧工件，P 点升角最大则夹紧力最小，但 P 点附近升角变化缓慢，夹紧力平稳、可靠。

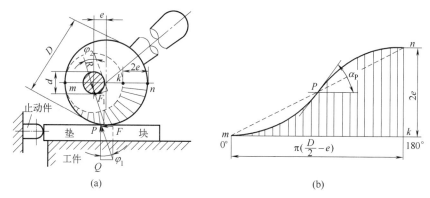

图 5-39　圆偏心夹紧原理及偏心升角的变化

　　② 偏心夹紧机构的应用。偏心夹紧机构的应用很普遍。如图 5-40 和图 5-41 所示就是偏心轮和偏心轴的典型应用。

　　偏心夹紧的主要优点是操作迅速，结构简单；其缺点是工作行程小，自锁性不如螺旋夹紧好，它不适用于振动大的工序。由于偏心轮带手柄，所以在旋转的夹具上不允许用偏心夹紧机构。

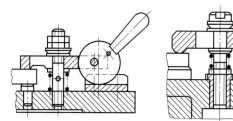

图 5-40　偏心轮压板夹紧机构

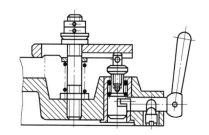

图 5-41　偏心轴压板夹紧机构

（4）多位（联动）夹紧机构

　　在夹紧机构设计中，有时需要同时有几个点对某个工件夹紧，有时需要同时夹紧几个工件。为了减少工件装夹时间，提高生产率，往往设计多位夹紧机构，即联动机构。多位夹紧机构是操作一个手柄或用一个动力装置在几个夹紧位置上同时夹紧一个工件（单件多位夹紧）或夹紧几个工件（多件多位夹紧）的夹紧机构。按夹紧过程的不同，多位夹紧机构可分为平行、先后与平行、先后多位夹紧三种结构形式。

　　1）单件多位夹紧机构

　　图 5-42 所示为单件多位夹紧机构。它利用一种联动机构，能同时从各方向上均匀夹紧工件，而各部位夹紧力可以互相协调一致，可以大大提高生产率。

　　2）多件多位夹紧机构

　　由于工序设计提出要求，要在一个工序上同时加工许多工件，使用的夹具必须能同时将许多工件夹紧。图 5-43（a）和（b）表示平行多位夹紧机构，图（c）为先后依次多件多位夹紧机构。

　　不论是平行多位还是先后多位，都必须保证每个工件的夹紧力 q 满足实际的要求而且

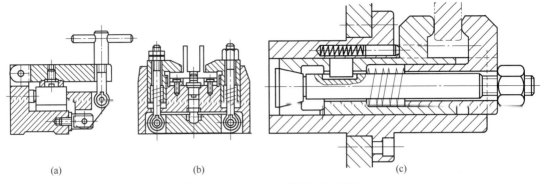

图 5-42　单件多位 (联动) 夹紧机构

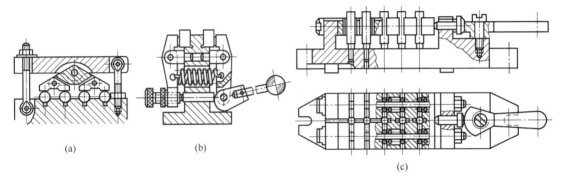

图 5-43　多件多位 (联动) 夹紧机构

要稳定可靠，因此工件的数量要适当。夹紧方向、定位误差方向以及工序尺寸方向要合理配置，以避免夹紧时定位的累积误差对工序尺寸造成影响。图（c）的情况只适用于被加工表面与夹紧方向平行。如各工件铣中间开口槽，开槽的方向与夹紧方向要平行一致，这样工件定位时在夹紧方向上的累积误差对工件的工序尺寸（垂直于夹紧方向）就不会有影响。

　　3）设计多位（联动）夹紧机构时应注意的问题

　　① 多位（联动）夹紧机构必须能同时且均匀地夹紧工件。由于工件和夹紧件都有制造公差，且夹紧件在使用后会产生磨损，因此工件定位后各夹紧部位就有位置差别，用一个刚性夹紧件一次同时夹紧各部位或各工件是不可能的。如图 5-43（a）所示就有两个工件夹不住，必须改为图（c）的浮动压板，四个工件才能均匀夹紧。

　　为保证实现多位夹紧，需采取下列措施：

　　a. 各夹紧件之间要能联动或浮动，如图 5-44 和图 5-45 所示。

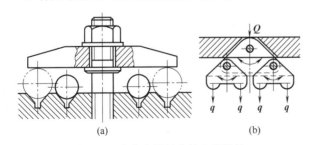

图 5-44　多位夹紧机构的合理设计

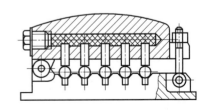

图 5-45　用液性塑料自动调节夹紧力

b. 夹紧件或传力件应设计成可调节的，以便适应工件公差和夹紧件的磨损。如图 5-43（b）中，调节螺钉就是此用。图 5-45 是用液性塑料自动调节夹紧力来适应工件尺寸变化的。

c. 既要保证能同时夹紧，也要保证能同时松开。前述各种多位机构中的弹簧都是用来松脱夹紧件的。

② 保证每个工件都有足够的夹紧力，如图 5-45 所示。

③ 夹紧件和传力件要有足够的刚性，保证传力均匀。

5.3.4　自动定心夹紧机构

(1) 定心夹紧机构的工作原理

当回转体工件要求内/外圆同轴线或开槽的工件有对称度要求时，常采用定心夹紧机构来装夹工件，三爪定心卡盘就是常用的一种。

定心夹紧机构是指能保证工件的对称点（或对称线、面）在夹紧过程中始终处于固定准确位置的夹紧机构。它的特点是：夹紧机构的定位元件与夹紧元件合为一体，并且定位和夹紧动作是同时进行的。由于定位夹紧元件能同时相对而动，因而可使工件的偏差均分，以达到消除工件定位基准尺寸误差的影响。在理论上似乎是定心误差为零，但在实际上，由于该装置的制造误差、使用中的不均匀磨损和变形等，所以总会产生一定的定心误差。

为了能满足这种对中（即同轴度、位置度和对称度等）的技术要求，工件的定位基准面就应具备对称的外形。

因此，定心夹紧机构的种类虽多，但就其工作原理而言，仅有较大距离的等速移动原理和小间隙的均匀弹性变形原理两种基本类型。

(2) 基于等速移动原理的定心夹紧机构

按定位/夹紧元件的等速移动原理来实现定心对中夹紧的有螺旋式、斜楔-滑柱式、偏心式等常见定心夹紧机构，以下介绍它们的应用。

1) 螺旋式定心夹紧机构

该装置利用螺旋机构带动几个定心夹紧件，以同时等速地靠近或离开工件，来实现对工件的定心、夹紧或松开。三爪自定心卡盘就是利用盘形螺旋槽机构的典型实例。

图 5-46 所示是利用螺杆螺母传动的自动定心装置，当转动支承在叉形件 4 上的螺杆 3 时，螺杆两端的左、右螺纹（螺距相等）就使螺母和固定在其上的 V 形架 1、2 等速地接近或分开，从而使工件得以定心夹紧或松开。四个螺钉 5 是用来调整该螺旋机构在夹具体上的位置的。

螺旋自动定心装置的特点是：结构简单、工作行程大、通用性好，但定心精度不高，一

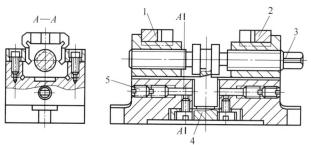

图 5-46　螺旋定心装置
1,2—V 形架；3—螺杆；4—叉形件；5—螺钉

般为 0.05~0.1mm。这主要是由于螺旋机构的制造误差、支承间的配合间隙、调整误差以及不均匀磨损等所致。因此，该装置适用于需要行程大而定心精度要求不太高的工件。

2）斜楔式定心夹紧机构

它是利用能做轴向移动的斜面，当移动时可以同时径向地推动几个卡爪来胀紧工件的定位基准，从而使工件得到定心并夹紧的装置。

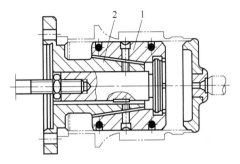

图 5-47 机动爪式自动定心装置
1—卡爪；2—本体

图 5-47 所示是机动的爪式自动定心夹紧机构。当拉杆向左拉动时，带动卡爪 1 沿本体 2 上斜面移动的同时径向胀开，而将工件定心夹紧。反之，在回复弹簧作用下，卡爪沿斜面右移，松开工件。

3）偏心式自动定心夹紧机构

偏心式自动定心装置是利用机构中带有偏心型面的零件，在转动时将定位夹紧件移近或分开，从而将工件定心并夹紧。

图 5-48 是这种装置的原理图。图（a）是对工件外表面进行定心夹紧的原理图。转动具有偏心槽的圆盘 2，偏心槽通过滑块 1 上的销子迫使两滑块左右移动，从而使工件定心夹紧或松开。为保证自锁，偏心槽的升角应小于 5°。图（b）是利用切削力使工件得到自动定心及夹紧的原理图，其偏心型面，可以是偏心的圆柱面或其他曲面，也可以是端面凸轮结构。

图 5-49 所示是偏心式三滚棒自动定心心轴。其夹紧原理类似于超越（单向）离合器。

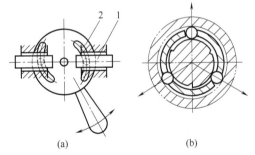

图 5-48 偏心式自动定心装置原理图
1—滑块；2—圆盘

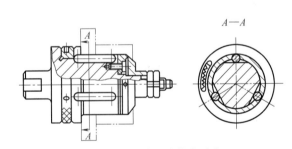

图 5-49 偏心式三滚柱自动定心

偏心式自动定心装置的定心精度，主要取决于偏心型面的精度。此类装置的定心精度一般可达 0.02~0.07mm，使用中虽然工作行程短，但操作时动作快，可用于定心精度要求不高的工序中。

（3）基于均匀弹性变形原理的定心夹紧机构

按定位-夹紧元件均匀弹性变形原理来实现定心夹紧的机构有弹簧夹筒、膜片卡盘、碟形弹簧片夹具及液性塑料定心夹紧机构等。

1）弹簧夹筒

该装置是利用弹簧夹筒的弹性变形将工件定心并夹紧的。如图 5-50 所示，转动螺钉 3 就使锥体 2 向左移动，从而使弹簧夹筒 1 张开而将工件定心夹紧。

弹簧夹筒是该装置的主要元件，其构造形式是各式各样的。图 5-51 所示仅是几种常用的夹筒构造，其中图（a）、（c）用于以外圆柱面作定位基准的工件，图（b）用于以长内孔作定位基准的工件，图（d）用于以短圆柱面和端面作定位基准的工件。

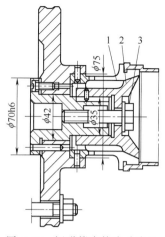

图 5-50　短弹簧夹筒磨孔夹具
1—弹簧夹筒；2—锥体；3—螺钉

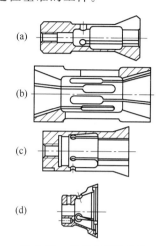

图 5-51　弹簧夹筒的构造

弹簧夹筒的材料，对小型的常用 T7A、T8A，大型的可用 65Mn、15CrA 或 12CrNi3A。

夹筒和锥套之间的配合锥面常用锥角为 30°。为了减少锥面磨损并考虑其接触情况，可根据情况将其二者之一的锥角增大或减小 1°，工件才能夹持牢固。

弹簧夹筒定心夹紧机构，定心精度一般随定位基准精度的高低而变化，对 IT9～IT7 精度的定位基准，它的定位精度一般可达 0.05～0.1mm，并且结构紧凑，操作方便，不易夹伤工件表面，但弹簧夹筒有易变形的缺点，故应用于工件的定位表面有较高精度要求的工件。

2）弹性膜片定心夹紧机构

膜片卡盘的工作原理如图 5-52 所示。膜片 1 与夹具体相连，当杆 3 推动整体的膜片 1 时，膜片发生弹性变形使卡爪 5 张开，如图（a）所示。装入工件后，退回杆 3，依靠膜片的弹力使工件得以定心并夹紧，如图（b）所示。应用如图 5-53 所示。膜片卡盘的优点有：

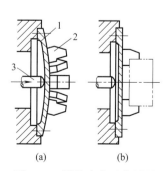

图 5-52　膜片卡盘工作原理
1—膜片；2—卡爪；3—杆

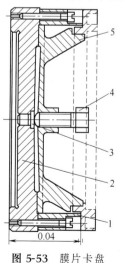

图 5-53　膜片卡盘
1—膜片；2—卡盘座；3—杆；4—螺钉；5—卡爪

①精度高，如调整适当，可保证定心精度达 0.005～0.01mm。②生产率高，操作简单，使用方便，辅助时间大为减少。③设计、制造、装配简单，可调节的膜片卡盘还可以用在一定尺寸范围的工件。

3）碟形弹簧片定心夹紧机构

这种装置的工作部分是成组的弹簧片。当这种弹簧片受到轴向压缩时，外径就胀大。内径则缩小，从而使工件定心夹紧。图 5-54 所示就是这种装置的构造。在图（a）中，转动加压螺钉，使左右两组碟形弹簧片同时受压，外径胀大，从而将工件定心夹紧。图（b）所示的结构是为了提高定心精度和防止划伤工件的基准面，而在弹簧片外圆上套一个薄壁套筒，通过套筒的变形来使工件定心夹紧。从图上可以看到，当拉杆向左移动时，滚珠则径向外移，经两个滑套同时压缩左右两组碟形弹簧片，使之受压变平，迫使薄壁套筒外胀，而将工件定心夹紧。碟形弹簧片一般用 60Si2A 钢板冲压制成，热处理后硬度 34～37HRC。

4）液性塑料定心夹紧装置

该装置是利用液性塑料受压后，等压力传递使薄壁套筒产生弹性胀大或缩小的变形，而将工件定心并夹紧的。其定心精度一般为 0.005～0.01mm，高者可达 0.002mm，而且结构紧凑、操作方便，所以得到广泛应用。

图 5-55 所示是一种典型的液性塑料自动定心装置，在本体 1 中压配着一个薄壁弹性套筒 6。在本体和套筒之间的空腔中注满了液性塑料 7。当转动螺钉 2 时，柱塞 3 就挤压液性塑料，密闭容腔中的液性塑料将其压强均匀地传递到各个方向上。因此，薄壁弹性套筒 6 的薄壁部分便产生弹性变形，从而使工件定心并夹紧。当松开螺钉 2 后，薄壁套筒则因弹性恢复而将工件松开。螺钉 4 和堵头 5 是在浇注塑料后堵塞其出气口用的。

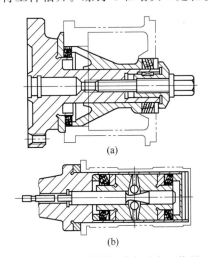

图 5-54 碟形弹簧片式自动定心装置

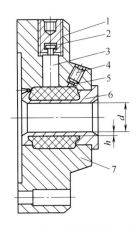

图 5-55 液性塑料自动定心装置

1—本体；2,4—螺钉；3—柱塞；5—堵头；

6—薄壁弹性套筒；7—液性塑料

薄壁套筒是液性塑料夹具的主要构件。由于其弹性变形量的限制，故要求在工件定位基准有较高的精度（IT8～IT6）的情况下，才能采用这种定心夹紧机构。

5.3.5 机动夹紧装置

手动夹紧机构使用时比较费时费力，为了改善劳动条件和提高生产率，目前在大批量生产中均用气动、液压、气-液、电磁、真空等机动夹紧装置，来代替人力夹紧。液压、气动等作为动力装置的原理在以往的课程中有较多讲授，此处仅仅介绍电磁和真空夹紧原理。

(1) 电磁夹紧装置

电磁夹紧装置也叫电磁工作台或电磁吸盘，一般都是作为机床附件的通用夹具。图 5-56 所示为车床用感应式电磁卡盘。当线圈 1 通上直流电后，在铁芯 2 上产生磁力线，避开隔磁体 5 使磁力线通过工件和导磁体定位件 6 形成闭合回路（如图中虚线），工件被磁力吸在盘面上。断电后，磁力消失，取下工件。

(2) 真空夹紧装置

真空夹紧装置的工作原理是利用大气压力和封闭空腔内气压之差来吸紧工件的。如图 5-57 所示，夹具体 A 上加工出密封槽并装有橡胶密封圈 B，工件放在密封圈 B 上则与夹具体之间形成封闭空腔。再通过孔道，由真空泵将空腔抽为真空，工件就被空腔内外压力差均匀地吸在夹具体台面上。

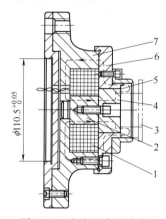

图 5-56 车床用电磁卡盘

1—线圈；2—铁芯；3—工件；4,6—导磁
体定位件；5—隔磁体；7—夹具体

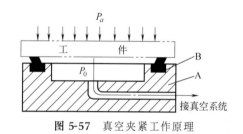

图 5-57 真空夹紧工作原理

真空夹具适用于铜、铝、不锈钢等无磁性材料及非金属材料薄板件的加工。

5.4 各类机床夹具典型结构示例

5.4.1 钻床夹具

钻床夹具是指用来在各种钻床（如台钻、立钻、摇臂钻、多轴钻床等）上进行孔的钻、扩、铰、锪、攻螺纹等加工的机床夹具。这类夹具用一种特殊元件——钻套来引导刀具（钻头、扩孔钻、铰刀）进入正确的加工位置，以保证刀具与工件定位基准间的相互位置精度，所以这类夹具又称为钻模。

钻模是机床夹具中应用最广泛的一种夹具。钻模的结构形式很多，按工件的结构形状、大小和钻模的结构特点不同，钻模可分为固定式钻模、回转式钻模、翻转式钻模、复式钻模和滑柱式钻模等多种。

(1) 固定式钻模结构

固定式钻模多为大型钻模，一般在立钻或摇臂钻床上使用，加工工件中较大的孔或轴线相互平行的孔系,钻模需要固定在机床工作台上。钻模在立钻上固定时,首先用装在钻床主轴上的钻头或同直径的心轴插入钻模引导孔内校正其位置,然后将其固定。这样既可以减少钻模引导元件的磨损,又可保证有较高的位置精度。

图 5-58 为固定式钻模的典型结构。工件以一平面、一外圆柱面和一小孔作定位基准,在夹具的定位元件上定位,用螺旋夹紧件通过开口垫圈 2 夹紧工件,钻模板固定在夹具体上,而夹具体则固定在钻床工作台上。

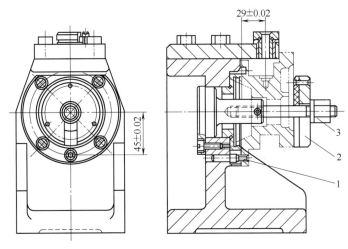

图 5-58　固定式钻模
1—菱形销；2—开口垫圈；3—螺母

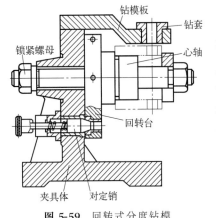

图 5-59　回转式分度钻模

(2) 分度式钻模

分度式钻模用于钻削同一表面上多个有相同要求的孔。分度式钻模由转动部分、固定部分和对定机构等组成。按分度方式的不同,分度式钻模可分为回转式分度钻模和移动式分度钻模。如图 5-59 所示回转式分度钻模,用于加工圆柱形工件上均布的径向孔。松开锁紧螺母,拔出对定销,回转台转位;转到位置后,插好对定销,锁紧锁紧螺母,即可加工另一工位上的孔。

(3) 盖板式钻模

这类钻模没有夹具体,钻模板上除了安装钻套之外,还增加了工件的定位元件和夹紧装置,只要把它覆盖在工件上即可加工。它的特点是结构简单,使用方便,但定位精度不高,且当工件较大时,盖板也会因此较大、较重,为了减轻重量可在盖板上设置加强肋而减小其厚度。盖板式钻模主要用于加工大型工件上的小孔。图 5-60 所示为加工车床溜板箱上多个小孔的盖板式钻模,用圆柱销和削边销在工件的两孔中定位,通过三个支承钉支承在工件表面。钻削的孔小,钻削力矩小,故未设置夹紧装置。

(4) 钻模板

用于装夹钻套的钻模板,是钻床夹具的重要组成部分,按其与夹具体的连接方式可分为固定式、铰链式、分离式和悬挂式等几种。

① 固定式钻模板。如图 5-61 所示,它直接固定在夹具体上,因此钻模板上的钻套相对

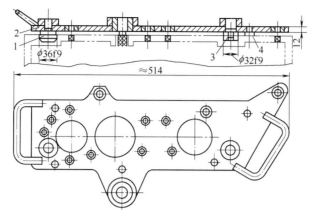

图 5-60　盖板式钻模

1—圆柱销；2—钻模板；3—削边销；4—支承钉

于夹具体是固定的，所以精度较高。由于是固定式结构，对于有些工件的装卸不是很方便。固定式钻模板与夹具体可以采用销钉定位及其螺钉紧固结构。对于简单的钻模，也可采用整体铸造或者焊接结构。

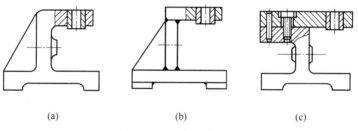

(a)　　　　　　　　(b)　　　　　　　　(c)

图 5-61　固定式钻模板

　　② 铰链式钻模板。如图 5-62 所示，是用铰链装在夹具体上的，因此它可以绕铰链轴翻转。由于铰链孔和轴销之间存在间隙，所以它的加工精度不如固定式钻模板高，但是装卸工件方便。

　　③ 分离式钻模板。如图 5-63 所示，它与夹具体是分离的，而成为一个独立部分。工件在夹具上每装卸一次，钻模板也要装卸一次。用这种钻模板钻孔的精度较高，但是装卸工件的时间长，效率低。图中的（a）、（b）所示为分离式钻模板两种不同的结构。

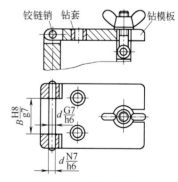

图 5-62　铰链式钻模板

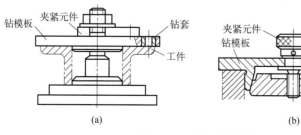

(a)　　　　　　　　　(b)

图 5-63　分离式钻模板

④ 悬挂式钻模板。如图 5-64 所示，钻模板悬挂在机床主轴上，由机床主轴带动而与工件靠紧或离开。它与夹具体的相对位置由滑柱来确定。图中的钻模板悬挂在滑柱上，通过弹簧和横梁与主轴连接。这种钻模板多与组合机床的多轴头联用。

(5) 钻套

钻套（又称导套）是确定刀具位置及方向的元件。它在钻模中的作用是保证被加工孔的位置精度，引导刀具以防止加工时偏斜，改善刀具的刚性，防止加工时振动。

钻套根据其结构的不同可分为：固定钻套、可换钻套、快换钻套和特种钻套四类。

① 固定钻套。图 5-65 (a)、(b) 所示为固定钻套的两种形式，这种钻套的外圆用 H7/n6 或 H7/r6 的过盈配合压入钻模板或夹具体上。这种钻套的缺点是磨损后不易更换。因此主要用于中小批生产的钻模上或用来加工孔距小且孔距精度要求高的孔。

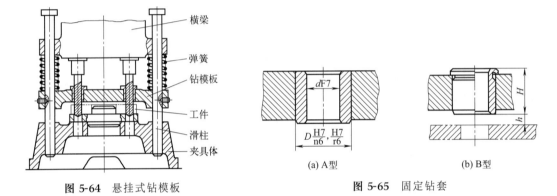

图 5-64　悬挂式钻模板　　　　　　　图 5-65　固定钻套

② 可换钻套。图 5-66 所示为可换钻套，可换钻套外圆用 H6/g5 或 H7/g6 的间隙配合装在衬套孔中，而衬套外圆与钻模板底孔的配合则采用 H7/n6 或 H7/r6 的过盈配合。可换钻套由螺钉固定住，以防止转动。由于钻套外圆与衬套内孔的配合间隙影响，其加工精度不如固定钻套，但钻套磨损后更换方便。

③ 快换钻套。图 5-67 所示为快换钻套。该钻套更换迅速，只要将钻套转动一下即可从钻模板中取出。这种钻套适用于在一个工序中用几种刀具（钻、扩、铰）依次连续加工的情况，广泛地应用于批量生产。

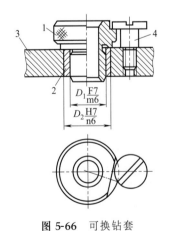

图 5-66　可换钻套

1—可换钻套；2—衬套；3—钻模板；4—螺钉

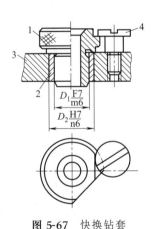

图 5-67　快换钻套

1—可换钻套；2—衬套；3—钻模板；4—螺钉

④ 特种钻套。当工件的结构形状或工序加工条件均不允许采用上述标准钻套时，就应根据具体情况设计各种形式的特种钻套。图 5-68 所示为几种特种钻套的例子。

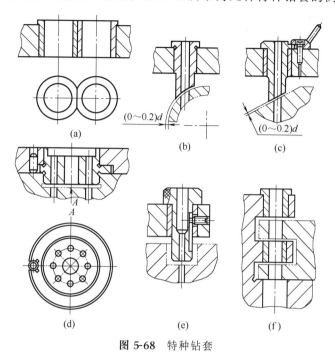

图 5-68 特种钻套

钻套参数如下：

① 钻套内孔基本尺寸等于钻头最大极限尺寸（d，钻头公差 h9）。

② 钻套内孔直径公差一般根据加工精度确定，钻削取 F7 或 F8；粗铰取 G7；精铰取 G6。

③ 钻套的引导高度（H）一般为 $H=(1\sim2.5)d$。对于钻后需要铰削的孔，$H=(2.5\sim3.5)d$。钻套高度越大，其导向性越好，刀具刚度越高。

④ 排屑高度（h）：对于易排屑材料，$h=(0.3\sim0.7)d$；对于不易排屑材料，$h=(0.7\sim1.5)d$。

⑤ 钻套与钻模板的配合，采用小过盈配合 H7/n6 或过盈配合 H7/r6；可换钻套、快换钻套与衬套的配合一般采用小间隙配合或过渡配合，如 H7/g6、F7/m6、H6/g5；衬套与钻模板采用过盈配合 H7/n6、H7/r6。

⑥ 钻套的材料要求硬度高，耐磨性好，如采用 T10A、20 钢淬火或渗碳淬火。

5.4.2 铣床夹具

铣床主要用于加工零件上的平面、沟槽、缺口、花键及各种成形面等。铣削加工的特点是铣刀刀齿多、铣削力大，且不连续切削，在切削过程中常伴随着强烈的冲击和振动。这就要求夹具各部分刚度、强度要高，且应具有良好的自锁性和抗振性；铣床夹具需设对刀元件以减少调刀、换刀的时间；夹具都必须固定在铣床工作台上，安装要稳定、可靠，保证安全生产；夹具在铣床上需定向。

(1) 手动夹紧铣槽夹具

图 5-69 所示夹具为加工连杆上的槽的铣床夹具。工件采用一面两销定位，中心是圆柱

销、45°夹角布置两个削边销。图中 5～9 是螺旋压板夹紧装置，夹具采用了两套夹紧装置分别从两侧压紧工件，以阻止工件在加工过程中因受切削力而产生的移动和振动，夹紧方式为手动夹紧。整个夹具以底面两定向键 3、4 在铣床的 T 形槽内定向，并用螺栓将夹具固定在铣床工作台上；铣削时铣刀的位置调整靠直角对刀块 2 与工件的位置确定，通过铣刀周刃与水平对刀面的对刀，调整铣刀对工件槽深的位置；通过铣刀端面刃与竖直对刀面的对刀，调整铣刀与工件的中心对称位置，保证槽的对称关系。

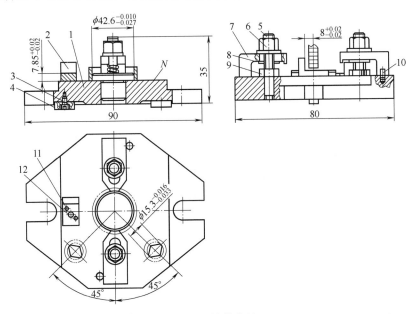

图 5-69 铣槽夹具

1—夹具体；2—对刀块；3，4—定向键；5～9—夹紧装置；10—挡销；11—销钉；12—螺钉；N—基准面

(2) 液压夹紧铣平面夹具

图 5-70（a）所示为铣槽夹具，图 5-70（b）为铣槽工序简图。铣槽工序应保证的精度要求为：工序尺寸 30mm、74mm±0.13mm，以及槽的对称中心面与 ϕ24.7mm 孔的轴线垂直度误差不大于 0.1mm，与 ϕ60.5mm 外圆轴线的对称度误差不大于 0.15mm。

为提高生产率，该夹具一次装夹 6 个工件。工件轴端靠在支承板 4 上，限制其轴向移动自由度，由菱形销 3 限制工件绕轴线转动的自由度，以工件外圆在 V 形块 2 上定位限制余下的四个自由度。工件用螺旋压板夹紧机构夹紧。由定向键 7 确定夹具在机床上的位置，通过直角对刀块 6 确定夹具相对铣刀的位置。夹具上设置有四个吊环螺钉 5，便于夹具的吊装和搬运。

(3) 铣床夹具的设计特点

1）夹具与机床的连接与固定

铣床夹具在铣床工作台上的安装位置直接影响被加工零件的形位精度，因而在设计时必须考虑夹具的安装方法。通常是利用装在夹具体底面的两个定向键与机床工作台上的 T 形槽对定安装，两定位键的距离应力求最大，以提高安装精度，如图 5-71 所示。

定向键有矩形和圆形两种，常用的是矩形定向键，其结构尺寸已标准化，应按铣床工作台的 T 形槽尺寸选定。矩形定向键有两种结构形式：A 型和 B 型。图 5-71（a）所示为 A 型。其宽度按统一尺寸制造（精度 h6 或 h8），用于夹具定向精度不高的场合。图 5-71（b）

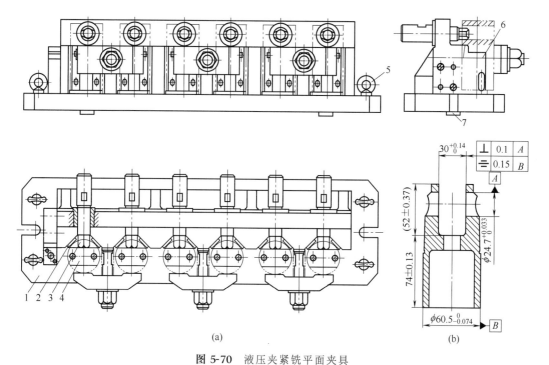

图 5-70 液压夹紧铣平面夹具

1—夹具体；2—V形块；3—菱形销；4—支承板；5—起吊螺钉；6—对刀块；7—定向键

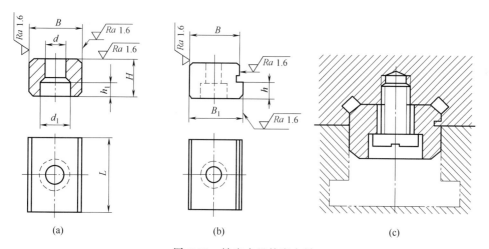

图 5-71 铣床夹具的定向键

所示为 B 型，其侧面开有沟槽，沟槽的上部与夹具体键槽按 H7/h6 或 Js6/h6 配合，沟槽下部尺寸为 B_1，按 h6 或 h8 制造，用于夹具定向精度较高的场合。

对安装精度要求高的夹具，通常不采用定向键，而是在夹具体的一侧设置一个找正基面，通过找正方式安装。

铣床夹具用定向键定向后，再用 T 形螺栓将夹具体紧固在工作台上，所以在夹具体上还需要提供至少两个穿 T 形螺栓的耳座。

2）对刀装置的设计

铣床夹具还要有调整铣刀与夹具的相对位置的对刀装置。调整的方法有试切削调整、标准件调整和对刀装置调整，其中对刀装置调整应用广泛、方便。

对刀装置由对刀块和塞尺等组成。对刀块的结构取决于加工表面的形状，其中，平面对刀块的结构已标准化［图 5-72（a）和（b）所示为单面对刀块，图 5-72（c）和（d）所示为双面对刀块］，也可根据夹具的具体结构自行设计。

常用的塞尺有平塞尺和圆柱塞尺两种，均已标准化。平塞尺常用的厚度有 1mm、3mm 和 5mm。圆柱塞尺常用的直径有 ϕ3mm 和 ϕ5mm，一般用于曲面对刀或成形对刀的场合。

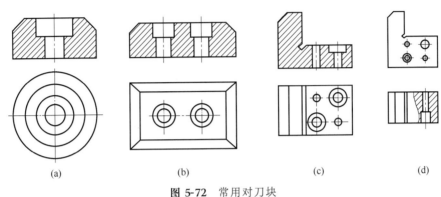

图 5-72　常用对刀块

对刀的方法是：缓慢移动刀具靠近对刀块，在对刀面与铣刀之间塞入塞尺，感受对刀面、塞尺、铣刀之间的间隙，塞尺刚好通过时，即到达铣刀的设计位置，如图 5-73 所示。

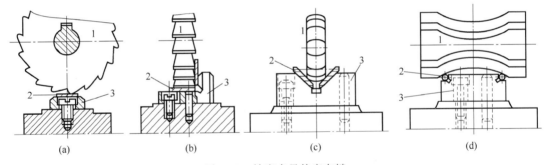

图 5-73　铣床夹具的定向键

1—铣刀；2—对刀块；3—夹具体

3）铣床夹具的定位夹紧装置及其他结构特点

铣削加工是多刃切削，切削力大，易产生振动，所以，铣床夹具必须保证工件定位的稳定性。铣床夹具的其他结构特点如下。

① 定位面尽量大一些，必要时可采用辅助支承以增加工件的刚度。

② 夹紧装置应具有足够的夹紧力和良好的自锁性能，施力作用点尽量靠近加工面。

③ 由于铣削力较大，振动也大，必要时可设置辅助夹紧机构。若为手动夹紧，多采用螺旋压板夹紧机构。

④ 夹具体应有足够的强度和刚度，还应尽可能降低夹具的重心，工件待加工表面应尽可能靠近工作台，以提高夹具的稳定性，通常夹具体的高宽比以 1～1.25 为宜。

⑤ 夹具设计还要考虑清理切屑、排除切削液方便；大型铣床夹具应安装吊环，方便起吊和运输。

5.4.3 镗床夹具

(1) 镗床夹具的组成

图 5-74 所示为镗削泵体上两个相互垂直的孔及端面用的夹具。夹具经找正后紧固在卧式镗床的工作台上，可随工作台一起移动和转动。工件以 A、B 面在支承板 1、2、3 上定位，C 面在挡块 4 上定位，实现六点定位。夹紧时先用螺钉 8 将工件预压后，再用四个钩形压板 5 压紧。两镗杆的两端均由镗套 6 支承及导向。镗好一个孔后，镗床工作台回转 90°，再镗第二个孔。镗刀块的装卸和调整在镗套与工件间的空档内进行。夹具上设置起吊螺栓 9，便于夹具的吊装和搬运。由于这种夹具前后双支承引导，镗杆刚性较易保证，且镗杆和镗床主轴采用浮动连接，镗孔的位置精度主要决定于镗模精度，机床主轴只起传递转矩的作用。

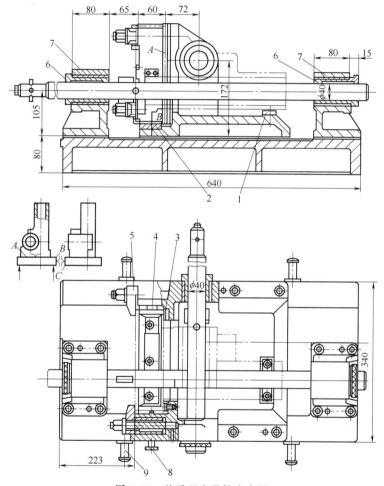

图 5-74 前后双支承镗床夹具

1~3—支承板；4—挡块；5—钩形压板；6—镗套；7—镗模支架；8—螺钉；9—起吊螺钉

(2) 镗床夹具的特点

① 用镗模所加工的孔，一般为孔径大于 30mm 的中、大型孔。

② 与钻模相类似，镗模一般都采用镗套引导镗杆或刀具，以改善刀具系统的刚性，保证同轴孔系或深孔的加工形状、位置精度要求。

③ 与铣床夹具不同，镗模在镗床上的定位通过找正面找正，而不用定向键。

④ 由于镗床加工精度较高，因此镗模本身的制造精度比钻模高。

⑤ 利用镗套的精确引导，可以通过使用镗模来扩大车床、摇臂钻床等机床的工艺范围而进行镗孔。

⑥ 采用镗模后，镗孔的精度可不受机床精度的影响。

⑦ 镗模较大、较重。为便于与镗床牢固可靠安装，夹具上应设置适当数量的耳座，还应设置手柄或吊环，以便搬运。

(3) 镗模的分类

根据镗套相对镗刀的位置不同，镗模可分为单面导向镗模和双面导向镗模。

1) 单面导向镗模（单支承镗模）

单面导向镗模只有一个导向支承，镗杆与主轴采用固定连接。单面导向镗模又分为前支承和后支承两种。

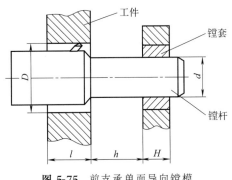

图 5-75 前支承单面导向镗模

① 前支承单面导向镗模。这种镗模的支架位于镗刀的前方，如图 5-75 所示，镗杆与机床主轴刚性连接。这种方式适用于加工孔径 $D>60\text{mm}$，$l/D<1$ 的大通孔。镗杆直径 d 必须小于 D，以便能穿过孔坯到达引导套。由于导向部分直径不受加工孔径大小的影响，因此这种镗模适用于不更换镗套的多工步加工。设计时，一般排屑空间 $h=(0.5\sim1)D$，且 $h>20\text{mm}$，镗套高度 $H=(1.5\sim3)d$。

② 后支承单面导向镗模。这种镗模的支架位于镗刀的后方，靠主轴一侧，如图 5-76 所示，镗杆与主轴也是刚性连接，立镗时切屑不会影响镗套。这种方式主要用于加工直径 $D<60\text{mm}$ 的通孔或加工盲孔。

根据 l 和 D 的大小，有两种结构情况：

a. $l\leqslant D$，即孔的深度较浅，如图 5-76（a）所示，镗杆导向部分的直径可大于孔径 D，这样，镗杆的刚性好；

b. $l=(1\sim1.25)D$，即长孔，如图 5-76（b）所示，镗杆导向部分的直径 d 应小于孔径 D，这样，镗杆导向部分可进入孔内，缩短距离，减小镗杆的悬伸量，保证镗杆具有一定的刚度，以免镗杆振动或变形，影响加工精度。

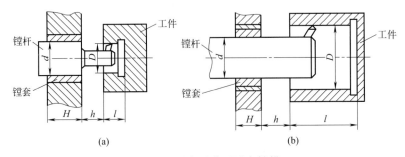

(a)   (b)

图 5-76 后支承单面导向镗模

2) 双面导向镗模（双支承镗模）

双面导向镗模的特点是：镗杆与主轴浮动连接，镗杆位置由镗套确定；镗孔精度主要取决于对刀精度，不受主轴的影响；镗孔的位置精度主要取决于镗套的位置精度，不受工作台精度的影响；同一轴上多孔加工时，应注意增加支承，提高刚度；更换刀具方便。

双面导向镗模又可分为前后支承导向镗模和双支承单向引导镗模。

① 前后支承导向镗模。镗模支架分别布置在工件的两侧，镗杆与机床主轴活动连接，如图 5-77 所示。这种导向方式是应用最普遍的，用于镗削孔的长度 $l/D>1.5$ 的通孔或短孔的同轴孔系。其特点是加工精度较高，但不方便换刀，当跨度 $L>10d$ 时，应增加中间导向支承。

② 双支承单向引导镗模。图 5-78 所示为双支承后引导镗模，两个支承设置在工件的一侧（即刀具的后方），镗杆与机床主轴活动连接；镗孔的位置精度直接靠双镗套来保证，与机床主轴精度和主轴相对夹具的位置精度无关。为保证镗杆刚度，其悬伸量 $L_1<5d$。为保证镗孔精度，导向长度 $L\geqslant(1.5\sim5)L_1$，镗套高度 $H_1=H_2=(1\sim2)d$。此类镗模的优点是便于装卸工件和换刀，同时也便于观察加工情况和测量。

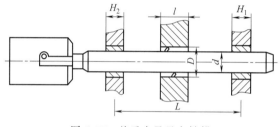

图 5-77　前后支承导向镗模

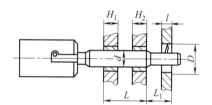

图 5-78　双支承后引导镗模

(4) 镗套的选择

按镗套在工作中是否随镗杆运动，镗套可分为固定式镗套和回转式镗套两类。

1) 固定式镗套

固定式镗套的结构与钻套基本相似，它固定在镗模支架上而不能随镗杆一起转动，因此镗杆和镗套之间有相对运动，镗套因存在摩擦，易磨损而失去导向精度。固定式镗套外形尺寸小、结构紧凑、制造容易、定心精度高，适用于低速、小尺寸的镗孔、扩孔、铰孔。

固定式镗套的结构已标准化，根据镗套润滑方式的不同，固定式镗套又分为 A 型和 B 型两种。其中，A 型为无润滑槽式，需依靠镗杆上的供油系统或滴油来润滑；B 型备有油杯，油槽结构可实现较好的自润滑，如图 5-79 所示。

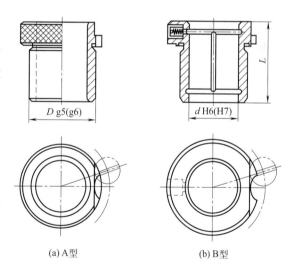

(a) A型　　(b) B型

图 5-79　固定式镗套

2) 回转式镗套

回转式镗套在镗孔过程中是随镗杆一起转动的，镗杆与镗套之间无相对的高速转动，只有相对移动，改善了镗杆的磨损状况。当高速镗孔时，可减小镗套内壁的磨损，避免镗杆与镗套发热而咬死。这种镗套具有回转精度高、回转速度快、结构紧凑、镗套间隙小等特点。

回转式镗套要随镗杆一起转动，所以镗套必须另用轴承支承。根据回转支承接触形式的不同，回转式镗套可分为滑动式与滚动式两种。

图 5-80 (a) 所示为滑动镗套，镗套与支架间由滑动轴承支承，镗套中间开有键槽，镗杆上的键通过键槽带动镗套回转。镗模支架上设置油杯，经油孔将润滑油送到轴承副，润滑滑动轴承。这种结构径向尺寸小，结构紧凑，回转精度高，且内外套间为面接触形式，承载能力强，在充分润滑的条件下，具有良好的减振性，常用于精镗加工。但其摩擦面的线速度不得大于 0.3～0.4m/s。

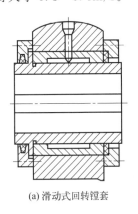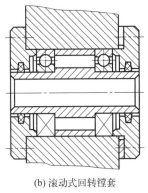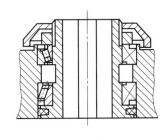

(a) 滑动式回转镗套　　　　　　　(b) 滚动式回转镗套　　　　　　　(c) 立式滚动回转镗套

图 5-80　回转式镗套

图 5-80 (b) 所示为滚动式回转镗套，镗套由滚动轴承支承在镗模支架上。由于采用标准的滚动轴承支承，设计、制造和维修方便，对润滑要求较低，镗杆转速高，摩擦面的线速度大于 0.4m/s；但其径向尺寸较大，回转精度受到滚动轴承精度影响，且由于内外套是滚动体的点、线接触，接触刚度差，承载能力较低，常用于粗加工或半精加工。

图 5-80 (c) 所示为立式滚动回转镗套，它的工作条件较差，为了能承受一定的轴向推力，一般采用圆锥滚子轴承。为避免切屑和切削液落入镗套，需设置防护罩。

(5) 镗杆与浮动接头

1) 镗杆

镗杆用于安装镗刀，在镗套中导向，以保证镗孔的尺寸精度和位置精度。根据镗套结构的不同，镗杆可分为用于固定式镗套的镗杆和用于回转式镗套的镗杆，主要区别在于镗杆的导向部分。

① 用于固定式镗套的镗杆。图 5-81 所示为用于固定式镗套的镗杆导向部分结构。

图 5-81 (a) 为开油沟的最简单的镗杆导向结构。这种结构无容屑槽，易产生"卡死"现象。

图 5-81 (b) 和 (c) 为开有较深直槽和螺旋槽的镗杆导向结构。这种结构可大大减小镗杆与镗套的接触面积，沟槽内有一定的容屑空间，可减少"卡死"现象，但其刚度降低。

当镗杆直径 $d>50$mm 时，常采用图 5-81 (d) 的镶条式结构。这种导向结构的摩擦面积小，容屑量大，不易"卡死"，且镶条磨损后可重新修磨使用。

② 用于回转式镗套的镗杆。图 5-82 所示为用于回转式镗套的镗杆导向部分。

图 5-82 (a) 所示镗杆是在镗杆的前端嵌入平键，平键下装有压缩弹簧。平键的前端切出斜面，在引入斜面的作用下，镗杆可以以任何方位进入镗套内。若浮动平键与镗槽不对位，平键被镗套压入镗杆槽内；在相对转动过程中，若平键与镗套槽对齐位置，平键弹入槽内，从而带动镗套一起回转。

图 5-82 (b) 所示镗杆具有 45°螺旋自动引导楔形头部，而镗套内设有尖头键，在镗杆引入镗套过程中，若镗杆槽与尖头键不对位，45°引导楔会拨动尖头键迫使镗套回转，使键

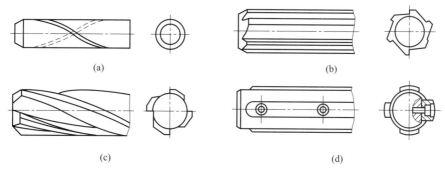

图 5-81 用于固定式镗套的镗杆导向部分

顺利进入槽内。

镗杆与被加工孔之间应有足够的间隙以容纳切屑。镗杆的直径应保证镗杆有足够的刚度，一般可取 $d=(0.7\sim0.8)D$。

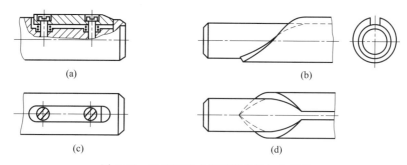

图 5-82 用于回转式镗套的镗杆导向部分

2）浮动接头

浮动接头又称为浮动卡头，用于双支承的镗杆。图 5-83 所示为常用的浮动接头结构，其一端与镗床主轴连接，另一端与镗杆连接。镗杆 1 上的拨动销 4 插入接头体 2 的槽中，镗杆与接头体间有浮动间隙。接头体的锥柄安装在主轴锥孔内。主轴的回转通过接头体拨动销传给镗杆。

5.4.4 车床夹具

(1) 车床夹具的特点

车床主要用于加工零件的内外圆柱面、圆锥面、回转成形面、螺纹以及端平面等。根据车削加工特点和夹具在机床上安装的位置，车床夹具可分为两种基本类型：一类是安装在车床主轴上的夹具，另一类是安装在滑板或床身上的夹具。车床夹具一般具有以下特点。

① 具有足够的强度、刚度和可靠的夹紧机构。

② 工件的回转轴线必须与机床的主轴回转轴线同轴。

③ 具有较匀称的结构，以提高回转的平稳性。

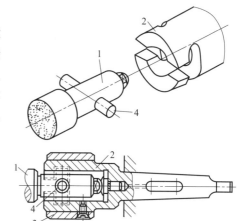

图 5-83 浮动接头

1—镗杆；2—接头体；3—外套；4—拨动销

④ 只要结构空间允许，一般有安全防护装置。

(2) 典型车床夹具

车床夹具是用于保证被加工零件在车床上与刀具之间具有相对正确位置的专用工艺装备。车床夹具通常是装夹在车床的主轴前端部，与主轴一起旋转。由于夹具本身处于旋转状态，因而车床夹具在保证定位和夹紧的基本要求前提下，还必须有可靠的防松结构。

生产中用得较多的是安装在车床主轴上的各种夹具，因此本小节仅以此类夹具为重点介绍其结构与特点。典型的车床夹具主要有定心式车床夹具和角铁式车床夹具。

1) 定心式车床夹具

工件以内孔定位加工外圆表面和端面，或以外圆定位加工内孔表面和端面时，可以采用定心夹紧夹具。按其安装方式不同，定心式车床夹具可分为心轴式定心车床夹具和锥柄式心轴定心车床夹具两类。

心轴式定心车床夹具适用于以孔作定位基准的工件，因其结构简单，故应用广泛。图5-84所示为最常见的间隙配合圆柱心轴定心车床夹具，其工作部分与工件内孔一般按 H7/h6、g6、f7 配合，因而装卸工件比较方便，但定心精度不高。夹紧螺母前面经常放置一个开口垫圈，以便快速装卸工件。

锥柄式心轴定心车床夹具多用于加工短筒、盘形或其他形状的小工件。按其定心夹紧的方式不同，锥柄式心轴定心车床夹具可分为外胀式定心夹紧和内缩式定心夹紧。图5-85所示为外胀式定心夹紧车床夹具，其操作是拧压紧螺钉，滑柱径向移动，液性塑料外胀，定位套变形，从而夹紧工件。此类夹具的特点：定位是以工件轴线或对称线为基准；定位元件既定位又夹紧；各定位元件相互联动；夹具通过莫氏锥或法兰与车床连接。

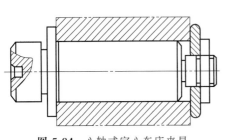

图 5-84　心轴式定心车床夹具

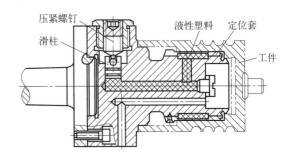

图 5-85　外胀式定心夹紧车床夹具

2) 角铁式车床夹具

当工件定位面较为复杂或有其他特殊要求，而加工面又具有回转特征时，需采用专用车床夹具。角铁式车床夹具的夹具体呈角铁状，其结构不对称，常用于加工壳体、支座、接头等零件的圆柱面及端面。

如图5-86所示夹具，工件以一平面和两孔为基准定位，用两只钩形压板夹紧，被加工表面是孔和端面。为了便于夹具在主轴上准确安装，在夹具体 7 上装配有导向套 4，以保证所加工内孔和端面的尺寸。此外，夹具上还装有平衡块 3。此类夹具应有防护罩。

角铁式车床夹具设计和使用注意事项如下。

① 车床夹具一般随机床主轴一起回转，而夹具体是夹具上最大、最重的元件，所以夹具体一般设计成圆盘形，且应结构紧凑，轮廓尺寸尽可能小，重量尽量轻，重心尽可能靠近回转轴线，以减小惯性力和回转力矩。

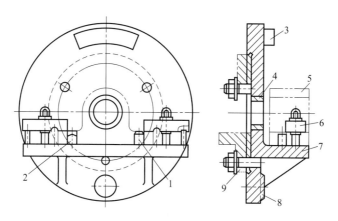

图 5-86 角铁式车床夹具

1—圆柱销；2—削边销；3—平衡块；4—导向套；5—工件；6—压板；

7—夹具体；8—定程基准；9—过渡盘

② 如果夹具的总体结构在加工时不平衡，应有消除回转中不平衡现象的平衡措施，以减小振动等不利影响，一般设置平衡块或减重孔消除不平衡。如果需要，应在夹具交付使用之前做静力平衡试验。

③ 与主轴连接部分是夹具的定位基准，应有较准确的圆柱孔（或圆锥孔），其结构形式和尺寸依据具体使用的机床而定。

④ 为使夹具使用安全，夹具上的元件不应超出夹具体的边缘，并应尽可能避免有尖角或凸起部分，必要时回转部分外面可加防护罩。夹具的夹紧力要足够大，自锁可靠。

(3) 夹具与机床主轴的连接

车床夹具与机床主轴的连接精度直接影响着夹具的回转精度，因此，要求夹具的回转轴线与主轴轴线有尽可能高的同轴度。车床夹具与机床主轴的连接方式主要有以下两种。

① 用莫氏锥柄与机床主轴连接。此种连接中，需将莫氏锥柄插入机床主轴孔内，并用螺杆拉紧，如图 5-87 （a）所示。这种连接方式定心精度较高，装卸迅速方便，但刚性较差，一般用于心轴类车床夹具或径向尺寸 $D<140$mm 的小型夹具。

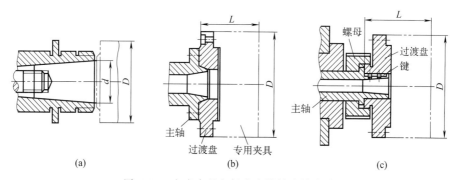

图 5-87 车床夹具与机床主轴的连接方式

② 通过过渡盘与机床主轴连接。这种连接方式的刚性较好，适合于径向尺寸 D 较大的夹具。过渡盘与机床主轴连接后，专用夹具以定位止口孔按 H7/h6 或 H7/js6 装配在过渡盘的凸缘上，用螺钉紧固。一般情况下，过渡盘为机床附件，由机床生产厂家提供。如没有过渡盘，应根据机床主轴前端尺寸设计过渡盘，或将过渡盘与夹具合成一体设计。

过渡盘与主轴连接处的形状取决于主轴端部的结构。机床型号不同，其主轴端部的结构也不同。若主轴端部外形是圆柱端面，常采用如图5-87（b）所示的过渡盘，它是以短锥面配合定心，端面与主轴端面允许有0.05～0.1mm的间隙，用螺钉均匀拧紧后，即可保证端面与锥面良好配合。

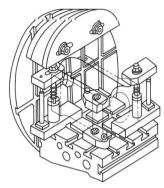

图 5-88 T形槽系车削组合夹具

5.4.5　组合夹具

　　组合夹具是采用预先制造好的标准夹具元件，根据设计好的定位夹紧方案组装而成的专用夹具。它既具有专用夹具的优点，又具有标准化、通用化的优点。产品变换后，夹具的组成元件可以拆开清洗入库，不会造成浪费，适用于新产品试制和多品种小批量的生产。它在大量采用数控机床、应用CAD/CAM/CAPP技术的现代企业机械产品生产过程中具有独特的优点。图5-88所示是一个典型的T形槽系车削组合夹具。工件用已加工的底面和两个孔定位，用两个压板夹紧。图中，夹具体、定位销、压板、底座等均为通用元件。

　　组合夹具是一种标准化、系列化程度很高的柔性化夹具。目前使用较多的有T形槽系和孔系（H系）两个系列。

(1) T形槽系组合夹具

　　T形槽系组合夹具的元件（图5-89、图5-90）按其功用可分为八类：基础件、支承件、

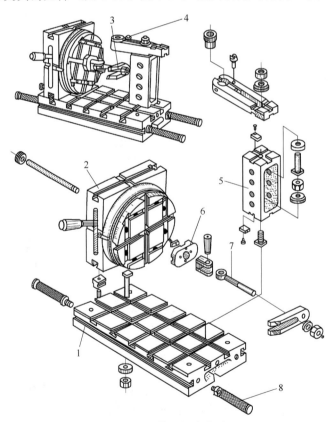

图 5-89　槽系组合夹具

1—基础件；2—合件；3—夹紧件；4—导向件；5—支承件；6—定位件；7—紧固件；8—其他件

定位件、导向件、夹紧件、紧固件、其他件和合件。T形槽组合夹具分为小型、中型和大型三类，适应不同的加工场合。

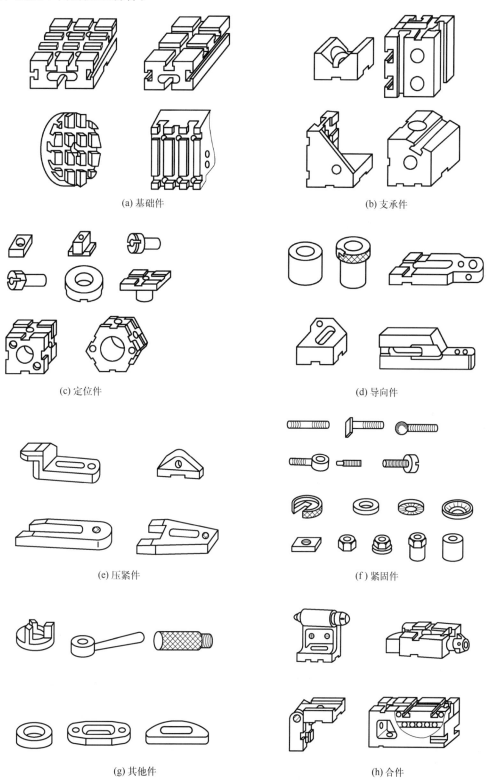

(a) 基础件　　　　　　　　　　　　　　　　(b) 支承件

(c) 定位件　　　　　　　　　　　　　　　　(d) 导向件

(e) 压紧件　　　　　　　　　　　　　　　　(f) 紧固件

(g) 其他件　　　　　　　　　　　　　　　　(h) 合件

图 5-90　T形槽系组合夹具的主要元件

(2) 孔系（H系）组合夹具

孔系组合夹具元件的连接用两个圆柱销定位，一个螺钉紧固，称为"三元组孔"定位连接，如图 5-91 所示。实例见图 5-92。

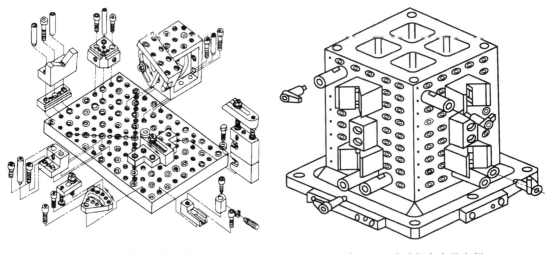

图 5-91　孔系组合夹具　　　　　　图 5-92　孔系组合夹具实例

(3) 零点定位系统

零点定位系统在生产线中扮演着重要的角色，它可以大大减少更换工装的时间，在各种金属加工中应用广泛，尤其是加工中心，用了零点定位更是如虎添翼。零点定位系统，能快速定位、夹紧机床夹具、工装或工件，提高生产效率，缩短安装时间。它是一个独特的定位和锁紧装置，能保持工件从一个工位到另一个工位，一个工序到另一个工序，或一台机床到另一台机床，零点始终保持不变。它可以极大地节省重新找正零点的辅助时间，保证工作的连续性，提高工作效率。零点定位系统如图 5-93 所示。

零点定位系统利用零点定位销将不同类型产品或不同工序的坐标系统一为唯一的坐标系，通过机床上的标准化夹具接口进行定位和拉紧。它能够直接得到工件在不同机床间统一的位置关系，消除了多工序间的累积误差。最重要的是，它统一了设计基准、工艺基准和检测基准，使整个加工过程可以做到有效、可控。

零点定位系统的主要特点：

① 离线装夹。在传统的加工方式中，零件的更换需要在线装夹，且需要进行调整和试

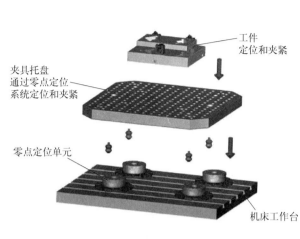
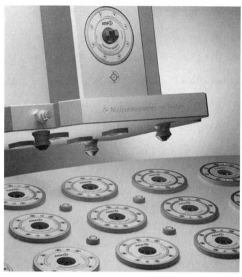

工件定位和夹紧

夹具托盘
通过零点定位
系统定位和夹紧

零点定位单元

机床工作台

图 5-93 零点定位系统

车,一套工作下来较为费时。而使用零点定位系统,可在机外进行预先装夹,待零件加工结束后,直接进行"整体式"的"秒速"换装,减少 90% 以上的停机时间。

② 夹紧力。夹紧力是锁紧销被拉入零点定位器中,被滚珠夹紧时受到的力。拉紧力则是锁紧销的最大允许拉力。高精密滚珠保证了更有效的力传递,例如 SET 零点定位系统中单颗锁紧销的拉紧力可达 40kN。

③ 重复定位精度高。重复定位精度指的是工件从夹具上移开,再重复装夹后,同一工件上的参考点位置变动的公差范围。零点定位系统的重复定位精度一般小于 0.005mm。

5.5 专用夹具设计过程及示例

5.5.1 设计步骤

(1) 夹具设计的基本要求

设计夹具时,通常应考虑以下要求:

① 夹具应满足零件加工工序的精度:特别对于精加工工序,应适当提高夹具的精度,以保证工件的尺寸公差和位置公差等。

② 夹具应达到加工生产率:特别对于大批量生产中使用的夹具,应设法缩短加工的基本时间和辅助时间。

③ 夹具的操作要方便、安全:按不同的加工方法,可设置必要的防护装置、挡屑板以及各种安全器具。

④ 能保证夹具一定的使用寿命和较低的夹具制造成本:夹具元件的材料选择将直接影响夹具的使用寿命。因此,定位元件以及主要元件宜采用力学性能较好的材料。夹具的复杂程度应与工件的生产批量相适应。在大批量生产中,宜采用如气动、液压等高效夹紧机构。

⑤ 要适当提高夹具元件的通用化和标准化程度:选用标准化元件,特别应选用商品化的标准元件,以缩短夹具制造周期,降低夹具成本。

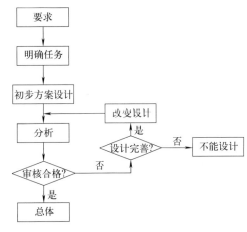

图 5-94　夹具设计方法

⑥ 具有良好的结构工艺性，以便于夹具的制造和维修。

以上要求有时是相互矛盾的，故应在全面考虑的基础上，处理好主要矛盾，使之达到较好的效果。例如在钻模设计中，通常侧重于生产率的要求；镗模等精加工用的夹具则侧重于加工精度的要求等。

(2) 夹具设计的方法

夹具设计方法可用图 5-94 表示。夹具设计主要是绘制所需的图样，同时制定有关的技术要求。夹具设计是一种相互关联的工作，它涉及很广的知识面。通常，设计者在参阅有关典型夹具图样的基础上，按加工要求构思出设计方案，再经修改，最后确定夹具的结构。

显然，夹具设计的过程中存在着许多重复的劳动。近年来，迅速发展的机床夹具计算机辅助设计（CAD），为克服传统设计方法的缺点提供了新的途径。

(3) 夹具设计的步骤

夹具设计的步骤可以划分为五个阶段。

1）设计准备

夹具设计前，设计人员应明确设计任务和要求，根据任务认真调查研究，要收集所需资料，并对其进行分析。

① 收集产品零件图、装配图、毛坯图和工艺规程等技术文件，分析零件的作用、形状、结构特点、材料和技术要求。

② 分析零件的加工工艺规程，特别是本工序半成品的形状、尺寸、加工余量、切削用量和所使用的工艺基准。

③ 分析工艺装配设计任务书，研究任务书所提出要求的合理性、可行性和经济性，以便发现问题，及时与工艺人员进行磋商。

④ 了解所使用机床的规格、性能、精度以及与夹具连接部分结构的联系尺寸。

⑤ 了解所使用刀具、量具的规格。

⑥ 了解零件的生产纲领、投产批量以及生产组织等有关问题。

⑦ 收集有关设计的资料，其中包括国家标准、部颁标准、企业标准等资料以及典型夹具资料。

⑧ 熟悉本厂工具车间的加工工艺。

2）方案设计

这是夹具设计的重要阶段。在分析各种原始资料的基础上，应完成下列设计工作：

① 确定夹具的类型。

② 根据六点定位规则确定工件的定位方式，选择合适的定位元件。

③ 确定工件的夹紧方式，选择合适的夹紧装置。

④ 确定刀具的调整方案，选择合适的对刀元件或导向元件。

⑤ 确定夹具与机床的连接方式。

⑥ 确定其他元件和装置的结构形式，如分度装置、靠模装置等。

⑦ 确定夹具总体布局和夹具体的结构形式。

⑧ 绘制总体草图。

⑨ 进行工序精度分析。

⑩ 对动力夹紧装置进行夹紧力验算。

3）绘制夹具总图

夹具总装配图应按国家标准绘制，绘制时还应注意以下事项：

① 尽量选用 1∶1 的比例，以使所绘制的夹具具有良好的直观性。

② 尽可能选择面对操作者的方向作为主视图。

③ 总图应把夹具的工作原理、结构和各种元件间的装配关系表达清楚。

④ 用双点画线绘制工件外形轮廓、定位基准面、夹紧表面和加工表面。

⑤ 合理标注尺寸、公差和技术要求。

⑥ 合理选择材料。

4）夹具零件设计

对于夹具中的非标准零件，要分别绘制零件图。其中，对于需要在装配时加工的部位，应特别予以注明以免出错。图样审核与一般设计相同。常用夹具元件的材料及热处理可查阅《机床夹具设计手册》。

5）夹具的装配、调试和验证

完成设计图样后，设计工作尚未全部完成。只有到完成装配、调试和验证并使用夹具加工出合格的工件为止，才算完成夹具设计的全过程。其中，特别是夹具的装配中，在使用时发现问题应及时加以解决。夹具的调试和验证可以在工具车间完成，也可直接由加工车间完成。

5.5.2　尺寸、公差和技术要求的标注

(1) 总图应标注的尺寸和公差配合

通常应标注以下五种尺寸：

① 夹具外形的最大轮廓尺寸。这类尺寸按夹具结构尺寸的大小和机床参数设计，以表示夹具在机床上所占据的空间尺寸和可活动的范围。

② 工件与定位元件之间的联系尺寸。如圆柱定位销工作部分的配合尺寸公差等，以便控制工件的定位误差（Δ_D）。

③ 对刀或导向元件与定位元件之间的联系尺寸。这类尺寸主要是指对刀块的对刀面至定位元件之间的尺寸、塞尺的尺寸、钻套至定位元件间的尺寸、钻套导向孔尺寸和钻套孔距尺寸等。这些尺寸影响调整误差（Δ_T）。

④ 与夹具装夹有关的尺寸。这类尺寸用以确定夹具体的装夹基面相对于定位元件的正确位置。如铣床夹具定向键与机床工作台 T 形槽的配合尺寸、角铁式车床夹具装夹基面（止口）的尺寸、角铁式车床夹具中心至定位面间的尺寸等。这些尺寸对夹具的装夹误差（Δ_A）会有不同程度的影响。

⑤ 其他装配尺寸。如定位销与夹具体的配合尺寸和配合代号等。这类尺寸通常与加工精度无关或对其无直接影响，可按一般机械零件设计。

(2) 总图应标注的位置精度

通常应标注以下三种位置精度：

① 定位元件之间的位置精度。这类精度直接影响夹具的定位误差（Δ_D）。

② 连接元件（含夹具体基面）与定位元件之间的位置精度。这类精度所造成的夹具装夹误差（Δ_A）也影响夹具的加工精度。

③ 对刀或导向元件的位置精度。通常这类精度以定位元件为基准。为了使夹具的工艺基准统一，也可以取夹具体的基面为基准。

（3）公差的确定

由误差不等式可以看出，为满足加工精度的要求，夹具本身应有较高的精度。由于目前分析计算方法还不够完善，因此，夹具公差仍然根据实践经验来确定。如生产规模较大，要求夹具有一定使用寿命时，夹具有关公差可取得小些；对加工精度较低的夹具，则取较大的公差。一般可按以下方式选取：

① 夹具上的尺寸和角度公差取（1/2～1/5）δ_K。

② 夹具上的位置公差取（1/2～1/3）δ_K。

③ 当加工尺寸未注公差时，取±0.01mm。

④ 未注形位公差的加工面，按 GB/T 1184—1996 中 13 级精度的规定选取。

夹具有关公差都应在工件公差带的中间位置，即不管工件公差对称与否，都要将其化成对称公差，然后取其 1/2～1/5 以确定夹具的有关基本尺寸和公差。

（4）配合精度的选择

导向元件的配合，可详见钻套、镗套的设计部分。常用夹具元件的公差配合可查阅夹具设计手册。对于工作时有相对运动，但无精度要求的部分，如夹紧机构为铰链连接，则可选用 H9/d9、H11/c11 等配合；对于需要固定的构件可选用 H7/n6、H7/p6、H7/r6 等配合；若用 H7/js6、H7/k6、H7/m6 等配合，则应加紧固螺钉使构件固定。

（5）夹具的其他技术要求

夹具在制造和使用上的其他要求，如夹具的平衡和密封、装配性能和要求、有关机构的调整参数、主要元件的磨损范围和极限、打印标记和编号以及使用中的注意事项等，要用文字标注在夹具的总图上。

5.5.3　专用夹具设计示例一

在铣床上加工图 5-95 所示套筒零件的键槽，设计专用夹具。

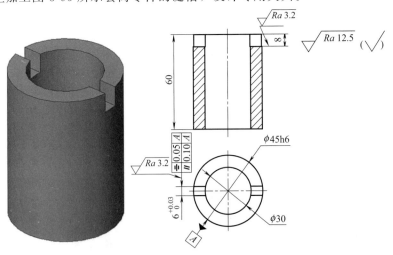

图 5-95　套筒零件图

① 套筒工件的加工工艺分析。键槽宽 6mm 由键槽铣刀保证；槽两侧对称平面对 $\phi45h6$ 轴线的对称度 0.05mm，平行度 0.10mm；槽深尺寸 8mm。

② 定位方案与定位元件，以套筒的底面和外圆柱面作为定位基准，见图 5-96。

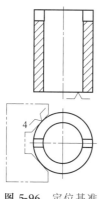

图 5-96　定位基准

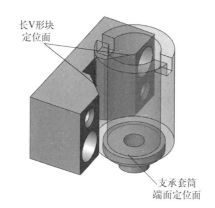

图 5-97　定位元件

③ 选用定位元件。选用长 V 形块和支承套作为定位元件，见图 5-97。

④ 夹紧方案及夹紧装置的设计。采用偏心凸轮作为快速夹紧机构，在 W 面施力，见图 5-98。采用导柱弹簧作为夹紧机构的导向和松开装置，见图 5-99。

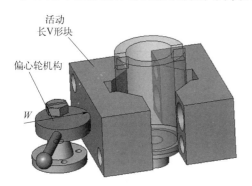

图 5-98　夹紧机构

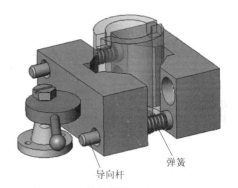

图 5-99　夹紧机构的导向和松开装置

⑤ 夹具结构的设计：

a. 定位装置。长 V 形块在该夹具中是主要定位元件，选用标准件。支承套见图 5-101。

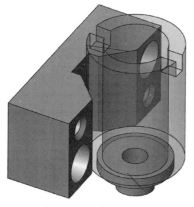

图 5-100　长 V 形块

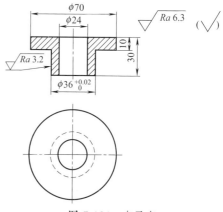

图 5-101　支承套

b. 夹紧装置：偏心轮及偏心轮支架见图 5-102、图 5-103。

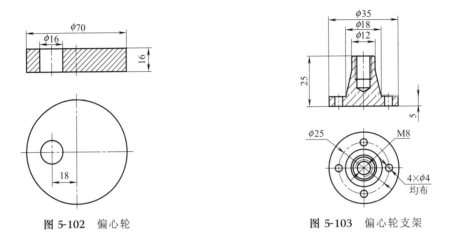

图 5-102 偏心轮   图 5-103 偏心轮支架

c. 夹具体，见图 5-104。

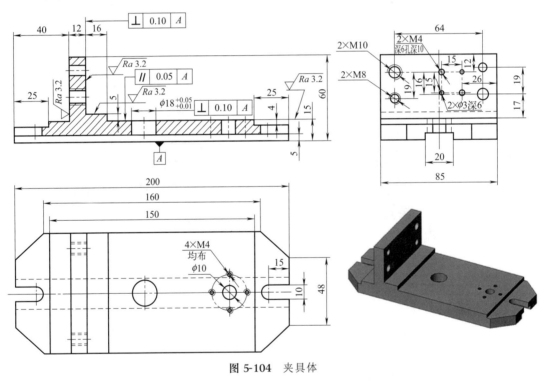

图 5-104 夹具体

d. 辅助装置：对刀块见图 5-105。为了保证夹具体在机床上的位置正确，应在夹具体底部设置定向键。

⑥ 夹具三维装配图，见图 5-106。

5.5.4 专用夹具设计示例二

如图 5-107 所示，本工序需在车床上加工壳体零件的 $\phi 145H10$ 孔及两端面。加工工艺要求为 $\phi 145H10$ 孔距尺寸 116mm±0.3mm，端面距尺寸 45mm±0.2mm，90h13；生产纲领为中批生产。

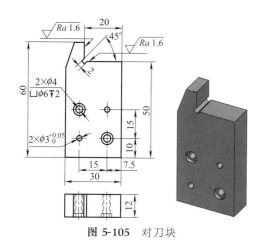

图 5-105 对刀块

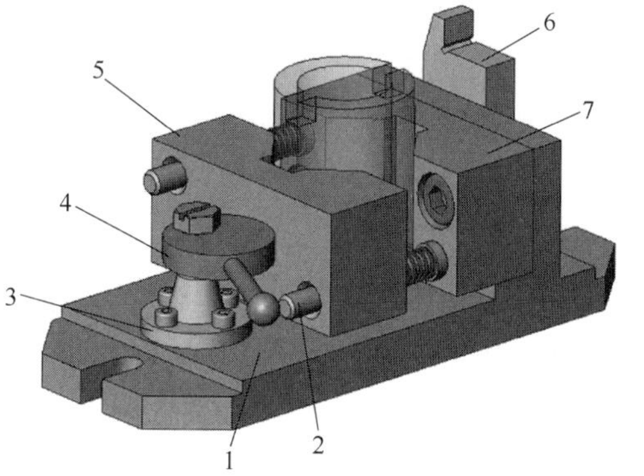

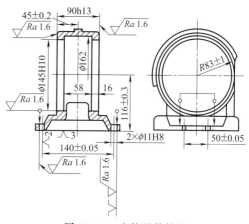

图 5-106 夹具三维装配图

1—夹具体；2—圆柱销轴；3—偏心轮支架；4—偏心轮；
5—活动 V 形块；6—对刀块；7—固定 V 形块

（1）定位方案设计

　　采取基准重合原则，选用底平面和两个 $\phi 11 H8$ 孔为定位基准，定位方案如图 5-108 所示。支承板限制工件的 $\vec{Z}$、$\hat{X}$、$\hat{Y}$ 三个自由度；圆柱销限制 $\vec{X}$、$\vec{Y}$ 自由度；菱形销和圆柱销联合限制工件的 $\hat{Z}$ 自由度；虽然菱形销会限制 $\vec{Y}$，但此方向垂直两孔连线，距离很短，可以忽略不计。

（2）夹紧方案设计

　　采取四个夹紧点夹紧工件，用钩形压板联动夹紧机构。如图 5-108（b）、（c）所示，两对钩形压板通过杠杆联动将工件在四点夹紧，其结构紧凑、操作方便。

图 5-107 壳体零件简图

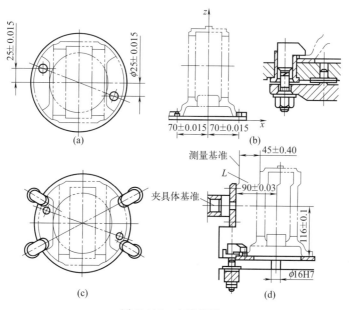

图 5-108 方案设计

（3）主要结构标准化处理

固定式定位销分别选用：A11f7 × 10 JB/T 8014.2—1999；B10.942h6 × 14 JB/T 8014.2—1999。钩形压板选用：BM8×10 JB/T 8012.2—1999。

（4）其他结构设计

由于两端需经过两次装夹进行加工，为控制尺寸 90h13 和 45mm±0.2mm，故设置测量板 [图 5-108 (b)]，取 $L = 90mm±0.03mm$，用以控制工件两端面的对称度。另设置 $\phi 16H7$ 工艺孔用以保证测量及定位销的位置。

（5）夹具体的设计

夹具体采用焊接结构，并用两个肋板提高夹具体的刚度，其结构紧凑、制造周期短。夹具体上设置一个校正套，以便用心轴使夹具与机床主轴对定。夹具采用不带止口的过渡盘，故通用性好，便于生产调度。夹具体主要由盘、板、套等组成。

（6）总体设计

夹具总图通常可按定位元件、夹紧装置以及夹具体等结构顺序绘制。特别应注意表达清楚定位元件、夹紧装置与夹具体的装配关系。

图 5-109 为所设计的夹具装配图。圆形支承板 6 装配在角铁面上，两个固定式定位销成对角线布置，销距尺寸计算为 148.7mm±0.02mm；工艺孔位置取对称的中心位置尺寸 70mm±0.015mm；测量板位置取 90mm±0.03mm；定位面尺寸取 116mm±0.01mm。这些尺寸公差对夹具的精度都有不同程度的影响。

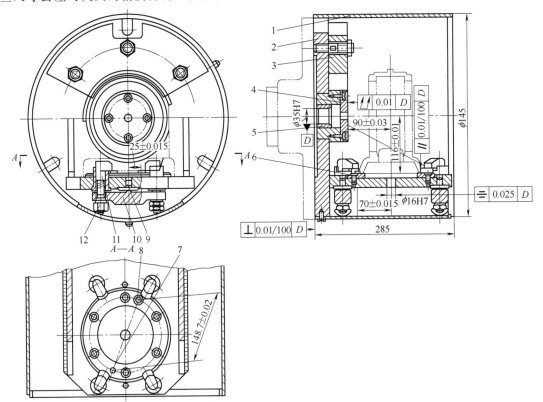

图 5-109 车床夹具装配图

1—防屑板；2—夹具体；3—平衡块；4—测量板；5—基准套；6—支承板；
7—菱形销；8—定位销；9—支承销；10—杠杆；11—钩形压板；12—螺母

5-1 何谓机床夹具？夹具有哪些作用？

5-2 机床夹具由哪几个部分组成？各起什么作用？

5-3 V 形块的限位基准在哪里？V 形块的定位高度怎样计算？

5-4 指出题图 5-1 所示各定位、夹紧方案及结构设计中不正确的地方，并提出改进意见。

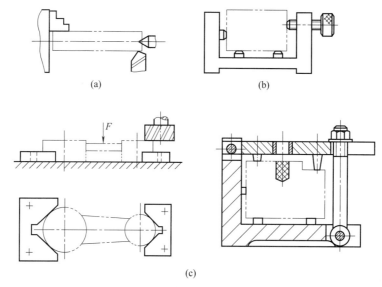

(a)   (b)

(c)

题图 5-1

5-5 车床夹具与车床主轴的连接方式有哪几种？

5-6 固定支承有哪几种形式？各适用于什么场合？

5-7 自位支承有何作用？什么是可调支承？什么是辅助支承？它们有什么区别？

5-8 何谓多位（联动）夹紧机构？设计时应注意哪些问题？试举例说明。

5-9 芯轴的连接方式如何？锥面定位有何优势？

5-10 自动定心夹具工作原理为何？常用自动定心机构有哪些？列举 3～5 种。

5-11 非金属薄板应采用哪种类型的夹具？

5-12 简述铣床夹具的分类及设计特点。

5-13 简述车床夹具的分类及设计特点。

5-14 简述钻床夹具的分类及设计特点。钻套分为哪几种？各有什么用途？

5-15 简述镗床夹具的分类及设计特点。镗套分为哪几种？各有什么用途？

第 6 章
典型零件加工工艺

生产实际中，零件的结构千差万别，但其基本几何构成不外是外圆、内孔、平面、螺纹、齿面、曲面等。很少有零件是由单一典型表面所构成，往往是由一些典型表面复合而成，其加工方法较单一典型表面加工复杂，是典型表面加工方法的综合应用。下面介绍轴类零件、套筒类、箱体类、齿轮零件、连杆零件等常用的典型加工工艺。

6.1　轴类零件的加工

6.1.1　轴类零件的分类、技术要求

轴是机械加工中常见的典型零件之一。它在机械中主要用于支承齿轮、带轮、凸轮以及连杆等传动件，以传递转矩。按结构形式不同，轴可以分为阶梯轴、锥度心轴、光轴、空心轴、曲轴、凸轮轴、偏心轴、各种丝杠等（图 6-1），其中具有等强度特征的阶梯传动轴应

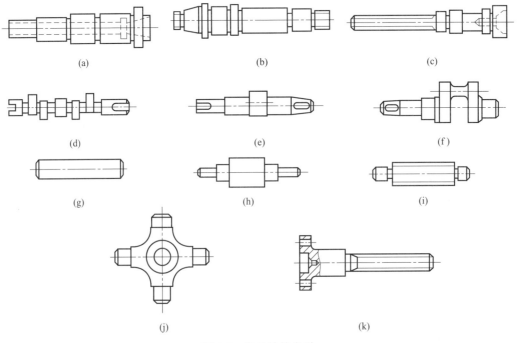

(a)　　　　　　　　(b)　　　　　　　　(c)

(d)　　　　　　　　(e)　　　　　　　　(f)

(g)　　　　　　　　(h)　　　　　　　　(i)

(j)　　　　　　　　(k)

图 6-1　常见轴的类型

用较广，其加工工艺能较全面地反映轴类零件的加工规律和共性。根据轴类零件的功用和工作条件，其技术要求主要有以下几方面。

① 尺寸精度。轴类零件的主要表面常为两类：一类是与轴承的内圈配合的外圆轴颈，即支承轴颈，用于确定轴的位置并支承轴，尺寸精度要求较高，通常为 IT7～IT5；另一类为与各类传动件配合的轴颈，即配合轴颈，其精度稍低，常为 IT9～IT6。

② 几何形状精度，主要指轴颈表面、外圆锥面、锥孔等重要表面的圆度、圆柱度。其误差一般应限制在尺寸公差范围内，对于精密轴，需在零件图上另行规定其几何形状精度。

③ 相互位置精度，包括内外表面、重要轴面的同轴度，圆的径向跳动，重要端面对轴心线的垂直度，端面间的平行度等。

④ 表面粗糙度。轴的加工表面都有粗糙度的要求，一般根据加工的可能性和经济性来确定。支承轴颈表面粗糙度常为 $1.6～0.2\mu m$，传动件配合轴颈表面粗糙度为 $3.2～0.4\mu m$。

⑤ 其他。热处理、倒角、倒棱及外观修饰等要求。

6.1.2　轴类零件的材料、毛坯及热处理

轴类零件材料：常用 45 钢，精度较高的轴可选用 40Cr、轴承钢 GCr15、弹簧钢 65Mn，也可选用球墨铸铁；对高速、重载的轴，选用 20CrMnTi、20Mn2B、20Cr 等低碳合金钢或 38CrMoAl 氮化钢。

轴类毛坯：常用圆棒料和锻件；大型轴或结构复杂的轴采用铸件。毛坯经过加热锻造后，可使金属内部纤维组织沿表面均匀分布，获得较高的抗拉、抗弯及抗扭强度。

热处理方面：锻造毛坯在加工前，均需安排正火或退火处理，使钢材内部晶粒细化，消除锻造应力，降低材料硬度，改善切削加工性能。

调质一般安排在粗车之后、半精车之前，以获得良好的物理、力学性能。

表面淬火一般安排在精加工之前，这样可以纠正因淬火引起的局部变形。

精度要求高的轴，在局部淬火或粗磨之后，还需进行低温时效处理。

6.1.3　轴类零件的装夹方式

轴类零件的装夹方式有如下几类。

① 采用两中心孔定位。一般以重要的外圆面作为粗基准定位，加工出中心孔，再以轴两端的中心孔为定位精基准；尽可能做到基准统一、基准重合、互为基准，并实现一次装夹加工多个表面。中心孔是工件加工统一的定位基准和检验基准，它自身质量非常重要，其准备工作也相对复杂，常常以支承轴颈定位，车（钻）中心锥孔；再以中心孔定位，精车外圆；以外圆定位，粗磨锥孔；以中心孔定位，精磨外圆；最后以支承轴颈外圆定位，精磨（刮研或研磨）锥孔，使锥孔的各项精度达到要求。

② 用外圆表面定位。对于空心轴或短小轴等不可能用中心孔定位的情况，可用轴的外圆面定位、夹紧并传递转矩。一般采用三爪卡盘、四爪卡盘等通用夹具，或各种高精度的自动定心专用夹具，如液性塑料薄壁定心夹具、膜片卡盘等。

③ 用各种堵头或拉杆心轴定位装夹。加工空心轴的外圆表面时，常用带中心孔的各种堵头或拉杆心轴来装夹工件。小锥孔时常用堵头；大锥孔时常用带堵头的拉杆心轴，见图 6-2。

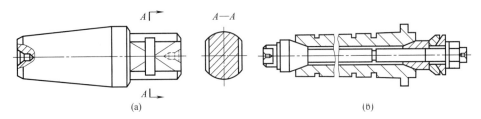

图 6-2 堵头与拉杆心轴

6.1.4 轴类零件工艺过程示例

(1) CA6140 车床主轴技术要求及功用

图 6-3 为 CA6140 车床主轴零件简图。由零件简图可知，该主轴呈阶梯状，其上有装夹支承轴承、传动件的圆柱、圆锥面，装夹滑动齿轮的花键，装夹卡盘及顶尖的内外圆锥面，连接紧固螺母的螺旋面，通过棒料的深孔等。下面介绍主轴各主要部分的作用及技术要求。

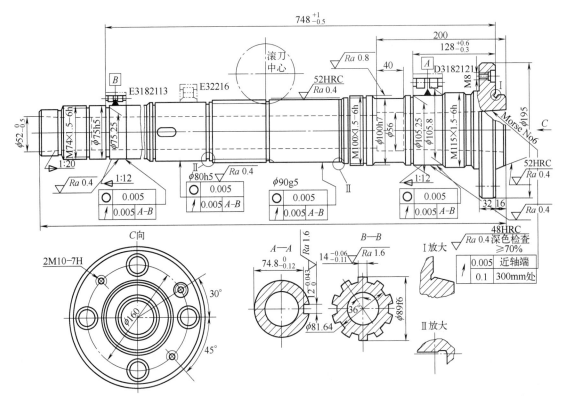

图 6-3 CA6140 车床主轴简图

① 支承轴颈。主轴两个支承轴颈 A、B 圆度公差为 0.005mm，径向跳动公差为 0.005mm；而支承轴颈 1:12 锥面的接触率≥70%；表面粗糙度 Ra 为 0.4μm；支承轴颈尺寸精度为 IT5。因为主轴支承轴颈是用来装夹支承轴承的，是主轴部件的装配基准面，所以它的制造精度直接影响到主轴部件的回转精度。

② 端部锥孔。主轴端部内锥孔（莫氏 6 号）对支承轴颈 A、B 的跳动在轴端面处公差为 0.005mm，离轴端面 300mm 处公差为 0.01mm；锥面接触率≥70%；表面粗糙度 Ra 为

$0.4\mu m$；硬度要求 $45\sim50$HRC。该锥孔是用来装夹顶尖或工具锥柄的，其轴心线必须与两个支承轴颈的轴心线严格同轴，否则会使工件（或工具）产生同轴度误差。

③ 端部短锥。端部短锥对主轴两个支承轴颈 A、B 的径向圆跳动公差为 0.005mm；表面粗糙度 Ra 为 $0.4\mu m$。它是装夹卡盘的定位面。为保证卡盘的定心精度，该圆锥面必须与支承轴颈同轴，而端面必须与主轴的回转中心垂直。

④ 空套齿轮轴颈。空套齿轮轴颈对支承轴颈 A、B 的径向圆跳动公差为 0.005mm。由于该轴颈是与齿轮孔相配合的表面，对支承轴颈应有一定的同轴度要求，否则引起主轴传动啮合不良，当主轴转速很高时，还会影响齿轮传动平稳性并产生噪声。

⑤ 螺纹。主轴上螺旋面的误差是压紧螺母端面跳动的原因之一，所以应控制螺纹的加工精度。若主轴上压紧螺母的端面跳动过大，会使被压紧的滚动轴承内环的轴心线产生倾斜，从而引起主轴的径向圆跳动。

(2) 主轴加工的要点与措施

主轴加工的主要问题是如何保证主轴支承轴颈的尺寸、形状、位置精度和表面粗糙度，主轴前端内、外锥面的形状精度、表面粗糙度以及它们对支承轴颈的位置精度。

主轴支承轴颈的尺寸精度、形状精度以及表面粗糙度要求，可以采用精密磨削方法保证。磨削前应提高精基准的精度。

保证主轴前端内、外锥面的形状精度、表面粗糙度，同样应采用精密磨削的方法。为了保证外锥面相对支承轴颈的位置精度，以及支承轴颈之间的位置精度，通常采用组合磨削法，在一次装夹中加工这些表面，如图 6-4 所示。机床上有两个独立的砂轮架，精磨在两个工位上进行，工位Ⅰ精磨前、后轴颈锥面，工位Ⅱ用角度成形砂轮，磨削主轴前端支承面和短锥面。

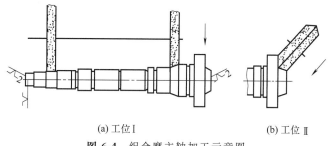

(a) 工位Ⅰ　　　　　　　　(b) 工位Ⅱ

图 6-4　组合磨主轴加工示意图

主轴锥孔相对于支承轴颈的位置精度是靠采用支承轴颈 A、B 作为定位基准，而让被加工主轴装夹在磨床工作台上加工来保证。以支承轴颈作为定位基准加工内锥面，符合基准重合原则。在精磨前端锥孔之前，应使作为定位基准的支承轴颈 A、B 达到一定的精度。主轴锥孔的磨削一般采用专用夹具，如图 6-5 所示。夹具由底座 1、支架 2 及浮动夹头 3 三部分组成，两个支架固定在底座上，作为工件定位基准面的两段轴颈放在支架的两个 V 形块上，V 形块镶有硬质合金，以提高耐磨性，并减少对工件轴颈的划痕。工件的中心高应正好等于磨头砂轮轴的中心高，否则将会使锥孔母线呈双曲线，影响内锥孔的接触精度。后端的浮动卡头用锥柄装在磨床主轴的锥孔内，工件尾端插于弹性套内，用弹簧将浮动卡头外壳连同工件向左拉，通过钢球压向镶有硬质合金的锥柄端面，限制工件的轴向窜动。采用这种连接方式，可以保证工件支承轴颈的定位精度不受内圆磨床主轴回转误差的影响，也可减少机床本身振动对加工质量的影响。

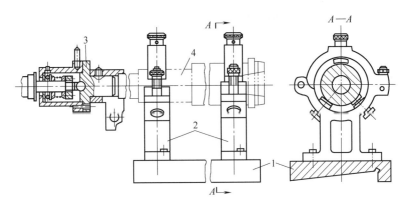

图 6-5 磨主轴锥孔夹具

1—底座；2—支架；3—浮动夹头；4—工件

主轴外圆表面的加工，应该以顶尖孔作为统一的定位基准。但在主轴的加工过程中，随着通孔的加工，作为定位基准面的中心孔消失，工艺上常采用带有中心孔的堵头塞到主轴两端孔中，如图 6-2 所示，让堵头的顶尖孔起附加定位基准的作用。

（3）CA6140 车床主轴加工定位基准的选择

主轴加工中，为了保证各主要表面的相互位置精度，选择定位基准时，应遵循基准重合、基准统一和互为基准等重要原则，并能在一次装夹中尽可能加工出较多的表面。

由于主轴外圆表面的设计基准是主轴轴心线，根据基准重合的原则，考虑应选择主轴两端的顶尖孔作为精基面。用顶尖孔定位，还能在一次装夹中将许多外圆表面及其端面加工出来，有利于保证加工面间的位置精度。所以主轴在粗车之前应先加工顶尖孔。

为了保证支承轴颈与主轴内锥面的同轴度要求，宜按互为基准的原则选择基准面。如车小端 1∶20 锥孔和大端莫氏 6 号内锥孔时，以与前支承轴颈相邻而它们又是用同一基准加工出来的外圆柱面为定位基准面（因支承轴颈系外锥面，不便装夹）；在精车各外圆（包括两个支承轴颈）时，以前、后锥孔内所配锥堵的顶尖孔为定位基面；在粗磨莫氏 6 号内锥孔时，又以两圆柱面为定位基准面；粗、精磨两个支承轴颈的 1∶12 锥面时，再次用锥堵顶尖孔定位；最后精磨莫氏 6 号锥孔时，直接以精磨后的前支承轴颈和另一圆柱面定位。定位基准每转换一次，都使主轴的加工精度提高一步。

（4）**主要加工表面加工工序安排**

CA6140 车床主轴主要加工表面是 $\phi75h5$、$\phi80h5$、$\phi90g5$、$\phi100h7$ 轴颈，两支承轴颈及大头锥孔。它们的加工尺寸精度在 IT7～IT5 之间，表面粗糙度 Ra 为 $0.8～0.4\mu m$。

主轴加工工艺过程可划分为三个加工阶段，即粗加工阶段（包括铣端面、加工顶尖孔、粗车外圆等）、半精加工阶段（包括半精车外圆，钻通孔，车锥面、锥孔，钻大头端面各孔）、精加工阶段（包括精铣键槽，粗、精磨外圆、锥面、锥孔等）。

在机械加工工序中间尚需插入必要的热处理工序，这就决定了主轴加工各主要表面总是循着以下顺序进行，即粗车→调质（预备热处理）→半精车→精车→淬火-回火（最终热处理）→粗磨→精磨。

综上所述，主轴主要表面的加工顺序安排如下：

外圆表面粗加工（以顶尖孔定位）→外圆表面半精加工（以顶尖孔定位）→钻通孔（以半精加工过的外圆表面定位）→锥孔粗加工（以半精加工过的外圆表面定位，加工后配锥堵）→外圆表面精加工（以锥堵顶尖孔定位）→锥孔精加工（以精加工外圆面定位）。

当主要表面加工顺序确定后，就要合理地插入非主要表面加工工序。对主轴来说非主要表面指的是螺孔、键槽、螺纹等。这些表面加工一般不易出现废品，所以尽量安排在后面工序进行，主要表面加工一旦出了废品，非主要表面就不需加工了，这样可以避免浪费工时。但这些表面也不能放在主要表面精加工后，以防在加工非主要表面过程中损伤已精加工过的主要表面。

凡是需要在淬硬表面上加工的螺孔、键槽等，都应安排在淬火前加工。非淬硬表面上螺孔、键槽等一般在外圆精车之后，精磨之前进行加工。主轴螺纹，因它与主轴支承轴颈之间有一定的同轴度要求，所以螺纹安排在以非淬火-回火为最终热处理工序之后的精加工阶段进行，这样，半精加工后残余应力所引起的变形和热处理后的变形，就不会影响螺纹的加工精度。

(5) 主轴加工工艺过程

表 6-1 列出了 CA6140 车床主轴的加工工艺过程。

生产类型：大批生产；材料牌号：45 钢；毛坯种类：模锻件。

表 6-1 大批生产 CA6140 车床主轴工艺过程

序号	工序名称	工序内容	定位基准	设备
1	备料	—		
2	锻造	模锻	—	立式精锻机
3	热处理	正火		
4	锯头			
5	铣端面,钻中心孔	—	毛坯外圆	中心孔机床
6	粗车外圆	—	顶尖孔	多刀半自动车床
7	热处理	调质		
8	车大端各部	车大端外圆、短锥、端面及台阶	顶尖孔	卧式车床
9	车小端各部	仿形车小端各部外圆	顶尖孔	仿形车床
10	钻深孔	钻 ϕ48mm 通孔	两端支承轴颈	深孔钻床
11	车小端锥孔	车小端锥孔(配 1:20 锥堵,涂色法检查接触率≥50%)	两端支承轴颈	卧式车床
12	车大端锥孔	车大端锥孔(配莫氏 6 号锥堵,涂色法检查接触率≥30%)、外短锥及端面	两端支承轴颈	卧式车床
13	钻孔	钻大头端面各孔	大端内锥孔	摇臂钻床
14	热处理	局部高频淬火(ϕ90g5、短锥及莫氏 6 号锥孔)		高频淬火设备
15	精车外圆	精车各外圆并切槽、倒角	锥堵顶尖孔	数控车床
16	粗磨外圆	粗磨 ϕ75h5、ϕ90g5、ϕ100h7 外圆	锥堵顶尖孔	组合外圆磨床
17	粗磨大端锥孔	粗磨大端内锥孔(重配莫氏 6 号锥堵,涂色法检查接触率≥40%)	前支承轴颈及 ϕ75h5 外圆	内圆磨床
18	铣花键	铣 ϕ89f6 花键	锥堵顶尖孔	花键铣床
19	铣键槽	铣 12f9 键槽	ϕ80h5 及 M115mm 外圆	立式铣床
20	车螺纹	车三处螺纹(与螺母配车)	锥堵顶尖孔	卧式车床
21	精磨外圆	精磨各外圆及两端面	锥堵顶尖孔	外圆磨床
22	粗磨外锥面	粗磨两处 1:12 外锥面	锥堵顶尖孔	专用组合磨床
23	精磨外锥面	精磨两处 1:12 外锥面、短锥面及其端面	锥堵顶尖孔	专用组合磨床
24	精磨大端锥孔	精磨大端莫氏 6 号内锥孔(卸堵,涂色法检查接触率≥70%)	前支承轴颈及 ϕ75h5 外圆	专用主轴锥孔磨床

序号	工序名称	工序内容	定位基准	设备
25	钳工	端面孔去锐边倒角,去毛刺	—	—
26	检验	按图样要求全部检验	前支承轴颈及ϕ5h5外圆	专用检具

6.1.5 轴类零件的检验

(1) 加工中的检验

自动测量装置,作为辅助装置装夹在机床上。这种检验方式能在不影响加工的情况下,根据测量结果,主动地控制机床的工作过程,如改变进给量,自动补偿刀具磨损,自动退刀、停车等,使之适应加工条件的变化,防止产生废品,故又称为主动检验。主动检验属在线检测,即在设备运行,生产不停顿的情况下,根据信号处理的基本原理,掌握设备运行状况,对生产过程进行预测预报及必要调整。在线检测在机械制造中的应用越来越广。

(2) 加工后的检验

单件小批生产中,尺寸精度一般用外径千分尺检验;大批大量生产时,常采用光滑极限量规检验,长度大且精度高的工件可用比较仪检验。表面粗糙度可用粗糙度样板进行检验;要求较高时则用光学显微镜或轮廓仪检验。圆度误差可用千分尺测出的工件同一截面内直径的最大差值之半来确定,也可用千分表借助V形铁来测量;若条件许可,可用圆度仪检验。圆柱度误差通常用千分尺测出同一轴向剖面内最大与最小值之差的方法来确定。主轴相互位置精度检验一般以轴两端顶尖孔或工艺锥堵上的顶尖孔为定位基准,在两支承轴颈上方分别用千分表测量。

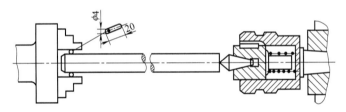

图 6-6 细长轴的装夹

6.1.6 细长轴加工问题难点和工艺措施

"车工怕细长,磨工怕薄片"。通常,长径比(L/D,即长度与直径之比值)大于20的轴称为细长轴。这类零件由于长径比大、刚性差等自身结构原因,在切削过程中容易产生弯曲变形和振动;由于加工中切削用量较小、连续切削时间长、毛坯精度差、刀具磨损量大等原因,不易获得良好的加工精度和表面质量。

相应地,车削细长轴对刀具、机床、辅助工具、切削用量、工艺安排、操作技能等都有较高的要求。某种程度上,细长轴加工是考核操作工人综合技术水平的一个指标。为了保证加工质量并提高工效,细长轴车削通常采取以下措施:

(1) 改进装夹方法

如图6-6所示,细长轴车削常采用"一夹一顶"的装夹方法。夹持端应避免工件夹紧时被卡爪压坏,工件外圆与卡爪之间可以垫上弹性开口环或细金属丝。顶端需采用轴向浮动活顶尖,目的在于工件在受热膨胀伸长时,顶尖能轴向退让,减小工件的弯曲。

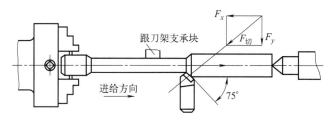

图 6-7 反向进给车削

（2）采用中心架、跟刀架

中心架、跟刀架都可在细长轴车削时改善工艺系统刚性，防止工件弯曲变形并抵消加工时径向切削分力的影响，减少振动和工件弯曲变形。使用中心架或跟刀架都需注意支承爪与工件表面接触良好，中心与机床顶尖中心等高，若有磨损，应及时调整。对于跟刀架，粗车时，应跟在车刀之后轴向行进；而精车时，跟刀架应行进在车刀之前，以免对已加工面造成划伤而降低表面粗糙度。

（3）改变轴向进给方向

细长轴车削时，使中托板由床头移向尾座，如图 6-7 所示，刀具施加于工件上的轴向力朝向尾座，使得刀具施加于工件的轴向力由原来正向车削的压力变为对工件的拉力，有利于工件轴线在加工中变直，减少工件弯曲变形。

（4）合理选择刀具几何参数

为减少切削力并降低切削热，车刀前角应选择较大值，常取 $\gamma_o = 15° \sim 30°$；增大主偏角，常取 $\kappa_r = 75° \sim 90°$；车刀前面应开有断屑槽，以便较好地断屑；刃倾角不宜正得太大，尽量使切屑流向待加工表面。

（5）采用双刀对车

延伸小刀台，装夹刀尖相对的两把车刀进行同步车削，一方面互相抵消切削径向力，另一方面可提高加工效率。注意：两把刀尖在装夹时沿工件轴向方向适当错开 2~3mm，而且对面的车刀前刀面向下（参见第 8 章内容）。

6.2 支架、箱体类零件的加工

6.2.1 支架、箱体零件特点及加工要求

支架、箱体类零件通常作为装配时的基准零件（图 6-8）。它们将轴、套、轴承、齿轮

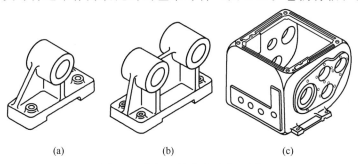

(a)　　　　　　　(b)　　　　　　　(c)

图 6-8 支架、箱体类零件示例

和端盖等零件装配连接起来，使其保持正确的相互位置关系，以传递转矩或改变转速来完成所需的运动或提供所需的动力。因此，支架、箱体类零件的结构设计、材料选择、加工质量对机器的工作精度、使用性能和寿命都有较大影响。

箱体零件结构特点：多为铸造件，结构复杂，壁薄且不均匀，加工部位多，加工难度大。

箱体零件的主要技术要求：轴颈支承孔孔径精度及相互之间的位置精度，定位销孔的精度与孔距精度；主要平面的精度；表面粗糙度等。

箱体零件材料及毛坯：箱体零件常选用灰铸铁；汽车、摩托车的曲轴箱选用铝合金作为曲轴箱的主体材料，其毛坯一般采用压铸件，因曲轴箱是大批大量生产，且毛坯的形状复杂，故采用压铸毛坯，镶套与箱体在压铸时镶嵌成一体。压铸的毛坯精度高，加工余量小，有利于机械加工。为减少毛坯铸造时产生的残余应力，箱体铸造后应安排人工时效。

箱体类零件中机床主轴箱精度要求最高，技术要求一般可归纳为以下五项。

(1) 孔径精度

孔径的尺寸误差和几何形状误差会使轴承与孔配合不良。孔径过大，配合过松，使主轴轴线不稳定，并降低了支承刚度，易产生振动和噪声；孔径过小，使配合过紧，轴承将变形而不能正常运转，缩短寿命。装轴承的孔不圆，也使轴承外环变形而引起主轴的跳动。

从以上分析可知，对孔的精度要求较高。主轴孔的尺寸精度为IT6级，其余孔为IT7～IT6，孔的几何形状精度除做特殊规定外，一般都在尺寸公差范围内。

(2) 孔与孔的位置精度

同一轴线上各孔的同轴度误差和孔端面对轴线的垂直度误差，会使轴和轴承装配到箱体上产生歪斜，致使主轴产生径向跳动和轴向窜动，同时也使温升增高，加剧轴承磨损。孔系的平行度误差会影响齿轮的啮合质量。一般同轴上各孔的同轴度约为最小孔尺寸公差。

(3) 孔和平面的位置精度

一般都要规定主要孔和主轴箱装夹基面的平行度要求，它们决定了主轴与床身导轨的位置关系。这项精度是在总装中通过刮研来达到的。为减少刮研工作量，一般都要规定轴线对装夹基面的平行度公差。在垂直和水平两个方向上只允许主轴前端向上和向前。

(4) 主要平面的精度

装配基面的平面度误差影响主轴箱与床身连接时的接触刚度。若在加工过程中作为定位基准，还会影响轴孔的加工精度。因此规定底面和导向面必须平直和相互垂直。其平面度、垂直度公差等级为5级。

(5) 表面粗糙度

重要孔和主要表面的表面粗糙度会影响连接面的配合性质或接触刚度，其具体要求一般用 Ra 值来评价。主轴孔为 $Ra0.4\mu m$，其他各纵向孔为 $Ra0.6\mu m$，孔的内端面为 $Ra3.2\mu m$，装配基准面和定位基准面为 $Ra2.5～0.63\mu m$，其他平面为 $Ra10～2.5\mu m$。

6.2.2 箱体类零件工艺过程特点分析

以图6-11所示某减速箱为例说明箱体类零件的加工工艺。

(1) 零件特点

一般减速箱为了制造与装配的方便，常做成可剖分的，这种箱体在矿山、冶金和起重运输机械中应用较多。剖分式箱体也具有一般箱体结构特点，如壁薄、中空、形状复杂，加工表面多为平面和孔。

减速箱体的主要加工表面可归纳为以下三类：

① 主要平面。箱盖的对合面和顶部方孔端面、底座的底面和对合面、轴承孔的端面等。

② 主要孔。轴承孔（$\phi150H7$、$\phi90H7$）及孔内环槽等。

③ 其他加工部分。连接孔、螺孔、销孔、斜油标孔以及孔的凸台面等。

（2）工艺过程设计考虑要素

根据减速箱体剖分的结构特点和加工表面的要求，在编制工艺过程时应注意以下问题：

① 加工过程的划分。整个加工过程可分为两大阶段，即先对箱盖和底座分别进行加工，然后再对装合好的整个箱体进行加工——合件加工。为保证兼顾效率和精度，孔和面的加工还需粗精分开。

② 箱体加工工艺的安排。安排箱体的加工工艺，应遵循先面后孔的工艺原则，对剖分式减速箱体还应遵循组装后镗孔的原则。因为如果不先将箱体的对合面加工好，轴承孔就不能进行加工。另外，镗轴承孔时，必须以底座的底面为定位基准，所以底座的底面也必须先加工好。

由于轴承孔及各主要平面都要求与对合面保持较高的位置精度，所以在平面加工方面，应先加工对合面，然后再加工其他平面，体现先主后次原则。

③ 箱体加工中的运输和装夹。箱体的体积、重量较大，故应尽量减少工件的运输和装夹次数。为了便于保证各加工表面的位置精度，应在一次装夹中尽量多加工一些表面。工序安排相对集中。箱体零件上相互位置要求较高的孔系和平面，一般尽量集中在同一工序中加工，以减少装夹次数，从而减少装夹误差的影响，有利于保证其相互位置精度要求。

④ 合理安排时效工序。一般在毛坯铸造之后安排一次人工时效即可；对一些高精度或形状特别复杂的箱体，应在粗加工之后再安排一次人工时效，以消除粗加工产生的内应力，保证箱体加工精度的稳定性。

（3）剖分式减速箱体加工定位基准的选择

① 粗基准的选择。一般箱体零件都用它上面的重要孔和另一个相距较远的孔作为粗基准，以保证孔加工时余量均匀。剖分式箱体最先加工的是箱盖或底座的对合面。由于分离式箱体轴承孔的毛坯孔分布在箱盖和底座两个不同部分上，因而在加工箱盖或底座的对合面时，无法以轴承孔的毛坯面作粗基准，而是以凸缘的不加工面为粗基准，即箱盖以凸缘面A，底座以凸缘面B为粗基准。这样可保证对合面加工凸缘的厚薄较为均匀，减少箱体装合时对合面的变形。

② 精基准的选择。常以箱体零件的装配基准或专门加工的一面两孔定位，使得基准统一。剖分式箱体的对合面与底面（装配基面）有一定的尺寸精度和相互位置精度要求；轴承孔轴线应在对合面上，与底面也有一定的尺寸精度和相互位置精度要求。为了保证以上几项要求，加工底座的对合面时，应以底面为精基准，使对合面加工时的定位基准与设计基准重合；箱体装合后加工轴承孔时，仍以底面为主要定位基准，并与底面上的两定位孔组成典型的一面两孔定位方式。这样，轴承孔的加工，其定位基准既符合基准统一的原则，也符合基准重合的原则，有利于保证轴承孔轴线与对合面的重合度及与装配基准面的尺寸精度和平行度。

（4）支架零件的加工示例

以图 6-9 所示的单孔支架为例。支架刚性较好，技术要求也不高，在加工过程中不必粗、精加工分开，除毛坯进行退火外，不必再安排时效处理。该支架的工艺过程如下：铸造毛坯—退火—划支承孔、底面、端面及凸台的加工线—加工底面—加工支承孔—划螺钉孔加工线—钻螺钉孔、锪凸台—检验。这是单孔支架的典型工艺过程。其中关键是保证支承孔与底面的距离和平行度要求。小型支架支承孔的加工通常在车床或铣床上进行。

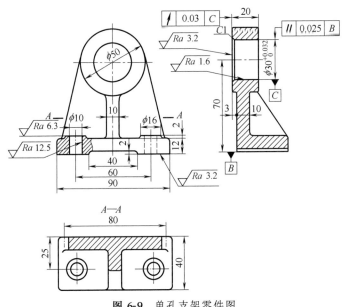

图 6-9　单孔支架零件图

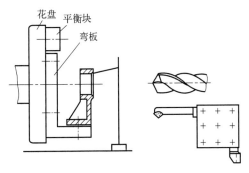

图 6-10　在车床上加工支架支承孔

在车床上加工支承孔的方法如图 6-10 所示。以支架底面定位，用压板螺栓将其轻轻压紧在弯板夹具上，转动主轴，用划针盘按支承孔的加工线找正工件。若孔的位置不正，可逐步调整弯板在花盘上的上下位置或工件在弯板上的前后位置，直到转动主轴时划针尖能与支承孔加工线基本一致时为止。这时，支承孔轴线与底面的距离（即中心高度）是依靠划线和找正来保证的。找正之后将压板压紧即可加工。在车床上加工支承孔，扩大孔径方便，只需沿横向进给加大切深即可。这种方法不易准确保证支承孔轴线与底面的距离，多用于中心高为未注公差尺寸的成对使用的单孔小支架加工。图 6-9 所示支架的加工工艺过程见表 6-2。

表 6-2　支架体零件的加工工艺过程

工序号	工种	工序内容	设备
1	铸造	铸造毛坯	—
2	热处理	退火	—
3	钳工	划线。划出支承孔的十字中心线及孔线，划底面、左端面及 φ16 凸台和 φ10 凸台加工线	—
4	刨削	刨底面	牛头刨床
5	车削	保证支承孔与底面的距离为 70mm，钻、镗 φ30 支承孔到图样规定尺寸，并在一次装夹中车支承孔的左端面	车床
6	钳工	在底面上划 φ16 和 φ10 的两个螺钉孔线	

工序号	工种	工序内容	设备
7	钳工	钻 $\phi10$ 和 $\phi16$ 两个螺钉孔,反锪两个凸台	钻床
8	检验	检验	—

(5) 减速箱体加工的工艺过程示例

表 6-3 所列为某厂在小批生产条件下加工图 6-11 所示减速箱体的机械加工工艺过程。

生产类型:小批生产;材料牌号:HT200;毛坯种类:铸件。

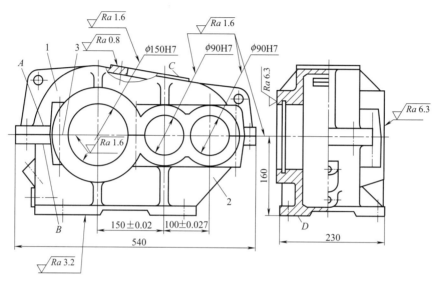

图 6-11 减速箱体结构简图

1—箱盖;2—底座;3—对合面

表 6-3 减速箱体机械加工工艺过程

序号	工序名称	工序内容	加工设备
1	铸造	铸造毛坯	—
2	热处理	人工时效	—
3	油漆	喷涂底漆	—
4	划线	箱盖:根据凸缘面 A 划对合面加工线;划顶部 C 面加工线;划轴承孔两端面加工线 底座:根据凸缘面 B 划对合面加工线;划底面 D 加工线;划轴承孔两端面加工线	划线平台
5	刨削	箱盖:粗、精刨对合面;粗、精刨顶部 C 面 底座:粗、精刨对合面;粗精刨底面 D	牛头刨床或龙门刨床
6	划线	箱盖:划中心十字线、各连接孔、销钉孔、螺孔、吊装孔加工线 底座:划中心十字线、底面各连接孔、油塞孔、油标孔加工线	划线平台
7	钻削	箱盖:按划线钻各连接孔,并锪平;钻各螺孔的底孔、吊装孔 底座:按划线钻底面上各连接孔、油塞孔底孔、油标孔,各孔端锪平,将箱盖与底座合在一起,按箱盖对合面上已钻的孔,钻底座对合面上的连接孔,并锪平	摇臂钻床
8	钳工	对箱盖、底座各螺孔攻螺纹;铲刮箱盖及底座对合面;箱盖与底座合箱;按箱盖上划线配钻、铰二销孔,打入定位销	—
9	铣削	粗、精铣轴承孔端面	端面铣床
10	镗削	粗、精镗轴承孔、切轴承孔内环槽	卧式镗床
11	钳工	去毛刺、清洗、打标记	—
12	油漆	油漆各不加工外表面	—
13	检验	按图样要求检验	—

(6)箱体零件的检验

表面粗糙度检验通常用目测或样板比较法,只有当 Ra 值很小时,才考虑使用光学量仪或使用粗糙度仪。

孔的尺寸精度:一般用塞规检验;单件小批生产时可用内径千分尺或内径千分表检验;若精度要求很高,可用气动量仪检验。

平面的直线度:可用平尺和厚薄规或水平仪与桥板检验。

平面的平面度:可用自准直仪或水平仪与桥板检验,也可用涂色检验。

同轴度检验:一般工厂常用检验棒检验同轴度。

孔间距和孔轴线平行度检验:根据孔距精度的高低,可分别使用游标卡尺或千分尺,也可用块规测量。

三坐标测量机可同时对零件的尺寸、形状和位置等进行高精度的测量。

6.2.3 箱体零件的高效自动化加工

单件箱体的生产,常常通过划线找正在普通镗床、铣床和钻床上加工工件。加工部位多、装夹次数多,劳动量大,工序分散,设备数目多,占用场地大,参与人员多,生产周期长,生产效率低,管理混乱、成本高。

对于中小批量生产,普通机床单机作业难以适应现代生产优质、高效、低成本的要求。而越来越多的企业常用加工中心等数控设备。

图 6-12 为卧式加工中心的结构示意图。加工中心是一种高效数控机床,一台加工中心能完成多台普通(数控)机床才能完成的工作。其特点是加工工件只需一次装夹,就可连续自动对工件各个表面进行铣削、钻削、扩孔、铰孔、攻螺纹、镗孔、锪端面等多个工步的工作,而且各工序可按任意顺序安排,工序高度集中。由于加工中心具有刀库、自动换刀装置和回转工作台或分度装置,因而在加工过程中能自动更换刀具,满足不同表面加工的需要。

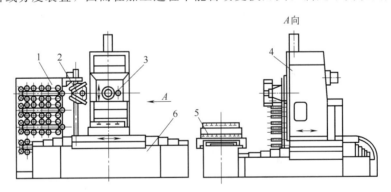

图 6-12 卧式加工中心结构示意图

1—刀库;2—换刀装置;3—主轴头;4—移动式立柱;5—工作台;6—床身

"加工中心"不仅生产效率高、加工精度高,而且适用范围广,灵活性极大,设备的利用率高。使用加工中心可以减少专用夹具的设计、制造等工作,因而可缩短新产品的试制周期,简化生产管理。加工中心还是柔性制造系统(FMS)、集成制造系统(CIMS)的基本执行单元,通过加工中心的信息化管理,配合物料流装置等可以实现高度柔性化、自动化、无人化作业。

普通加工中心对箱体加工靠换刀进行,一般每次只能对一个表面进行加工,而且换刀还需时间，工作台与主轴箱的相对移动也存在误差，因而也不太适应箱体大批大量生产。但高速加工中心设备正越来越多地使用于箱体零件的批量生产中。

大批大量生产要求效率高、质量稳定，常常采用多轴、多工位组合机床（图 6-13），结合物料输送装置组成的自动流水线进行。就单台多工位多轴组合机床而言，多轴组合箱体仅在一个工位一次进给可对数个，甚至几十个孔加工。孔距尺寸精度由高精度多孔镗模保证。不仅孔系的加工，而且平面和一些次要孔的加工，以及加工过程中加工面的调换、工件的翻转和工件的输送等辅助动作，都不需工人直接操作，整个过程按照一定的生产节拍自动地、顺序地进行，如图 6-14 所示。此形式不仅大大提高了劳动生产率，降低了成本，减轻了工人的劳动强

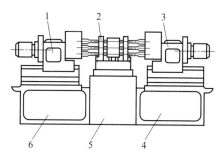

图 6-13 在组合机床上用镗模加工孔系
1—左动力头；2—镗模；3—右动力头；
4,6—侧底座；5—中间底座

度，而且能较好地保证工件加工质量的一致性、互换性，对操作工人的技术水平、熟练程度都不需太高。组合机床自动线已在摩托车、汽车、拖拉机、柴油机等大批大量生产的行业中获得广泛应用。

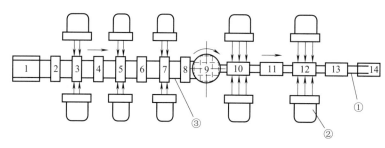

图 6-14 组合机床自动线加工箱体示意图
1,14—自动线输送带的传动装置；2—装料工位；3,5,7,10,12—加工工位；
4,6,8,11—中间工位；9—翻转；13—卸料工位；①,③—输送带；②—动力头

6.3 圆柱齿轮加工

6.3.1 齿轮概述

齿轮是机械工业的标志，它是用来按规定的传动比（又称速比）传递运动和动力的重要零件，在各种机器和仪器中应用非常普遍。

（1）圆柱齿轮结构特点和分类

齿轮的结构形状按使用场合和要求不同而变化。图 6-15 是常用圆柱齿轮的结构形式，其分为：盘形齿轮［图（a）单联、图（b）双联、图（c）三联］、内齿轮［图（d）］、联轴齿轮［图（e）］、套筒齿轮［图（f）］、扇形齿轮［图（g）］、齿条［图（h）］、装配齿轮［图（i）］。

（2）圆柱齿轮的精度要求

齿轮自身的精度影响其使用性能和寿命，通常对齿轮的制造提出以下精度要求：

① 运动精度。确保齿轮准确传递运动和恒定的传动比，要求最大转角误差不能超过相

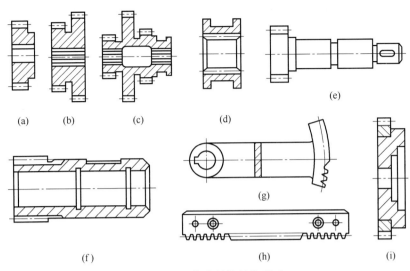

图 6-15 圆柱齿轮的结构形式

应的规定值。

② 工作平稳性。要求传动平稳，振动、冲击、噪声小。

③ 齿面接触精度。为保证传动中载荷分布均匀，齿面接触要求均匀，避免局部载荷过大、应力集中等造成过早磨损或折断。

④ 齿侧间隙。要求传动中的非工作面留有间隙以补偿温升、弹性形变和加工装配的误差并利于润滑油的储存和油膜的形成。

(3) 齿轮材料、毛坯和热处理

① 材料选择。根据使用要求和工作条件选取合适的材料。普通齿轮选用中碳钢和中碳合金钢，如 40、45、50、40MnB、40Cr、45Cr、42SiMn、35SiMn2MoV 等；要求高的齿轮可选取 20Mn2B、18CrMnTi、30CrMnTi、20Cr 等低碳合金钢；对于低速轻载的开式传动可选取 ZG40、ZG45 等铸钢材料或灰口铸铁；非传力齿轮可选取尼龙、夹布胶木或塑料。

② 齿轮毛坯。毛坯的选择取决于齿轮的材料、形状、尺寸、使用条件、生产批量等因素。常用的毛坯种类有：

a. 铸铁件：用于受力小、无冲击、低速的齿轮；

b. 棒料：用于尺寸小、结构简单、受力不大的齿轮；

c. 锻坯：用于高速重载齿轮；

d. 铸钢坯：用于结构复杂、尺寸较大而不宜锻造的齿轮。

③ 齿轮热处理。在齿轮加工工艺过程中，热处理工序的位置安排十分重要，它直接影响齿轮的力学性能及切削加工的难易程度。一般在齿轮加工中有两种热处理工序：

a. 毛坯热处理：为了消除锻造和粗加工造成的残余应力、改善齿轮材料内部的金相组织和切削加工性能，在齿轮毛坯加工前后安排的预先热处理——正火或调质。

b. 齿面热处理：为了提高齿面硬度，增加齿轮的承载能力和耐磨性而进行的齿面高频淬火、渗碳淬火、氮碳共渗和渗氮等热处理工序，安排在滚、插、剃齿之后，珩、磨齿之前。

6.3.2 圆柱齿轮齿面（形）加工方法

按齿面形成的原理不同，齿面加工方法可以分为两类：一类是成形法，用与被切齿轮齿槽形状相符的成形刀具切出齿面，如铣齿、拉齿和成形磨齿等；另一类是展成法，齿轮刀具与工件按齿轮副的啮合关系做展成运动，工件的齿面由刀具的切削刃包络而成，如滚齿、插齿、剃齿、磨齿和珩齿等。加工原理及装备详见本书第2章。

6.3.3 圆柱齿轮零件加工工艺过程示例

(1) 工艺过程示例

圆柱齿轮的加工工艺过程一般应包括以下内容：齿轮毛坯加工、齿面加工、热处理工艺及齿面的精加工。

在编制齿轮加工工艺过程中，常因齿轮结构、精度等级、生产批量以及生产环境的不同，而采用各种不同的方案。

图6-16为一直齿圆柱齿轮的简图，表6-4列出了该齿轮机械加工工艺过程。从中可以看出，编制齿轮加工工艺过程大致可划分如下几个阶段：

① 齿轮毛坯的形成：锻件、棒料或铸件；
② 粗加工：车、铣切除较多的余量；
③ 半精加工：车、铣齿轮结构，滚、插齿面；
④ 热处理：调质、渗碳淬火、齿面高频淬火等；
⑤ 精加工：精修基准、精加工齿面（磨、剃、珩、研、抛等）。

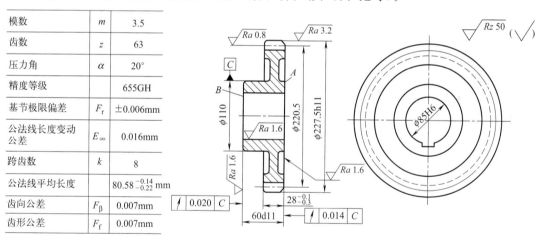

模数	m	3.5
齿数	z	63
压力角	α	20°
精度等级		655GH
基节极限偏差	F_r	±0.006mm
公法线长度变动公差	E_∞	0.016mm
跨齿数	k	8
公法线平均长度		$80.58^{-0.14}_{-0.22}$ mm
齿向公差	F_β	0.007mm
齿形公差	F_f	0.007mm

图6-16 直齿圆柱齿轮零件图

表6-4 直齿圆柱齿轮加工工艺过程

工序号	工序名称	工序内容	定位基准
1	锻造	毛坯锻造	—
2	热处理	正火	—
3	粗车	粗车外形,各处留加工余量2mm	外圆和端面
4	精车	精车各处,内孔至φ84.8,留磨削余量0.2mm,其余至尺寸	外圆和端面
5	滚齿	滚切齿面,留磨齿余量0.25~0.3mm	内孔和端面A
6	倒角	倒角至尺寸(倒角机)	内孔和端面A
7	钳工	去毛刺	
8	热处理	齿面:52HRC	—
9	插键槽	至尺寸	内孔和端面A
10	磨平面	靠磨大端面A	内孔
11	磨平面	平面磨削B面	端面A

工序号	工序名称	工序内容	定位基准
12	磨内孔	磨内孔至 $\phi85H5$	内孔和端面 A
13	磨齿	齿面磨削	内孔和端面 A
14	检验	终结检验	—

(2) 齿轮加工工艺过程分析

1) 定位基准的选择

对于齿轮，定位基准的选择常因齿轮的结构形状不同而有所差异。带轴齿轮主要采用顶尖定位，孔径大时则采用锥堵。顶尖定位的精度高，且能做到基准统一。带孔齿轮在加工齿面时常采用以下两种定位、夹紧方式：

① 以内孔和端面定位。即以工件内孔和端面联合定位，确定齿轮中心和轴向位置，并采用面向定位端面的夹紧方式。这种方式可使定位基准、设计基准、装配基准和测量基准重合，定位精度高，适于批量生产。但对夹具的制造精度要求较高。

② 以外圆和端面定位。工件和夹具心轴的配合间隙较大，用千分表校正外圆以决定中心的位置，并以端面定位；从另一端面施以夹紧力。这种方式因每个工件都要校正，故生产效率低；它对齿坯的内、外圆同轴度要求高，而对夹具精度要求不高，故适于单件、小批量生产。

2) 齿轮毛坯的加工

齿面加工前的齿轮毛坯加工，在整个齿轮加工工艺过程中占有很重要的地位，因为齿面加工和检测所用的基准必须在此阶段加工出来；无论从提高生产率，还是从保证齿轮的加工质量角度出发，都必须重视齿轮毛坯的加工。

在齿轮的技术要求中，应注意齿顶圆的尺寸精度要求，因为齿厚的检测是以齿顶圆为测量基准的，齿顶圆精度太低，必然使所测量出的齿厚值无法正确反映齿侧间隙的大小。所以，在这一加工过程中应注意下列三个问题：

① 当以齿顶圆直径作为测量基准时，应严格控制齿顶圆的尺寸精度；

② 保证定位端面和定位孔或外圆相互的垂直度；

③ 提高齿轮内孔的制造精度，减小与夹具心轴的配合间隙。

3) 齿端的加工

齿轮的齿端加工有倒圆、倒尖、倒棱和去毛刺等方式，如图 6-17 所示。倒圆、倒尖后的齿轮在换挡时容易进入啮合状态，减少撞击现象。倒棱可除去齿端尖边和毛刺。图 6-18 是用指状铣刀对齿端进行倒圆的加工示意图。倒圆时，铣刀高速旋转，并沿圆弧做摆动，加工完一个齿后，工件退离铣刀，经分度再快速向铣刀靠近，加工下一个齿的齿端。齿端加工必须在齿轮淬火之前进行，通常都在滚（插）齿之后、剃齿之前安排齿端加工。

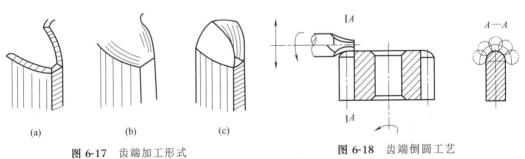

(a)　　　　　　(b)　　　　　　(c)

图 6-17 齿端加工形式　　　　　　**图 6-18** 齿端倒圆工艺

6.4 套筒类零件加工工艺

6.4.1 套筒类零件概述

(1) 零件功用及结构特点

套筒类零件在机械工程中应用较广，主要起支承或导向作用，例如：各类内燃机上的气缸套、液压系统中的油缸、模具导杆导向套、钻削夹具的钻套、各类自动定心夹具的定位夹具套筒、镗床主轴镗套以及支承回转轴的各种形式的滑动轴承等。其基本结构形式如图 6-19 所示。

套筒类零件的结构与尺寸随用途而异，但多数套筒结构具有以下特点：

① 外圆直径 d 一般小于其长度 L，通常：$L/d < 5$。

② 内孔与外圆直径差较小，故壁薄易变形，加工困难。

③ 内、外圆回转面一般有同度轴要求。

④ 内圆表面通常为工作面，其精度较高，表面粗糙度值较低。

⑤ 结构相对简单。

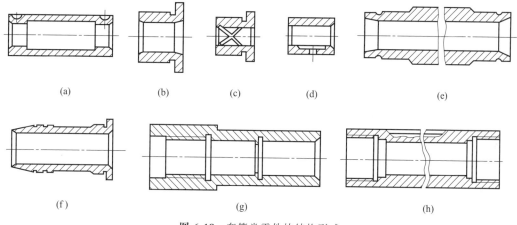

图 6-19 套筒类零件的结构形式

(2) 零件的主要技术要求

套筒类零件的外圆表面多与机架或箱体孔相配合以起支承、固定作用，常为过盈或过渡配合。内孔作为工作面主要起导向、支承及夹持固定作用。有些套筒的端面或凸缘端面有定位或承受载荷的作用。按照其功能的不同，其外圆与内孔主要技术指标有：

① 尺寸精度及粗糙度要求。外圆直径精度通常为 IT7～IT5，表面粗糙度 Ra 为 5～0.63μm，要求较高的可达 0.04μm。内孔的尺寸精度一般为 IT8～IT6，为保证其耐磨性和功能要求，对表面粗糙度要求较高，通常为 2.5～0.16μm。有的精密套筒及阀套的内孔尺寸精度要求为 IT5～IT4；有的套筒（如油缸、气缸缸筒）由于与其相配活塞上有密封圈，故对尺寸精度要求较低，一般为 IT9～IT8，但对表面粗糙度要求较高，一般为 2.5～1.6μm。

② 几何形状精度要求。通常将外圆与内孔的几何形状精度控制在直径公差以内即可，较精密的可控制在孔径公差的 1/2～1/3，甚至更严。对较长的套筒除圆度要求外，通常有孔的圆柱度和跳动要求。

③ 同轴度、垂直度等位置精度要求。内、外圆表面之间的同轴度要求根据加工与装配要求而定。如果内孔的终加工是在套筒装入机座（或箱体等）之后进行时，可降低对套筒

内、外圆表面的同轴度要求；如果内孔的最终加工是在装配之前完成的，则同轴度要求较高，通常为 0.01～0.06mm；套筒端面（或凸缘端面）常用来定位或承受载荷，故对端面与外圆和内孔轴心线的垂直度有较高要求，一般为 0.02～0.05mm。

(3) 套筒类零件毛坯与材料

套筒类零件毛坯，要视其结构尺寸与材料而定。孔径较大（如 $d > 20mm$）时，一般选用带孔的铸件、锻件或无缝钢管。孔径较小时，可选用棒料或实心铸件。在大批大量生产时，为节省原材料，提高生产率，也可用冷挤压、粉末冶金工艺制造精度较高的毛坯。

套筒类零件一般选用钢、铸铁、青铜或黄铜、优质合金钢、巴氏合金等材料。滑动轴承宜选用铜料。有些要求较高的滑动轴承，为节省贵重材料而采用双金属镶嵌结构，即用离心铸造法在钢或铸铁套筒的内壁上浇注一层巴氏合金等材料，用来提高轴承寿命。有些强度和硬度要求较高的（如伺服阀的阀套、镗床主轴套筒）则选用优质合金钢（如 18CrNiWA、38CrMoAlA）。

6.4.2 套筒类零件加工工艺过程示例

套筒类零件主要加工表面为内孔、外圆表面，其加工的主要问题是如何保证内孔与外圆的同轴度以及端面与内、外圆轴心线的垂直度要求。由于此类零件壁薄，在加工中容易变形，因此要采取适当措施防止由于变形而出现误差。其基本加工方法（钻孔、扩孔、镗孔、铰孔、磨外圆与内孔、研磨、配磨、珩磨以及冷挤压等）在第 2 章已有叙述。

加工工艺过程示例如下。

对于图 6-20 所示的滑动式导套，重点考虑其形状精度和位置精度的要求，总的工艺过程为：备料—内外表面粗加工—精加工—半精加工—热处理—精加工—光整加工。其具体工艺过程如表 6-5 所示。

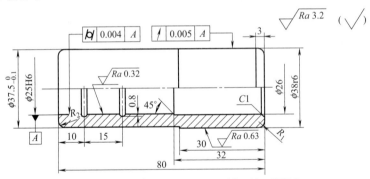

材料：20钢。内表面渗碳深度：0.8～1.2mm。硬度：58～62HRC

图 6-20 滑动式导套零件图

表 6-5 小批量的导套加工工艺过程

序号	工序名称	工序内容	使用设备
1	下料	—	锯床
2	车外圆、钻镗内孔	①车端面,保证长度82mm ②钻通孔至 $\phi23$ ③粗车外圆至 $\phi38.4$ 并倒角 ④镗孔至 $\phi24.6$ 及油槽至 25.6mm ⑤镗 $\phi26 \times 32$ 孔至尺寸	普通车床
3	半精车外圆、倒圆	半精车小外圆 $\phi37.5$ 至尺寸 车端面至尺寸 80mm 倒圆弧 $R2$	普通车床

序号	工序名称	工序内容	使用设备
4	检验	—	—
5	热处理	保证渗碳层深度 0.8～1.2mm,硬度 58～62HRC	—
6	磨削内、外圆	磨大外圆至 ϕ38r6 磨内孔至 ϕ25,留研磨余量 0.01mm	万能磨床
7	研磨内孔	研磨 ϕ25 内孔至尺寸 研磨 $R2$ 圆弧	车床
8	检验	—	—

6.4.3　防止零件变形的措施

套筒类零件的结构特点是壁厚度较薄,易变形,在机械加工中常因夹紧力、切削力、内应力和切削热等因素的影响而产生变形。故在加工时应注意以下几点:

① 为减少切削力和切削热的影响,粗、精加工应分开进行,使粗加工产生的变形在精加工中可以得到纠正。加工中冷却、润滑需充分。

② 在工艺上采取措施减少夹紧力的影响:改变夹紧的方法,即将径向夹紧改为轴向夹紧,如图 6-21 所示。如果需要径向夹紧,应尽可能使径向夹紧力均匀,如使用过渡套或弹簧套夹紧工件(图6-22),或者加工出工艺凸边或工艺螺纹以减少夹紧变形。

③ 热处理工序应安排在粗、精加工阶段之间,以减少热处理的影响。套筒类零件热处理后一般变形较大,精加工时注意纠正。

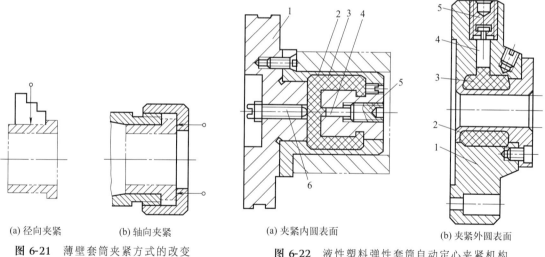

(a) 径向夹紧　　　　(b) 轴向夹紧

图 6-21　薄壁套筒夹紧方式的改变

(a) 夹紧内圆表面　　　　(b) 夹紧外圆表面

图 6-22　液性塑料弹性套筒自动定心夹紧机构
1—夹具体;2—薄板套筒;3—液性塑料;
4—柱塞;5—螺钉;6—限位螺钉

6.5　连杆加工

6.5.1　连杆的结构、材料与主要技术要求

连杆是较细长的变截面非圆形杆件,其杆身截面从大头到小头逐步变小,以适应在工作中承受的急剧变化的动载荷。中等尺寸或大型连杆由连杆体和连杆盖两部分组成,连杆体与连

杆盖用螺栓和螺母与曲轴主轴颈装配在一起；而尺寸较小的连杆（如摩托车发动机用连杆）多数为整体结构。图 6-23 为某柴油机连杆盖零件图。图 6-24 为某柴油机的连杆零件图。

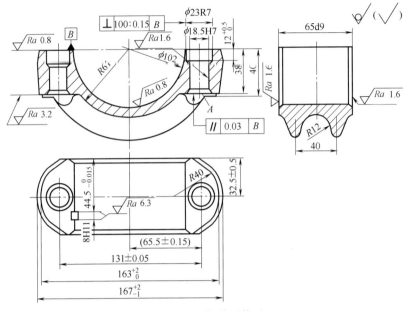

图 6-23 连杆盖零件图

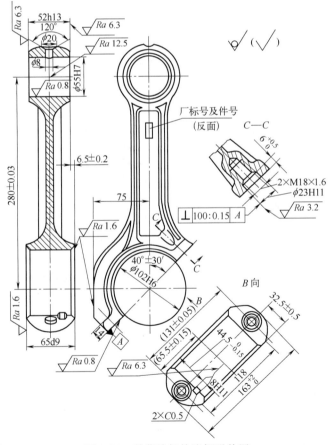

图 6-24 某柴油机的连杆零件图

为了减少磨损和磨损后便于修理，在连杆小头孔中压入青铜衬套，大头孔中装有薄壁巴氏合金轴瓦。

连杆材料一般采用 45 钢或 40Cr、45Mn2 等优质钢或合金钢。如今愈来愈多地采用球墨铸铁，其毛坯用模锻制造。连杆体和盖可以分开锻造，也可整体锻造，如何选择取决于毛坯尺寸及锻造毛坯的设备能力。

柴油机的连杆主要技术要求如表 6-6 所示。

表 6-6　连杆零件的主要技术要求

技术要求	数值	目的
大、小头孔精度	尺寸公差等级 IT7～IT6 圆度、圆柱度公差 0.004～0.006mm	保证与轴瓦的良好配合
大、小头孔表面粗糙度	大小孔：0.4～0.8μm；结合面：0.8μm； 大小孔端面：1.6～5.3μm	保证配合精度、耐磨性
两孔中心距	±(0.03～0.05)mm	影响气缸的压缩比及动力特性
两孔轴线在互相垂直方向上的平行度	连杆轴线平面内的平行度：(0.02～0.04)：100 垂直于连杆轴线平面内的平行度：(0.04～0.06)：100	使气缸壁磨损均匀,曲轴颈边缘减少磨损
大头孔两端面对其轴线的垂直度	(0.1：100)	减少曲轴颈边缘的磨损
两螺孔(定位孔)的位置精度	在两个垂直方向上的平行度为(0.02～0.04)：100 对结合面的垂直度为(0.1～0.2)：100	保证正常承载能力和大头孔与曲轴颈的良好配合
连杆组内各连杆的质量差	±2%	减少惯性力,保证运转平稳

表 6-7　连杆及连杆盖加工工艺过程

连杆体			连杆盖			机床设备
序号	工序内容	定位基准	序号	工序内容	定位基准	
1	模锻	—	1	模锻	—	
2	调质	—	2	调质	—	
3	磁性探伤	—	3	磁性探伤	—	
4	粗、精铣两平面	大、小头端面	4	粗、精铣两平面	端接合面	立式三工位双头回转台铣床
5	磨两平面	端面	5	磨两平面	端面	平面磨床
6	钻、扩、铰小头孔及倒角	大、小头端面,小头工艺凸台外廓	—	—	—	多工位专用机床
7	粗、精铣工艺凸台及结合面	大头端面,大、小头孔(一面双销)	6	粗、精铣结合面	端肩胛面	双头回转铣床
8	连杆体两件粗镗大头孔、倒角	大、小头端面,小头孔,工艺凸台	7	连杆盖两件粗镗孔、倒角	肩胛面螺钉孔外侧	多工位专用机床
9	磨结合面	大、小头端面,小头孔,工艺凸台	8	磨削结合面	肩胛面	平面磨床
10	钻、铰定位孔	小头孔及端面工艺凸台	9	钻、铰定位孔	端面,大头孔壁	卧式多工位专用机床
11	与连杆盖配钻、攻螺纹	定位孔结合面	10	配钻、扩沉头孔	定位孔结合面	—
12	清洗	—	11	清洗	—	

6.5.2 连杆的机械加工工艺过程

连杆的尺寸精度、形状精度和位置精度的要求都较高，总体来讲，连杆是杆状零件，刚性较差，加工中受力易产生变形。

批量生产连杆加工工艺过程如表 6-7 所示，合件加工工艺过程见表 6-8。

表 6-8　连杆合件加工工艺过程

序号	工作内容	定位基准	设备
1	杆与盖对号,清洗,装配	定位销	—
2	磨大头孔两端面	大、小头端面	平面磨床
3	半精镗大头孔及孔口倒角	大、小头端面,小头孔工艺凸台	—
4	精镗大、小头孔	大头端面,小头孔工艺凸台	金刚镗床
5	钻小油孔及孔外口倒角	大、小头端面; 大、小头孔	台式钻床
6	珩磨大头孔	自为基准	卧式珩磨机
7	小头孔内压活塞销衬套	大、小头端面及小头孔(假销定位)	油压机
8	铣小头两端面	小、大头端面	普通铣床
9	精镗小头衬套	大、小头孔(假销定位)	金刚镗床
10	拆分连杆盖	—	—
11	铣轴瓦定位槽	—	—
12	对号,装配	—	—
13	退磁	—	—
14	检验	—	—

连杆的主要加工表面为大、小头孔，两端面，连杆盖与连杆体的接合面和螺栓孔等。次要加工工序为油孔、锁口槽、工艺凸台、称重去重、检验、清洗和去毛刺等。

6.5.3 连杆加工工艺过程分析

(1) 工艺过程的安排

连杆的加工顺序大致如下：粗铣精磨上下端面—钻、扩、铰小头孔—粗精铣工艺凸台及结合面—两件连杆半圆孔和拼镗大头孔—磨结合面—钻铰定位孔—配钻、攻螺栓孔—合件联结—磨削合件两端面—半精镗大头孔—精镗大、小头孔—钻小油孔，倒角—珩磨大头孔—压装小头孔衬套—铣小头孔端面—精镗小头孔衬套—拆分合件并配对编号—铣轴瓦定位槽—对号装配—退磁、清洗—检验。

连杆小头孔压入衬套后常以金刚镗孔作为最后加工。大头孔常以珩磨或冷挤压作为底孔的最后加工。

整个过程体现出"先粗后精""先面后孔""先基准面后其他面""先主要面后次要面"的工艺顺序。

(2) 定位基准的选择

连杆加工中可供作定位基面的表面有：大头孔、小头孔、大小头孔两侧面等。这些表面在加工过程中不断地转换基准，由粗到精逐步形成。例如表 6-7 中，工序 4 粗、精铣平面的基准是毛坯底平面，采用固定及活动 V 形块各一个对小头外廓和大头一侧定位并夹紧；工序 4 中反转工件，粗、精铣另一面，以已铣削端面为精基准；大头两侧面在大量生产时以两侧自定心定位，中小批生产中为简化夹具可取一侧定位；镗大孔时的定位基准为一平面、小头孔和大头孔一侧面；而镗小头孔时可选一平面、大头孔和小头孔外圆等。

表 6-8 中，小头孔压装衬套和精镗衬套内孔时都采用了假销定位，即以加工孔自身定位——自位基准，保证加工余量均匀。假销定位是指定位销与孔定位并在夹紧工件后拆除定位销，不妨碍加工。

连杆加工的粗基准选择，要保证其对称性和孔的壁厚均匀。如图 6-25 所示，钻小头孔钻模是以小头外廓定位，来保证孔与外圆的同轴度，使壁厚均匀。

（3）确定合理的夹紧方法

连杆相对刚性较差，要十分注意夹紧力的大小、方向及着力点的选择。图 6-26 所示的不正确夹紧方法，使得连杆弯曲变形。

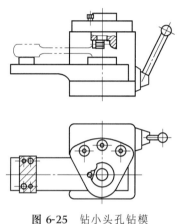

图 6-25　钻小头孔钻模

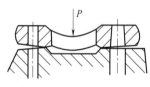

图 6-26　连杆的夹紧变形

（4）连杆两端面加工

如果毛坯精度高，可以不经粗铣而直接粗磨。精磨工序应安排在精加工大、小头孔之前，以保证孔与端面的相互垂直度要求。

（5）连杆大、小头孔的加工

大、小头孔加工既要保证达到孔本身的精度、表面粗糙度要求，还要保证达到相互位置和孔与端面垂直度要求。小头孔底径由钻、扩、铰孔及倒角等工序完成。镶嵌青铜衬套，再以衬套内孔定位，在金刚镗床上精镗内孔。大头孔的半精镗、精镗、珩磨工序都是在合装后进行。

6.5.4　连杆的检验

连杆加工工序多，中间又插入热处理工序，因而需经多次中间检验。最终检查项目和其他零件一样，包括尺寸精度、形状精度和位置精度以及表面粗糙度检验，只不过连杆的某些要求较高而已。

由于装配的要求，大、小头孔要按尺寸分组，连杆的位置精度要在检具上进行。如大、小头孔轴心线在两个相互垂直方向上的平行度，可采用图 6-27 所示方法进行检验。在大、小头孔中穿入心轴，大头的心轴放在等高垫铁上，使大头心轴与平板平行。将连杆置于直立位置时［图（a）］，在小头心轴上相距为 100mm 处测量高度的读数差，即为大、

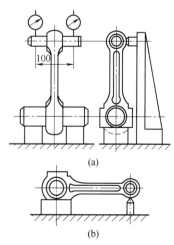

图 6-27　连杆大、小头孔在两个互相垂直方向上的平行度检验

小头孔在平行于连杆轴心线方向的平行度误差值；工件置于水平位置时［图（b）］，以同样方法测得出来的读数差，即为大、小头孔在垂直于连杆轴心线方向的平行度误差值。连杆还要进行探伤以检查其内在质量。

思考与练习

6-1 主轴加工中，常以顶尖孔作为定位基准，试分析其特点。在加工过程中，穿插安排多次重打或修研顶尖孔工作，并且从半精加工到精加工以至最终加工，对顶尖孔的精度要求越来越高，其原因是什么？

6-2 试分析主轴加工工艺过程中，如何体现精基准的选择原则？

6-3 箱体的结构特点和主要的技术要求有哪些？为什么要规定这些要求？

6-4 齿轮的典型加工工艺过程由哪几个加工阶段所组成？其中毛坯热处理和齿面热处理各起什么作用？应安排在工艺过程的哪一阶段？

6-5 套筒类零件加工中如何保证内外圆柱表面的同轴度？防止套筒夹持变形的措施有哪些？

6-6 连杆件的结构特点是什么？拟定其工艺时要注意哪些问题？

第7章

装配工艺规程的编制

7.1 以减速器装配案例引入装配工艺规程

机械产品一般都是由许多零件和部件组成的。按一定的技术要求，将零件或部件进行配合和连接，使之成为半成品或成品的工艺过程称为装配。零件结合成组件的装配叫组装，零件和组件结合成部件的装配叫部装，零件和组件及部件结合成机械产品的装配叫总装。机器的装配是整个机器制造过程中的最后一个阶段，它包括装配、调整、检查和试验等工作。制定合理的装配工艺规程，采用适宜的装配工艺，提高装配质量和装配劳动生产率，是机械制造工艺的一项重要任务。对于结构比较复杂的产品，为了保证装配的质量和装配的效率，应该按照产品结构的特点，从装配工艺角度将其分解为可以单独进行装配的生产单元——装配单元。产品划分装配单元后，可以合理调配生产工人及安排生产场地，而且便于组织装配工作的平行和流水作业。

（1）减速器介绍

一般来说，制造机械产品要经过三个环节：①产品的结构设计；②机械零件的加工；③产品的装配。合理的产品结构设计是保证产品质量的先决条件，零件的加工质量是产品质量的基础，恰当的装配是产品质量的最终保证。因此，装配工作是机械制造过程中非常重要的环节。

蜗轮蜗杆减速器是一种常用的传动装置，其承载能力强，减速比范围宽，结构紧凑，广泛用于冶金、矿山、起重、运输、石油、化工、建筑、橡塑、船舶等机械设备的减速传动。

适用的工作条件：

① 两轴交错角为 $90°$。

② 蜗杆转速不超过 $1500 r/min$。

③ 蜗杆中间平面分度圆滑动速度不超过 $16 m/s$。

④ 工作环境温度为 $0 \sim 40℃$。当环境温度低于 $0℃$ 或高于 $40℃$ 时，润滑油要相应加热或冷却。

⑤ 蜗杆轴可正、反向运转。

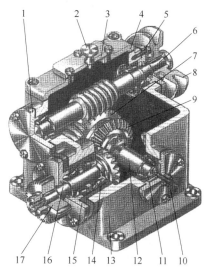

图 7-1　二级齿轮（圆锥齿轮-蜗轮蜗杆）减速器
1,5,10,14,15—轴承盖；
2—手把；3—加油孔盖；
4—箱盖；6—蜗杆轴；7—蜗轮；8—带轮；
9—圆锥齿轮；11—压盖；12—蜗轮轴；
13—箱体；16—圆锥齿轮轴；17—齿轮

从图 7-1、图 7-2 中可以看出，该减速器是由一级圆锥齿轮传动和一级蜗轮蜗杆传动组成。两圆锥齿轮安装后，要求实现两轴垂直交叉，接触精度通过调整两个圆锥齿轮轴向位移实现。而蜗轮蜗杆传动则要求实现两轴空间垂直交错，蜗轮与蜗杆之间的接触精度依靠调整蜗轮轴轴向位移实现。要实现这些技术要求，必须做好减速器的装配工作。当减速器零件加工完成后，如何将它们装配起来？装配工作有哪些内容？装配精度有哪些要求？下面主要阐述装配工作的基本内容及要求。

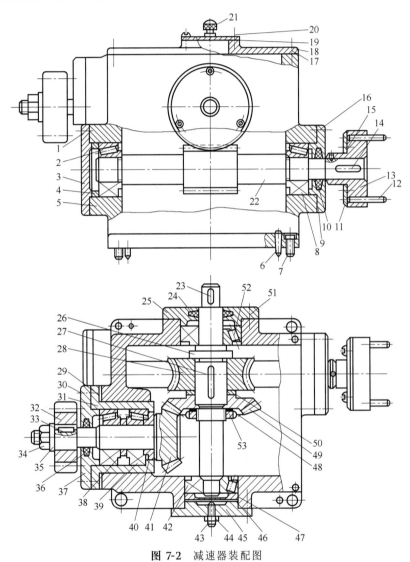

图 7-2 减速器装配图

1、7、15～17、20、30、43、46、51—螺钉；2、8、39、42、52—轴承；3、9、25、37、45—轴承盖；
4、29、50—调整垫圈；5—箱体；6、12—销；10、24、36—毛毡；11—环；13—联轴器；
14、23、27、33—平键；18—箱盖；19—盖板；21—手把；22—蜗杆轴；26—轴；28—蜗轮；31—轴承套；
32—圆柱齿轮；34、44、53—螺母；35、48—垫圈；38—隔圈；40—衬垫；41、49—锥齿轮；47—压盖

（2）装配单元划分

一般情况下，装配单元可划分为五个等级：零件、合件、组件、部件和机器。

零件——构成机器和参加装配的最基本单元。大部分零件先装成合件、组件和部件后再进入总装配。

合件——比零件大一级的装配单元。下列情况属于合件。

① 若干零件用不可拆卸联结法（如焊、铆、热装、冷压、合铸等）装在一起的装配单元。

② 少数零件组合后还需进行加工，如齿轮减速器的箱体与箱盖、曲柄连杆机构的连杆与连杆盖等，都是组合后镗孔。零件对号入座，不能互换。

③ 以一个基准件和少数零件组合成的装配单元。

合件如图 7-3（a）所示。

组件——一个或几个合件与若干个零件组合而成的装配单元。图 7-3（b）所示，即属于组件，其中蜗轮与齿轮为一个先装好的合件，阶梯轴为一个基准零件。

部件——一个基准零件和若干个零件、合件和组件组合而成的装配单元。

机器——由上述各装配单元组合而成的整体。

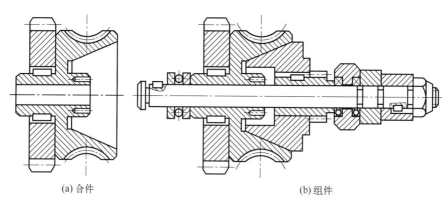

(a) 合件   (b) 组件

图 7-3 合件和组件示意图

图 7-4 表示装配单元划分的方案，称为装配单元系统逻辑关系。从图上可以看出，同一级的装配单元在进入总装前互相独立，可以同时平行装配。各级单元之间可以流水作业。这对组织装配、安排计划、提高效率和保证质量均是十分有利的。

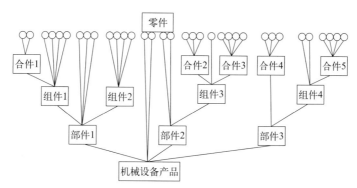

图 7-4 装配单元系统逻辑关系

为了让读者更加容易理解相关内容，下面用装配单元、装配基准件、装配单元系统图描述其在装配工艺规程中的含义。

① 装配单元：为了便于组织装配流水线，使装配工作有秩序地进行，装配时，将产品分解成独立装配的组件或分组件。编制装配工艺规程时，为了方便分析研究，要将产品划分为若干个装配单元。装配单元是装配中可以独立进行装配的部件。任何一个产品都能分解成

若干个装配单元。

② 装配基准件：最先进入装配的零件称为装配基准件。它可以是一个零件，也可以是最低一级的装配单元。

③ 装配单元系统图：表示产品装配单元的划分及其装配顺序的图称为装配单元系统图，如图 7-5 所示。图 7-6 为锥齿轮轴组件装配图，可按照图 7-7 所示顺序进行装配。

由于产品的结构和功能不同，并非所有的产品都有图 7-4 所示装配单元，有的产品可能没有合件，有的产品可能没有部件，在产品开发时根据需要进行设计。

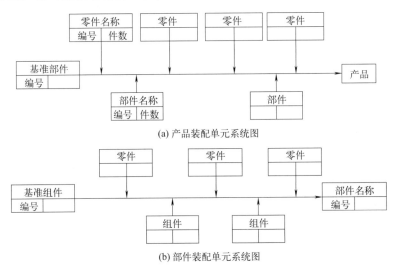

(a) 产品装配单元系统图

(b) 部件装配单元系统图

图 7-5 装配单元系统图

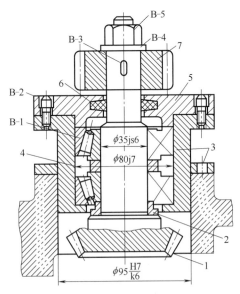

图 7-6 锥齿轮轴组件装配图

1—锥齿轮轴；2—衬垫；3—轴承套；4—隔圈；

5—轴承盖；6—毛毡圈；7—圆柱齿轮；

B-1—轴承；B-2—螺钉；

B-3—键；B-4—垫圈；B-5—螺母

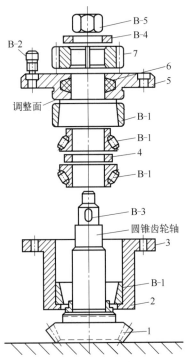

图 7-7 锥齿轮轴组件装配顺序图

（1～7、B-1～B-5 含义同图 7-6）

7.2 装配精度与装配尺寸链

（1）装配精度

装配精度一般包含：零部件间的尺寸精度、位置精度、相对运动精度和接触精度等。

① 零部件间的尺寸精度。零部件间的尺寸精度包括配合精度和距离精度。配合精度是指配合面间达到规定的间隙或过盈的要求。例如，轴和孔的配合间隙或配合过盈的变化范围。它影响配合性质和配合量。距离精度是指零部件间的轴向间隙、轴向距离和轴线距离等。机床的床头和床尾两顶尖的等高度即属此项精度。

② 零部件间的位置精度。零部件间的位置精度包括平行度、垂直度、同轴度和各种跳动等。如机床主轴轴肩支承面的跳动、主轴定心轴颈的径向圆跳动、主轴锥孔轴线的径向圆跳动等。

③ 零部件间的相对运动精度。相对运动精度是指相对运动的零件在运动方向和运动位置上的精度。运动方向上的精度包括零部件间相对运动时的直线度、平行度和垂直度等。如机床溜板移动在水平面内的直线度、尾座移动对溜板移动的平行度，以及主轴轴线对溜板移动的平行度等。运动位置精度即传动精度，是指内联系传动链中，始末两端传动元件间相对运动精度。如：滚齿机的滚刀主轴与工作台的相对运动精度，车床车螺纹时的主轴与刀架移动的相对运动精度。

④ 接触精度。接触精度是指两配合表面、接触表面和连接表面间达到规定的接触面积大小与接触点分布情况。它影响接触刚度和配合质量的稳定性。如锥体配合、齿轮配合和导轨面之间均有接触精度要求。

（2）装配尺寸链

图 7-8 为车床主轴中心与尾座套筒中心等高示意图，为了达到尾座顶尖与车床主轴的等高要求，首先需要保证主轴锥孔中心线至尾座底板距离 A_1、尾座底板厚度 A_2 与尾座顶尖套锥孔中心线至尾座底板距离 A_3，总装时，这三个装配尺寸与两顶尖的等高要求就形成了装配尺寸链。

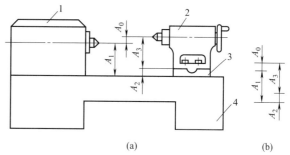

(a)　　　　(b)

图 7-8 车床主轴中心与尾座套筒中心等高示意图
1—主轴箱；2—尾座；3—底板；4—床身

从上述分析得知，所谓装配尺寸链，是指在机械设备的装配关系中，由相互连接的零件或部件的设计尺寸或相互位置关系（同轴度、平行度、垂直度等）所形成的尺寸链。

装配尺寸链就其抽象意义而言与工艺尺寸链并无区别，也有增环、减环、封闭环，并且增、减环的判断方法也与工艺尺寸链相同，尺寸链的特点也相同，计算方法也相同。但就实际意义而言，其与工艺尺寸链却有区别，工艺尺寸链的各个环是在同一个零件上，而装配尺寸链的每个环则是各个不同零件或部件在装配关系中的尺寸。工艺尺寸链的封闭环是基准不重合时形成的实际尺寸，而装配尺寸链的封闭环是零件或部件装配后形成的间隙或过盈等。

（3）装配尺寸链的建立

由于零件的加工精度受工艺条件、经济性限制，对某些装配项目来说，如果完全由零件的制造精度来直接保证，则对它们的制造精度要求都很高，给加工带来很大困难。这时常按经济加工精度来确定零件的精度要求，使之易于加工，而在装配时采用一定的工艺措施（修配、调节）来保证最终装配精度。

产品的装配方法必须根据产品的性能要求、生产类型、装配的生产条件来确定。在不同的装配方法中，零件加工精度与装配精度具有不同的相互关系。定量地分析这种关系，常将尺寸链的基本理论应用于装配过程，通过解算装配尺寸链，最后确定零件加工精度与装配精度之间的定量关系。

装配尺寸链的建立是在装配图的基础上，根据装配精度的要求，找出与该项精度有关的零件及相应的尺寸，并画出尺寸链图。这是解决装配精度问题的第一步，只有所建立的装配尺寸链是正确的，求解它才有意义。建立装配尺寸链的基本步骤如下。

1）判别封闭环

如前所述，装配精度即封闭环。为了正确地确定封闭环，必须深入了解机器的使用要求及各部件的作用，明确设计人员对整机及部件所提出的装配技术要求。

2）查找组成环

装配尺寸链的组成环是对机械设备或部件装配精度有直接影响的环。一般查找方法是取封闭环两端为起点，沿着相邻零件由近及远地查找与封闭环有关的零件，直到找到同一个基准零件或同一基准表面为止。这样，所有相关零件上直接影响封闭环大小的尺寸或位置关系，便是装配尺寸链的全部组成环，并且整个尺寸链系统要正确封闭。

例如，图 7-8 所示的装配关系中，头尾座中心线的等高要求 A_0 为封闭环，按上述方法很快可以查出组成环为 A_1、A_2 和 A_3。

3）画出装配尺寸链图

根据分析，画出装配尺寸链图［图 7-8（b）］，并判别出增环和减环，便于进行求解。在封闭环精度一定时，尺寸链的组成环数越少，则每个环分配到的公差越大，这有利于减小加工的难度和降低成本。因此，在建立装配尺寸链时，要遵循最短路线（环数最少）原则，即应使每一相关零件仅有一个组成环列入尺寸链。

装配尺寸链的计算方法有以下三种。

① 正计算法。已知组成环的尺寸和公差，求解封闭环的尺寸和公差。这类问题多出现在装配工作、检验工作中，以便校验产品是否合格。解正面问题比较简单。

② 反计算法。已知封闭环的尺寸和公差，求解组成环的尺寸和公差。这类问题多出现在设计工作中，已知装配精度要求，要设计各相关零件的精度。由于这时的已知数有一个，未知数有多个，故求解比较复杂。需要注意的是，在分配各组成环公差时，可以采用等公差法、等精度法和经验法。等公差法是不论零件的相关尺寸大小如何，分配公差值都是一样的，不够合理。等精度法是设定各组成环的精度相等，这样在精度相同时，尺寸大者公差值大，尺寸小者公差值也小。此时，等精度法相对比较合理，但等精度法计算较复杂。由于零件加工难易程度不同，有的尺寸精度容易保证，公差可以缩小，有些尺寸精度难以保证，公差可以加大些。所以等精度法也不尽合理，但可在等精度法的基础上适当进行调整。经验法是按等公差法计算出各组成环的公差值，再根据尺寸大小、加工难易程度及经验进行调整，最后核算。

③ 中间计算法。已知封闭环与部分组成环的尺寸和公差，求解其余组成环的尺寸和公差。这类问题在设计阶段和工艺制定阶段都有，许多反计算问题最后都是转化为中间计算问题来求解。

在解决具有累积误差的装配精度问题时，建立并解算装配尺寸链是最关键的一步。

在装配关系中，对装配精度有直接影响的零部件的尺寸和位置关系，都是装配尺寸链的组成环。如同工艺尺寸链一样，装配尺寸链的组成环也分为增环和减环。

图 7-9 是 495 型柴油机曲轴主轴颈与止推主轴承的装配简图，结合此例说明尺寸链的建立过程。

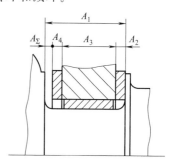

图 7-9 495 型柴油机曲轴主轴颈与止推主轴承的装配简图

① 确定需要间接保证装配精度的尺寸，即尺寸链的封闭环。在图 7-9 中就是根据使用要求规定的轴向 A_Σ。

② 确定组成环。组成环要根据装配图上的装配关系及零件图的尺寸标注方法来确定。可以绘制有关零件的装配简图，注出所有的有关尺寸（图 7-9），从封闭环的任一面（尺寸线的任一端）开始找组成环。根据以上所述，从影响封闭尺寸大小的那些尺寸来找，也就是找与封闭环有直接尺寸关系的（在零件图上标注了图 7-9 所示 495 型柴油机曲轴主尺寸的）表面，然后再找与这个表面有直接尺寸关系的轴颈和止推主轴承配合表面，依次类推，直至找到封闭环的另一个面（尺寸线的另一端）而构成一个封闭的尺寸链为止。图 7-9 中，A_1、A_2、A_3、A_4 为组成环，A_Σ 为封闭环，它们构成封闭的尺寸链。

列出尺寸链时，要注意排除环外尺寸。图 7-10 所示是 B 组和 E 组并联尺寸链。有公共组成环 B_1 和 B_2；B_Σ 的组成环是 B_1、B_2、B_3；E_Σ 的组成环是 E_1、B_1、B_2、E_2，而 B_Σ、B_3 是 E 组尺寸链的环外尺寸（因为 E_Σ 与 B_Σ、B_3 无直接尺寸关系）。如以 E_Σ、B_3 代替 B_1、B_2 作为 E 组尺寸链的组成环，则将 B_3 的公差错误地引入了两次。

③ 判定增环和减环。三环、四环尺寸链中判定增环和减环比较容易，按照上述增环和减环的定义即可得出。多环尺寸链可用下述简便方法判断：绘出尺寸链图，如图 7-11 所示；注出封闭环与组成环的尺寸或尺寸代号，如 A_1，A_2，…，A_Σ；在封闭环右端标箭头；从封闭环的左端开始，走出一个封闭回路，沿行进方向依次将每个组成环的尺寸标以箭头；与封闭环箭头方向相同者为增环（$\overrightarrow{A_2}$、$\overrightarrow{A_3}$、$\overrightarrow{A_5}$），相反者为减环（$\overleftarrow{A_1}$、$\overleftarrow{A_4}$、$\overleftarrow{A_6}$）。

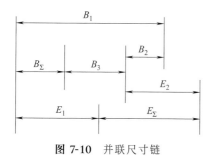

图 7-10 并联尺寸链

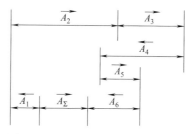

图 7-11 判定尺寸链的增环和减环

根据图 7-11 中各尺寸线段的长度关系，可以直接写出尺寸链方程式：

$$A_\Sigma = \overrightarrow{A_2} + \overrightarrow{A_3} - \overleftarrow{A_4} + \overrightarrow{A_5} - \overleftarrow{A_6} - \overleftarrow{A_1} = (\overrightarrow{A_2} + \overrightarrow{A_3} + \overrightarrow{A_5}) - (\overleftarrow{A_4} + \overleftarrow{A_6} + \overleftarrow{A_1}) \qquad (7-1)$$

可以看出，封闭环是由各组成环的相加或相减而成。相加的各组成环有一个共同特点，就是它们的数值如果增大，封闭环的数值也随之增大，也就说明这些相加的组成环应是增环；相减的各组成环，其数值如果增大，封闭环的数值反而减小，说明它们应是减环。由上述尺寸链方程式可以看出，方程式所示的增环和减环恰好与上述方法所判定的增环和减环一致，即组成环 $\overrightarrow{A_2}$、$\overrightarrow{A_3}$、$\overrightarrow{A_5}$ 为增环，组成环 $\overleftarrow{A_1}$、$\overleftarrow{A_4}$、$\overleftarrow{A_6}$ 为减环。由此，可以推论出一般尺寸链方程式的形式为

$$A_\Sigma = \sum_{i=1}^{m} \overrightarrow{Ai} - \sum_{i=m+1}^{n-1} \overleftarrow{A_i} \tag{7-2}$$

式中　A_Σ、$\overrightarrow{A_i}$、$\overleftarrow{A_i}$ ——封闭环、增环、减环的变量尺寸；

　　　　n ——包括封闭环在内的尺寸链总环数；

　　　　m ——增环数目。

因此，只要写出尺寸链方程式，增环和减环也就自然而然地区分开了。

(4) 装配尺寸链的查找

正确地查明装配尺寸链的组成，并建立尺寸链是进行尺寸链计算的基础。

1) 装配尺寸链的查找方法

首先根据装配精度要求确定封闭环，再取封闭环两端的任一零件为起点，沿装配精度要求的位置方向，以装配基准面为查找的线索，分别找出影响装配精度的相关零件（组成环），直到找到同一基准零件，甚至是同一基准表面为止。这一过程与查找工艺尺寸链的跟踪法在实质上是一致的。

当然，装配尺寸链也可从封闭环的一端开始，依次查找相关零部件直至封闭环的另一端。也可以从共同的基准面或零件开始，分别查到封闭环的两端。

2) 查找装配尺寸链时应注意的问题

① 装配尺寸链应进行必要的简化。机械产品的结构通常都比较复杂，对装配精度有影响的因素很多，在查找尺寸链时，在保证装配精度的前提下，可以不考虑那些影响较小的因素，使装配尺寸链适当简化。

例如，图 7-8（a）表示车床主轴与尾座中心线等高问题。影响该项装配精度的因素有：

A_1 ——主轴锥孔中心线至尾座底板距离；

A_2 ——尾座底板厚度；

A_3 ——尾座顶尖套锥孔中心线至尾座底板距离；

e_1 ——主轴滚动轴承外圆与内孔的同轴度误差；

e_2 ——尾座顶尖套锥孔与外圆的同轴度误差；

e_3 ——尾座顶尖套与尾座孔配合间隙引起的向下偏移量；

e_4 ——床身上安装主轴箱和尾座的平导轨间的高度差。

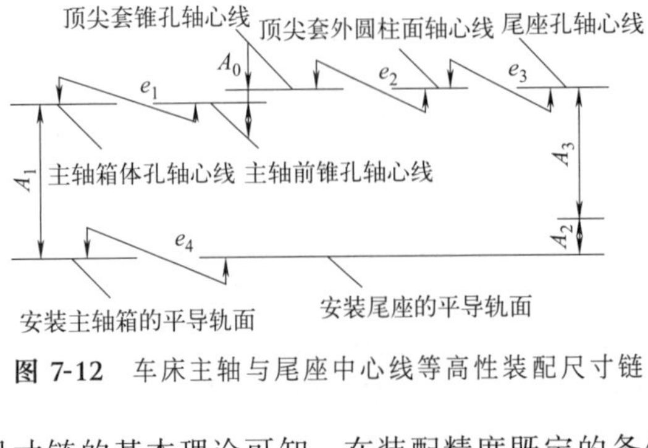

图 7-12　车床主轴与尾座中心线等高性装配尺寸链

由上述分析可知：车床主轴与尾座中心线等高性的装配尺寸链可表示为图 7-12 所示结果。但由于 e_1、e_2、e_3、e_4 的数值相对 A_1、A_2、A_3 的误差而言是较小的，对装配精度影响也较小，故装配尺寸链可以简化成图 7-8（b）所示的结果。但在精密装配中应计入所有对装配精度有影响的因素，不可随意简化。

② 装配尺寸链组成的"一件一环"。由尺寸链的基本理论可知，在装配精度既定的条件下，组成环数越少，则各组成环所分配到的公差值就越大，零件加工越容易、越经济。这样，在产品结构设计时，在满足产品工作性能

的条件下，应尽量简化产品结构，使影响产品装配精度的零件数尽量减少。

在查找装配尺寸链时，每个相关的零部件只应有一个尺寸作为组成环列入装配尺寸链，即将所连接的两个装配基准面间的位置尺寸直接标注在零件图上。这样，组成环的数目就等于有关零部件的数目，即"一件一环"，这就是装配尺寸链的最短路线（环数最少）原则。

图 7-13 所示齿轮装配后，轴向间隙尺寸链就体现了一件一环的原则。如果把图中的轴向尺寸标注成如图 7-14 所示的两个尺寸，则违反了一件一环的原则，其装配尺寸链的构成显然不合理。

③ 装配尺寸链的"方向性"。在同一装配结构中，在不同位置方向都有装配精度的要求时，应按不同方向分别建立装配尺寸链。例如，蜗杆副传动结构中，为保证正常啮合，要同时保证蜗杆副两轴线间的距离精度、垂直度精度、蜗杆轴线与蜗轮中间平面的重合精度，这是 3 个不同位置方向的装配精度，因而需要在 3 个不同方向分别建立尺寸链。

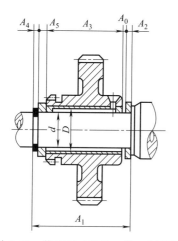

图 7-13　装配尺寸链的一件一环原则

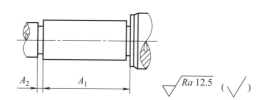

图 7-14　组成环尺寸的不合理算法

7.3　装配方法

(1) 保证装配精度的方法

机械产品的精度要求，最终是靠装配实现的。根据产品的性能要求、结构特点和生产类型、生产条件，可采取不同的装配方法。保证产品装配精度的方法有：互换法、选配法、修配法和调整法等。

装配尺寸链的解算方法与装配方法密切相关。同一项装配精度，采用不同的装配方法时，其装配尺寸链的解算方法也不相同。

1）互换法

互换法是在装配过程中，零件互换后仍能达到装配精度要求的装配方法。产品采用互换法时，装配精度主要取决于零件的加工精度。互换法的实质就是控制零件的加工误差来保证产品的装配精度。

根据零件的互换程度不同，互换法又分为完全互换法和不完全互换法。

① 完全互换法。完全互换法就是装配时各配合零件不需进行任何修理、选择或调整、修配即可达到装配精度要求的装配方法。

这种装配方法的特点是：装配质量稳定可靠，对装配工人的技术等级要求较低，装配工作简单、经济，生产率高，既便于组织流水装配和自动化装配，又可保证零、部件的互换性，便于组织专业化生产和协作生产，容易解决备件供应问题。因此完全互换装配法是比较先进和理想的装配方法。它适宜于成批、大量生产。

② 不完全互换法。多数零件能够互换，其特点和完全互换法特点相似，但允许零件的公差比完全互换法所规定的公差大。尤其是在环数较多、组成环又呈正态分布时，组成环的公差的扩大最为显著，因而有利于零件的经济加工。装配过程与完全互换法一样简单、方便。但在装配时，出现达不到装配精度要求的概率是 0.27%。

2）选配法

选配法是将相关零件的相关尺寸公差放大到经济精度，然后选择合适的零件进行装配，以保证装配精度的方法。这种装配法常用于装配精度要求很高而组成环数又极少的成批或大量生产中，如滚动轴承的装配、内燃机活塞和缸套的装配、活塞销的装配等。

选配法按其形式不同有三种：直接选配法、分组装配法和复合选配法。

① 直接选配法。在装配时，工人从许多待装配的零件中直接选择合适的零件进行装配，以达到装配精度的要求。

这种装配方法的优点是零件不必事先分组，能达到很高的装配精度。缺点是：装配工人凭经验挑选合适零件通过试凑进行装配，所以装配时间不易准确控制，装配精度在很大程度上取决于工人的技术水平。这种装配方法不宜用于生产节拍要求较严的大批大量流水作业。

② 分组装配法。这种方法是将相关零件的相关尺寸公差放大若干倍，使其尺寸能按经济精度加工，然后按零件的实际加工尺寸分为若干组，各对应组进行装配，以达到装配精度要求。由于同组零件具有互换性，所以这种方法又称为分组互换法。

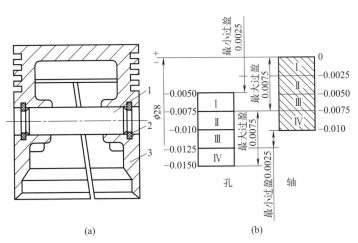

图 7-15 活塞销与活塞销孔连接
1—活塞销；2—挡圈；3—活塞

分组装配法在大批大量生产中可降低零件的加工精度，而不降低装配精度。但是，分组装配法增加了零件测量、分组和配套工作，当组成环较多时，这种工作就会变得非常复杂。所以，分组装配适用于成批、大量生产中组成环数少而装配精度要求高的部件装配。例如：图 7-15 是发动机中活塞销与活塞销孔的配合情况，根据装配技术要求，销孔与销的配合，在冷态时，有 0.0025～0.0075mm 的过盈量。其配合公差仅为 0.005mm。若活塞与活塞销采用完全互换法装配，且销孔与活塞销的平均公差 $T_{DM} = T_{dM} = 0.0025$mm。如果上述配合采用基轴制原则，则活塞销外径尺寸 $d = 28^{\ 0}_{-0.0025}$mm，相应的销孔直径 $D = 28^{-0.0050}_{-0.0075}$mm。显然，这样精确的活塞销和销孔的加工是很困难的，也是很不经济的。生产中采用的方法是将上述公差值都增大 4 倍（$d = 28^{\ 0}_{-0.01}$mm，$D = 28^{-0.02}_{-0.03}$mm），这样即可以采用高效率的无心磨和金刚镗去分别加工活塞销外圆和活塞销孔，然后用精密量仪进行测量，按尺寸大小分组，做上不同的记号（如涂上不同的颜色，装配时只要把同一种颜色的活塞销和活塞组合在一起，就能达到装配要求）。具体分组情况见表 7-1。

正确采用分组装配法的关键，是保证分组后各对应组的配合性质和配合公差满足装配精度要求，同时，对应组内的相配件的数量要相配套。为此，应满足以下条件：

a. 为保证分组后各组的配合性质及配合精度与原来的要求相同，配合件的公差应相等，公差增大是要同方向增大，增大的倍数等于以后的分组数。

b. 为保证零件分组后在装配时各组数量相匹配，应使配合件的尺寸分布为相同的对称分布（如正态分布）。如果分布曲线不相同或为不对称分布曲线，将导致各组相配零件数量不等，造成一些零件积压浪费。实际生产中，常常专门加工一批零件与剩余零件相配，以解决零件剩余问题。

表 7-1 活塞销与活塞销孔直径分组　　　　　　　　　　　　　　　　　　单位：mm

组别	标志颜色	活塞销直径 $d(\phi 28^{\ 0}_{-0.010})$	活塞销孔直径 $D(\phi 28^{-0.005}_{-0.015})$	配合情况	
				最小过盈	最大过盈
Ⅰ	红	$\phi 28^{\ 0}_{-0.0025}$	$\phi 28^{-0.0050}_{-0.0075}$		
Ⅱ	白	$\phi 28^{-0.0025}_{-0.0050}$	$\phi 28^{-0.0075}_{-0.0100}$		
Ⅲ	黄	$\phi 28^{-0.0060}_{-0.0075}$	$\phi 28^{-0.0100}_{-0.0125}$	0.0025	0.0075
Ⅳ	绿	$\phi 28^{-0.0075}_{-0.0100}$	$\phi 28^{-0.0125}_{-0.0150}$		

c. 配合件的表面粗糙度、相互位置精度和形状精度不能随尺寸精度放大而任意放大，应与分组公差相适应，否则，不能达到要求的配合精度及配合质量。

d. 分组数不宜过多，零件尺寸公差只要放大到经济精度加工即可，否则就会因零件的测量、分类、保管工作量的增加而使生产组织工作复杂，甚至造成生产过程混乱。

③ 复合选配法。该法是分组装配与直接选择装配的复合形式。它是将组成环的公差相对于互换法所求之值增大，零件加工后预先测量、分组，装配时工人还在各对应组内进行选择装配。因而，这种方法结合了前两种的特点，既能提高装配精度，又不必过多增加分组数。但是，装配精度仍然要依赖工人的技术水平，工时也不稳定。这种方法常用于配合件公差不等时，作为分组装配法的一种补充形式。例如，发动机中的气缸与活塞的装配多采用此种方法。

另外，采用选配法装配，一批零件严格按同一精度要求装配时，最后可能出现无法满足要求的"剩余零件"。当各零件加工误差分布规律不同时，"剩余零件"可能更多。

3）修配法

在单件小批生产中，对于产品中那些装配精度要求较高且组成环数较多的部件装配时，若按互换法或选配法装配，会造成零件精度过高而加工困难，有时甚至无法加工。此时，常用修配法来保证装配精度。

所谓修配法，就是在装配时修去指定零件上预留修配量以达到装配精度的方法。具体来讲，就是将装配尺寸链中各组成环按经济精度制造，装配时根据实测结果，通过修配某一组成环的尺寸，或就地配制这个环，用来补偿其他各组成环由于公差放大而产生的累积误差，使封闭环达到规定精度的一种装配工艺方法。这种方法的优点是能获得很高的装配精度，而零件可按经济精度制造。缺点是增加了一道修配工序，费工费时，又需技术熟练的工人，修配工时不易确定，零件不能互换，不适于流水线生产。

采用修配法时，关键是正确选择修配环和确定其尺寸及极限偏差。

① 选择修配环。一般应满足以下要求：

a. 要便于装拆、易于修配。要选形状比较简单、修配面较小的零件。

b. 尽量不选公共环。因为公共环难以同时满足几项装配精度要求，所以应选只与一项装配精度有关的环。

② 确定修配环的尺寸及极限偏差。确定修配环的尺寸及极限偏差的出发点，是要保证修配量足够和最小。

③ 修配的方法。实际生产中，修配的方式较多，常见的有以下三种。

a. 单件修配法。在多环装配尺寸链中，选定某一固定的零件作修配件（补偿环），装配时用去除金属层的方法改变其尺寸，以满足精度的要求。如：齿轮和轴装配中，以轴向垫圈为修配件来保证齿轮的轴向间隙；车床尾座与床头箱装配中，以尾座底板为修配件，来保证尾座中心线与主轴中心线的等高性。这种修配方法在生产中应用最广。

b. 合并加工修配法。这种方法是将两个或更多的零件合并在一起再进行加工修配，合并后的尺寸可看作一个组成环，这样就减少了装配尺寸链组成环的环数，并可以相应减少修配的劳动量。例如，尾座装配时，也可采用合并加工修配法，即把尾座体和底板相配合的平面分别加工好，并配刮横向小导轨，然后把两零件装配在一起，以底板的底面为定位基准，镗削加工套筒孔，这样此环公差可加大，而且可以给底板面留较小的刮研量。

合并加工修配法由于零件合并后再加工和装配，对号入座，给组织装配生产带来很多不便。这种方法多用于单件小批生产中。

c. 自身加工修配法。在机床制造中，有些装配精度要求较高，若单纯依靠限制个别零件的加工误差来保证，势必造成各零件加工精度很高，甚至无法加工，而且不宜选择适当的

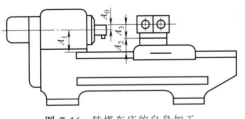

图 7-16　转塔车床的自身加工

修配件。此时，在机床总装时，用自己加工自己的方法来保证这些装配精度更方便，这种装配法称为自身加工修配法。例如，在牛头刨床总装后，用自刨的方法加工工作台面，可以较容易地达到滑枕运动方向与工作台面的平行度要求。

又如图 7-16 中的转塔车床，常不用修刮 A_3 的方法来保证主轴中心线与转塔上各孔中心线的等高性，而是在装配后，在车床主轴上装夹一批镗刀，转塔做纵向进给运动，依次镗削转塔上的六个孔。这种自身加工的方法可以方便地保证主轴中心线与转塔各孔中心线的等高性。此外，平面磨床砂轮磨削工作台面也属于这种修配方法。因此，自身加工修配法在机床制造业中应用广泛。

4）调整法

对于精度要求较高而且组成环数又较多的产品或部件，在不能采用完全互换法装配时，除了可用修配法保证技术要求外，还可以用调整法保证装配精度。

调整法与修配法的实质相同，也是将尺寸链中各组成环的公差值增大，使其能按经济精

度制造，装配时选定尺寸链中某一环作为调整环，采用调整的方法改变其实际尺寸或位置，使封闭环达到规定的公差要求。预先选定的环（一般是指螺栓、斜楔、挡环和垫片等零件）称为调整环，它用来补偿其他各组成环由于公差放大所产生的累积误差。

根据调整方法的不同，调整法分为可动调整法、固定调整法和误差抵消调整法三种。下面简述前两种方法。

① 可动调整法。采用调整的方法改变调整环的位置（移动、旋转或移动旋转同时进行），使封闭环达到其公差或极限偏差要求的方法称为可动调整法。

在机械产品中，可动调整的方法很多。图 7-17 所示为普通车床横刀架采用楔块 3 调整丝杠 1 和螺母 2、4 间隙的装置，所用的就是可动调整法。该装置中，将螺母做成两个，分为前螺母 2 和后螺母 4，后螺母的右端做成斜面，在前、后螺母之间装入一个左端也做成斜面的楔块 3。调整间隙时，先将后螺母固定螺钉放松，然后拧紧楔块的调节螺钉 5，将楔块向上拉，由于后螺母右端斜面和楔块左端斜面的作用，后螺母向左移动，从而消除丝杠和前螺母之间的间隙。又如图 7-18 所示主轴箱中用螺钉 1 调整轴承间隙的装置，调整后用螺母 2 锁紧。

可动调整法不但调整方便，能获得比较高的精度，而且可以补偿由于磨损和变形等所引起的误差，使设备恢复原有精度。所以，在一些传动机械或易磨损机构中，常用可动调整法。但是，可动调整法中调整件的出现，削弱了机构的刚度，因而在刚度要求较高或结构比较紧凑而无法安排可动调整件时，就可采用其他的调整法。

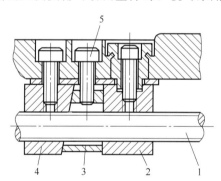

图 7-17 采用楔块调整丝杠和螺母间隙的装置
1—丝杠；2—前螺母；3—调节楔块；4—后螺母；5—螺钉

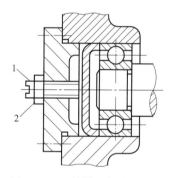

图 7-18 调整轴承间隙的装置
1—调节螺钉；2—螺母

② 固定调整法。采用调整的方式改变调整环的尺寸，使封闭环达到其公差与极限偏差要求的方法称为固定调整法。

调整环要形状简单，便于拆装，常用的调整环有垫片、套筒等。改变调整环的实际尺寸的方法是根据封闭环公差与极限偏差的要求，分别装入不同尺寸的调整环。例如调整环是减环，因放大组成环公差后封闭环尺寸较大，就取较大的调整环装入；反之，当封闭环实际尺寸较小时，就取较小的调整环装入。为此，需要预先按一定的尺寸要求，制成若干组不同尺寸的调整件，供装配时选用。

调整件的极限偏差按入体法标注。

固定调整法可降低对组成环的加工要求，但能获得较高的装配精度。尤其是当尺寸链中环数较多时，其优点更为明显。固定调整法在装配时不必修配补偿环，没有修配法的一些缺点，所以在大批大量生产中应用较多。固定调整法又没有可动调整法中改变位置的补偿件，因而刚性较好，结构也比较紧凑。但是，固定调整法在调整时要拆换补偿环，装拆和调整比较费事，所以设计时要选择装拆方便的机构。另外，由于要预先做好若干组不同尺寸的调整件，这也给生产带来不便。为了简化补偿件的规格，生产中常用"多件组合法"。"多件组合法"是把调整件（如垫片）做成几种规格，如厚度分别为 0.1mm、0.2mm、0.5mm 和 1mm 等，装配时根据装配尺寸原理（如同块规）把不同厚度的垫片组成各种不同尺寸的垫片组，以满足装配精度要求。

固定调整法常用于大批大量生产和中批生产中。封闭环要求较严的多环装配尺寸链中，尤其是在比较精密的机械传动中，用调整法还能补偿使用过程中的磨损和误差，恢复原有精度。如精密机械、机床和传动机械中的锥齿轮啮合精度的调整，轴承间隙或预紧度的调整中，都广泛采用固定调整法。

（2）装配方法的选择

上述各种装配方法各有特色。其中有些方法对组成环的加工要求较松，但装配时就要较严格；相反，有些方法对组成环的加工要求较严，而在装配时就比较简单。选择装配方法的出发点是使产品制造的全过程达到最佳效果。具体考虑的因素有：封闭环公差要求（装配精度）、结构特点（组成环环数等）、生产类型及具体生产条件。

一般来说，只要组成环的加工比较经济可行，就要求优先采用完全互换装配法。成批生产、组成环又较多时，可考虑采用大数据互换装配法。

当封闭环公差要求较严时，若采用完全互换装配法将使组成环加工比较困难或不经济，就采用其他方法。大量生产时，环数少的尺寸链采用分组装配法，环数多的尺寸链采用调整装配法。单件小批生产时，则常用修配法。成批生产时可灵活应用调整法、修配法和分组装配法（分组装配法在环数少时采用）。

5 种装配方法适用范围及应用实例如表 7-2 所示。

表 7-2　5 种装配方法适用范围及应用实例

装配方法	适用范围	应用实例
完全互换法	适用于组成环中的零件，可用经济精度加工、零件数较少，批量很大的机械设备产品	汽车、拖拉机、缝纫机、洗衣机及小型电动机的部分部件
部分互换法	适用于组成环中的零件，其加工精度需适当放宽，零件数稍多、批量大的机械设备产品	机床、仪器仪表中某些部件
选配法	适用于成批或大量生产中，组成环中的零件装配精度很高，零件数很少，又不便于采用调整装置的机械设备产品	中小型柴油机的活塞与缸套、活塞与活塞销、滚动轴承的内外圈与滚子
修配法	适用于单件小批量生产且组成环中要求装配精度很高、零件数量较多的机械设备产品	车床尾座垫板、滚齿机分度蜗轮与工作台装配后精加工齿形、平面磨床砂轮（架）对工作台台面的自磨工序
调整法	除必须采用选配法选配的精密件外，调节法可适用于各种场合	机床导轨的楔形镶条，内燃机气门间隙的调整螺钉，滚动轴承调整间隙的间隙套、垫圈，锥齿轮调整间隙的垫片

一种产品究竟采用何种装配方法来保证装配精度，通常在设计阶段即应确定。这是因为只有在装配方法确定后，才能通过尺寸链的解算，合理地确定各个零、部件在加工和装配中的技术要求。但是，同一种产品的同一装配精度要求，在不同的生产类型和生产条件下，可能采用不同的装配方法。例如，在大量生产时采用完全互换法或调整法保证的装配精度，在小批生产时可用修配法。因此，工艺人员特别是主管产品的工艺人员必须掌握各种装配方法

的特点及其装配尺寸链的解算方法，以便在制定产品的装配工艺规程和确定装配工序的具体内容时，或在现场解决装配质量问题时，根据具体工艺条件审查或确定装配方法。

7.4 装配方法使用实例

机械产品的精度要求最终是靠装配实现的。用合理的装配方法来达到规定的装配精度，以实现用较低的零件精度达到较高的装配精度，用最少的装配劳动量来达到较高的装配精度。合理地选择装配方法是装配工艺的核心问题。装配方法与装配尺寸链的计算方法密切相关。

装配尺寸链的计算方法可分为正计算和反计算。正计算用于对已设计的图样进行校核验算。反计算用于产品设计过程之中，以确定各零部件的尺寸和加工精度。

根据产品的性能要求、结构特点、生产形式和生产条件等，可选取合适的装配方法。

(1) 完全互换法的使用方法

完全互换法是在装配过程中，零件互换后仍能达到装配精度要求的装配方法。产品采用完全互换法时，装配精度主要取决于零件的加工精度，装配时不需任何调整和修配，就可以达到装配精度。互换法的实质就是通过控制零件的加工误差来保证产品的装配精度。

【例 7-1】 齿轮部件装配如图 7-19（a）所示，轴是固定不动的，齿轮在轴上回转，要求齿轮与挡圈的轴向间隙为 0.1～0.35mm，已知：$A_1 = 30$mm，$A_2 = 5$mm，$A_3 = 43$mm，$A_4 = 3_{-0.05}^{0}$mm（标准件），$A_5 = 5$mm。现采用完全互换法装配，试确定各组成环公差和极限偏差。

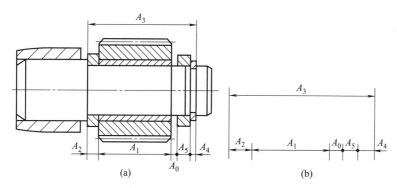

图 7-19 齿轮与轴的装配关系

解：

（1）画装配尺寸链图，校验各环基本尺寸

依题意，轴向间隙为 0.1～0.35mm，则封闭环公差 $A_0 = 0_{+0.10}^{+0.35}$mm，封闭环公差 $T_0 = 0.25$mm。A_3 为增环，A_1、A_2、A_4、A_5 为减环，装配尺寸链如图 7-19（b）所示。封闭环基本尺寸为

$$A_0 = \sum_{i=1}^{m} A_i = A_3 - (A_1 + A_2 + A_4 + A_5) = 43 - (30 + 5 + 3 + 5) = 0(\text{mm})$$

由计算可知，各组成环基本尺寸无误。

（2）确定各组成环公差和极限偏差

计算各组成环平均极值公差：

$$T_{AV} = \frac{T_0}{m} = \frac{0.25}{5} = 0.05 \text{（mm）}$$

以平均极值公差为基础，根据各组成环尺寸、零件加工难易程度，确定各组成环公差。

A_5 为一垫片，易于加工和测量，故选 A_5 为协调环。A_4 为标准件，$A_4 = 3_{-0.05}^{0}$ mm，$T_4 = 0.05$ mm；其余各组成环根据其尺寸和加工难易程度选择公差为 $T_1 = 0.06$ mm，$T_2 = 0.04$ mm，$T_3 = 0.07$ mm，各组成环公差等级约为 IT9。

A_1、A_2 为外尺寸，按基轴制（h）确定极限偏差：$A_1 = 30_{-0.06}^{0}$ mm，$A_2 = 5_{-0.04}^{0}$ mm。

A_3 为内尺寸，按基孔制（H）确定其极限偏差：$A_3 = 43_{0}^{+0.07}$ mm。

封闭环的中间偏差 Δ_0 为

$$\Delta_0 = \frac{ES_0 + EI_0}{2} = \frac{0.35 + 0.10}{2} = 0.225 \text{（mm）}$$

各组成环的中间偏差分别为

$$\Delta_1 = -0.03 \text{mm}, \Delta_2 = -0.02 \text{mm}, \Delta_3 = 0.035 \text{mm}, \Delta_4 = -0.025 \text{mm}$$

（3）计算协调环极值公差和极限偏差

封闭环的上极限偏差等于所有增环上极限偏差之和减去所有减环下极限偏差之和，即

$$ES_5 = ES_3 - (EI_1 + EI_2 + EI_4) - ES_0$$
$$= 0.07 - (-0.06 - 0.04 - 0.05) - 0.35 = -0.13 \text{（mm）}$$

封闭环的下极限偏差等于所有增环下极限偏差之和减去所有减环上极限偏差之和，即

$$EI_5 = EI_3 - (ES_1 + ES_2 + ES_4) - EI_0 = 0 - (0 - 0 - 0) - 0.1 = -0.1 \text{（mm）}$$

所以，协调环 A_5 的尺寸和极限偏差为 $A_5 = 5_{-0.13}^{-0.10}$ mm。

最后可得各组成环尺寸和极限偏差为

$A_1 = 30_{-0.06}^{0}$ mm，$A_2 = 5_{-0.04}^{0}$ mm，$A_3 = 43_{0}^{+0.07}$ mm，$A_4 = 3_{-0.05}^{0}$ mm，$A_5 = 5_{-0.13}^{-0.10}$ mm

（2）大数据互换法的使用方法

完全互换法的装配过程虽然简单，但它是根据极大、极小的极端情况来建立封闭环与组成环的关系式，在封闭环为既定值时，各组成环所获公差过于严格，常使零件加工过程产生困难。由数理统计基本原理可知：首先，在一个稳定的工艺系统中进行大批量加工时，零件加工误差出现极值的可能性很小；其次，在装配时，各零件的误差同时为极大、极小的"极值组合"的可能性更小，在组成环数多、各环公差较大的情况下，装配时零件出现"极值组合"的机会就更加微小，实际上可以忽略。完全互换法用严格零件加工精度的代价换取装配时不发生极少出现的极端情况，虽然使用简便，但是不够科学，经济性也不好。

在绝大多数产品中，装配时各组成环不需挑选或改变其大小、位置，装配后即能达到装配精度的要求，但少数产品有出现废品的可能性，这种装配方法称为大数据互换法（或部分互换法）。

采用大数据互换法装配时，装配尺寸链采用统计公差公式计算。在直线尺寸链中，各组成环通常是相互独立的随机变量，而封闭环是各组成环的代数和。根据概率论原理可知，各独立随机变量（组成环）的均方根偏差为

$$T_0 = \sqrt{\sum_{i=1}^{m} T_i^2}$$

式中，m 为组成环总数。则封闭环的统计公差 T_{0s} 与各组成环公差 T_i 的关系为

$$T_{0s} = \frac{1}{k_0} \sqrt{\sum_{i=1}^{m} k_i^2 T_i^2}$$

式中 k_0——封闭环的相对分布系数；

k_i——第 i 个组成环的相对分布系数。

如取各组成环公差相等，则组成环平均统计公差为

$$T_{avs} = \frac{k_0 T_0}{\sqrt{\sum_{i=1}^{m} k_i^2}}$$

式中，k_0 也表示大数互换法的置信水平 P。当组成环尺寸呈正态分布时，封闭环亦属正态分布，此时相对分布系数是 $k_0 = 1$，置信水平 $P = 99.73\%$，产品装配后不合格率为 0.27%。在某些生产条件下，要求适当放大组成环公差或组成环为非正态分布时，置信水平 P 则降低，装配产品不合格率则大于 0.27%。P 与 k_0 的对应如表7-3所示。

表7-3 P 与 k_0 的对应关系

置信水平 P/%	99.73	99.5	99	98	95	90
封闭环相对分布系数 k_0	1	1.06	1.16	1.29	1.52	1.82

当各组成环在其公差内呈正态分布时，封闭环也呈正态分布，此时，$k_0 = k_i = 1$，则直线尺寸链的封闭环平方公差为

$$T_{0q} = \sqrt{\sum_{i=1}^{m} T_i^2}$$

各组成环平均平方公差为

$$T_{avq} = \frac{T_0}{\sqrt{m}}$$

【例7-2】   轴与齿轮的装配关系如图7-19（a）所示，已知 $A_1 = 30\text{mm}$，$A_2 = 5\text{mm}$，$A_3 = 43\text{mm}$，$A_4 = 3_{-0.05}^{\ 0}\text{mm}$（标准件），$A_5 = 5\text{mm}$，装配后齿轮与挡圈间轴向间隙为 $0.1 \sim 0.35\text{mm}$。现采用大数据互换法装配，试确定各组成环公差和极限偏差。

解:

（1）画装配尺寸链图，校验各环基本尺寸

依题意，轴向间隙为 $0.1 \sim 0.35\text{mm}$，则封闭环公差 $A_0 = 0_{+0.10}^{+0.35}\text{mm}$，封闭环公差 $T_0 = 0.25\text{mm}$。A_3 为增环，A_1、A_2、A_4、A_5 为减环，装配尺寸链如图7-19（b）所示。封闭环基本尺寸为

$$A_0 = \sum_{i=1}^{m} A_i = A_3 - (A_1 + A_2 + A_4 + A_5) = 43 - (30 + 5 + 3 + 5) = 0 \text{ (mm)}$$

由计算可知，各组成环基本尺寸无误。

（2）确定各组成环公差和极限偏差

认为该产品在大批量生产条件下，工艺过程稳定，各组成环尺寸趋近正态分布，$k_0 = k_i = 1$，则各组成环平均平方公差为

$$T_{avq} = \frac{T_0}{\sqrt{m}} = \frac{0.25}{\sqrt{5}} \approx 0.11 \text{ (mm)}$$

A_3 为一轴类零件，与其他零件相比较难加工，现选择 A_3 为协调环。以平均平方公差

为基础，参考各零件尺寸和加工难易程度，从严选取各组成环公差：$T_1 = 0.14$mm，$T_2 = T_5 = 0.08$mm，其公差等级为 IT10。$A_4 = 3_{-0.05}^{\ 0}$mm（标准件），$T_4 = 0.05$mm，由于 A_1、A_2、A_5 皆为外尺寸，其极限偏差按基轴制（h）表示，则 $A_1 = 30_{-0.14}^{\ 0}$mm，$A_2 = 5_{-0.08}^{\ 0}$mm，$A_5 = 5_{-0.08}^{\ 0}$mm。各环中间偏差分别为

$\Delta_0 = -0.225$mm，$\Delta_1 = -0.07$mm，$\Delta_2 = -0.04$mm，$\Delta_4 = -0.025$mm，$\Delta_5 = -0.04$mm

（3）计算协调环极值公差和极限偏差

$$T_3 = \sqrt{T_0^2 - (T_1^2 + T_2^2 + T_4^2 + T_5^2)}$$
$$= \sqrt{0.25^2 - (0.14^2 + 0.08^2 + 0.05^2 + 0.08^2)}$$
$$= 0.16 \text{（mm）（只舍不进）}$$

协调环 A_3 的中间偏差为

$$\Delta_0 = \sum_{i=1}^{m} \Delta_i = \Delta_3 - (\Delta_1 + \Delta_2 + \Delta_4 + \Delta_5)$$
$$\Delta_3 = \Delta_0 + \Delta_1 + \Delta_2 + \Delta_4 + \Delta_5$$
$$= 0.225 + (-0.07 - 0.04 - 0.025 - 0.04)$$
$$= 0.05 \text{（mm）}$$

协调环 A_3 的上、下偏差 ES_3、EI_3 分别为

$$\mathrm{ES}_3 = \Delta_3 + \frac{1}{2} T_3 = 0.05 + \frac{1}{2} \times 0.16 = 0.13 \text{（mm）}$$

$$\mathrm{EI}_3 = \Delta_3 - \frac{1}{2} T_3 = 0.05 - \frac{1}{2} \times 0.16 = -0.03 \text{（mm）}$$

所以，协调环为 $A_3 = 43_{-0.03}^{+0.13}$mm。

最后可得各组成环尺寸和极限偏差为

$A_1 = 30_{-0.14}^{\ 0}$mm，$A_2 = 5_{-0.08}^{\ 0}$mm，$A_3 = 43_{-0.03}^{+0.13}$mm，$A_4 = 3_{-0.05}^{\ 0}$mm，$A_5 = 5_{-0.08}^{-0}$mm

为了比较在组成环尺寸和公差相同条件下，分别采用完全互换法和大数互换法所获装配精度的差别，现采用【例 7-1】计算结果为已知条件，进行正计算，求解此时采用大数互换法所获得的封闭环公差及其分布。

【例 7-3】 齿轮与轴的装配关系如图 7-19（a）所示，已知 $A_1 = 30_{-0.06}^{\ 0}$mm，$A_2 = 5_{-0.04}^{\ 0}$mm，$A_3 = 43_{\ 0}^{+0.07}$mm，$A_4 = 3_{-0.05}^{\ 0}$mm，$A_5 = 5_{-0.13}^{-0.10}$mm。现采用大数互换法进行装配，求封闭环公差及其分布。

解：

（1）封闭环基本尺寸

$$A_0 = \sum_{i=1}^{m} A_i = A_3 - (A_1 + A_2 + A_4 + A_5) = 43 - (30 + 5 + 3 + 5) = 0 \text{（mm）}$$

（2）封闭环平方公差

$$T_{0q} = \sqrt{\sum_{i=1}^{m} T_i^2} = \sqrt{T_1^2 + T_2^2 + T_3^2 + T_4^2 + T_5^2}$$
$$= \sqrt{0.06^2 + 0.04^2 + 0.07^2 + 0.05^2 + 0.03^2} \approx 0.116 \text{（mm）}$$

（3）封闭环中间偏差

$$\Delta_0 = \sum_{i=1}^{m} \Delta_i = \Delta_3 - (\Delta_1 + \Delta_2 + \Delta_4 + \Delta_5)$$
$$= 0.035 - (-0.03 - 0.02 - 0.025 - 0.115) = 0.225 (\text{mm})$$

（4）封闭环的上、下偏差

$$\text{ES}_0 = \Delta_0 + \frac{1}{2} T_0 = 0.225 + \frac{1}{2} \times 0.116 = 0.283 \ (\text{mm})$$

$$\text{EI}_0 = \Delta_0 - \frac{1}{2} T_0 = 0.225 - \frac{1}{2} \times 0.116 = 0.167 \ (\text{mm})$$

所以，封闭环为 $A_0 = 0_{+0.167}^{+0.283}$ mm。

经比较【例 7-1】与【例 7-3】计算结果可知：

在装配尺寸链中，在各组成环基本尺寸、公差及其分布固定不变的条件下，采用极值公差公式（用于完全互换法）计算的封闭环极值公差 $T_{01} = 0.25$ mm，采用统计公差公式（用于大数互换法）计算的封闭环平方公差 $T_{0q} \approx 0.116$ mm，显然 $T_{01} > T_{0q}$。但是 T_{01} 包括了装配中封闭环所能出现的一切尺寸，取 T_{01} 为装配精度时，所有装配结果都是合格的，即装配之后封闭环尺寸出现在 T_{01} 范围内的概率为 100%。而当公差在正态分布下取值时，装配结果尺寸出现在 T_{0q} 范围内的概率为 99.73%。仅有 0.27% 的装配结果超出 T_{0q}，即当装配精度为 T_{0q} 时，仅有 0.27% 的产品可能成为废品。采用大数互换法装配时，各组成环公差远大于完全互换法时各组成环的公差，其组成环平均公差将扩大 $\sqrt{m}$ 倍，本例中：

$$\frac{T_{\text{avq}}}{T_{\text{avl}}} = \frac{0.11}{0.05} = 2.2 \approx \sqrt{5}$$

由于零件平均公差扩大两倍多，因此零件加工精度由 IT9 降为 IT10，使加工成本有所降低。

7.5 装配辅助工序内容

① 清洗。进入装配的零件必须进行清洗。零件表面所黏附的切屑、油脂和灰尘等均会严重影响总装配质量和机器的使用寿命。清洗工作必须认真、细致。其工作的要点是选择好清洗液及其工艺参数。

② 刮削。刮削可以提高工件的尺寸和形状精度，降低表面粗糙度并提高接触精度。它需要熟练的技巧，劳动强度大，但它方便灵活，在装配和修理中仍是一种重要的工艺方法。例如机床导轨面、密封面、轴承或轴瓦、蜗轮齿面等处还较多采用刮削。刮削质量一般用涂色法检验，也可用相配零件互研来检验。

③ 平衡。对转速高、对运动平稳性又有较高要求的传动件，必须进行平衡。分动平衡和静平衡两种。像飞轮、带轮一类直径大而轴向长度短的零件只需进行静平衡，轴向长度较长的零件则需进行动平衡。平衡要求高时，还必须在总装后用工作转速进行部件或整机平衡。平衡可采用增减重量或改变在平衡槽中的平衡块的数量或位置的方法来达到。

④ 过盈连接。过盈连接常用轴向压入法和热胀冷缩法。

⑤ 螺纹连接。螺纹连接除加工精度影响外，与装配技术也有很大关系。要确定好螺纹连接顺序、逐步拧紧的次数和拧紧力矩，预紧力要适度，可使用扭力扳手来控制。

⑥ 校正。校正是指各零件、部件间相互位置的校正、校平及有关的调整工作。校正工

作常用的量具和工具有：平尺、角尺、水平仪等。也可采用有关的仪器仪表来校正。

此外，对总装后的检验、试运转、油漆及包装等装配工作也应予以足够重视，按有关规定及规范进行。

7.6 装配的组织形式

装配的组织形式与被装配产品的尺寸、精度和生产批量有关。不同的组织形式有不同的生产条件。装配的组织形式分固定装配和移动装配两大类。

(1) 固定装配

固定装配是指在一个工作地点完成装配工作的全部过程。这种组织形式要求装配工人的技术水平较高，使用的高效专用工艺装备较少，装配生产周期较长。

固定装配又可分为按集中原则的固定装配和按分散原则的固定装配。

① 按集中原则的固定装配。即全部装配工作由一个（或一组）工人在一个工作地点完成。由于要完成多种多样的装配工作，要求装配工人的技术水平较高，需要的工作地点较大，装配周期较长。适用于单件、小批生产或装配高精度产品、调整工作较多的情况。

② 按分散原则的固定装配。即将产品的装配工作划分成各种部件装配和总装配，分别由几个（或几组）工人进行。这种组织形式使装配工作分散，能使用较多的专用工具，装配工人能专业化，从而可缩短装配周期。

当成批生产时，特别是产品重量和尺寸较大或基础件刚性较差时，可组织按分散原则的固定装配流水线。装配工序分得很细，每道工序由一个（或一组）工人来完成。完成后，带着工具由一个装配台转移到另一个装配台工作。装配台的数目由装配工艺过程的工序数目决定，考虑到装配节拍（使各工序所用时间一致），可适当增加某道工序的装配台数目。一种固定装配流水线，产品位置固定，流动的是负责各道工序的工人及其工具。

(2) 移动装配

移动装配是将产品或部件从一个工作地点移至另一个工作地点，每个工作地点重复进行着固定工序的装配工作，每个工作地点都有专门的设备和专用工艺装备，并按装配过程的要求，将所需的零件和部件送到相应的工作地点。移动装配又分为自由移动和强制移动两种形式。

① 自由移动装配。在一个工作地点完成一道装配工序后，才用人力或传送带将所装配的对象运送到另一个工作地点进行另一装配工序的装配。由于没有严格的装配节拍，它适用于调整、修配量较大的装配。为了避免某一些工序上出现"停歇"现象，每个工作地点应有一定的储备量。

② 强制移动装配。产品用闭合链条拖动的小车或传送带运送，装配工作直接在小车或传送带上进行。由于强制移动装配是按严格的节拍工作的，故生产效率高，广泛用于大批量生产。但装配工作紧张、单调，操作工人容易疲劳。实现装配工作自动化可解决这个问题，而且还能进一步提高生产效率。它又分为：

a. 连续移动装配。被装配产品在传送工具上以一定速度移动，每道装配工序必须在移动过程中的一定时间内完成。这种装配形式，生产效率高，但装配和检验工作都不方便。

b. 间歇移动装配。被装配产品按照装配节拍做定时移动，装配工作在装配节拍时间内完成。由于装配时被装配产品不运动，装配和检验都比较方便，对保证产品装配质量也有利。

7.7　典型零件装配

7.7.1　螺纹连接的装配

（1）螺纹连接的种类

螺纹连接是一种可拆的固定连接，它具有结构简单、连接可靠、装拆方便等优点，在机械中应用广泛。螺纹连接分普通螺纹连接和特殊螺纹连接两大类，由螺栓、双头螺柱或螺钉构成的连接称为普通螺纹连接，除此以外的螺纹连接称为特殊螺纹连接，如图7-20所示。

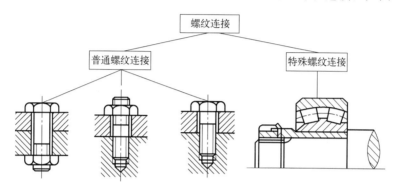

图7-20　螺纹连接的类型

（2）螺纹连接的拧紧力矩

螺纹连接为达到连接可靠和紧固的目的，要求纹牙间有一定的摩擦力矩，所以螺纹连接装配时应有一定的拧紧力矩，纹牙间产生足够的预紧力。

1）拧紧力矩的确定

在旋紧螺母时，总是要克服摩擦力：一类是螺母的内螺纹和螺栓的外螺纹之间螺纹牙间摩擦力（摩擦因数为 f_G）；另一类是在螺母与垫圈、垫圈与零件以及零件与螺栓头的接触表面之间的螺栓头部摩擦力（摩擦因数为 f_k）。因此，拧紧力矩 M_A 取决于摩擦因数 f_G 和 f_k 的大小，f_G 可通过表7-4确定，f_k 可通过表7-5确定。然后从表7-6中查到装配时预紧力和拧紧力矩的大小。表7-4和表7-5这两个表中考虑了材料的种类、表面处理状况、表面条件（和制造方法有关）以及润滑情况等各种因素。

表7-4　摩擦因数 f_G

螺纹				外螺纹（螺栓）							
	材料			钢							
		表面		发黑或用磷酸处理				镀锌 （Zn6）	镀镉 （Cd6）	黏结处理	
螺纹	材料	表面	螺纹制造方法	滚压			切削		切削或滚压		
				干燥	加油	MoS_2	加油	干燥	加油	干燥	加油	干燥
螺纹制造方法			润滑								
内螺纹	钢	光亮	切削	干燥	0.12~ 0.18	0.10~ 0.16	0.08~ 0.12	0.10~ 0.16	—	0.10~ 0.18	—	0.08~ 0.14	0.16~ 0.25
		镀锌			0.10~ 0.16	—	—	0.12~ 0.20	0.10~ 0.18				0.14~ 0.25

续表

螺纹					外螺纹（螺栓）								
	材料				钢								
		表面			发黑或用磷酸处理					镀锌（Zn6）	镀镉（Cd6）	黏结处理	
				螺纹制造方法	滚压			切削	切削或滚压				
螺纹	材料	表面	螺纹制造方法	润滑	干燥	加油	MoS_2	加油	干燥	加油	干燥	加油	干燥
内螺纹	钢	镀镉	切削	干燥	0.08～0.14	—	—	—	—	—	0.12～0.16	0.12～0.14	—
	GC/GTS	光亮			—	0.10～0.18	—	0.10～0.18	—	0.10～0.18	—	0.08～0.16	—
	Al/Mg	光亮			—	0.08～0.20	—	—	—	—	—	—	—

表 7-5　摩擦因数 f_k

	接触面				螺栓头									
		材料			钢									
			表面		发黑或用磷酸处理						镀锌（Zn6）		镀镉（Cd6）	
				螺纹制造方法	滚压			切削		磨削	切削或滚压			
接触面	材料	表面	螺纹制造方法	润滑	干燥	加油	MoS_2	加油	MoS_2	加油	干燥	加油	干燥	加油
被连接件材料	钢	光亮	磨削	干燥	—	0.16～0.22	—	0.10～0.18	—	0.16～0.22	0.10～0.18	—	0.08～0.16	—
			金属切削		0.12～0.18	0.10～0.18	0.08～0.12	0.10～0.18	0.08～0.12	—	0.10～0.18		0.08～0.16	0.08～0.14
		镀锌			0.10～0.16		—	0.10～0.16	—	0.10～0.18	0.16～0.20	0.16～0.18	—	—
		镀镉			0.08～0.16						—	—	0.12～0.20	0.12～0.14
	GC/GTS	光亮	磨削		—	0.10～0.18	—	—	—	0.10～0.18			0.08～0.16	—
			金属切削		—	0.14～0.20	—	0.10～0.18	—	0.14～0.22	0.10～0.18	0.10～0.16	0.08～0.16	—
	Al/Mg				—	0.08～0.20			—	—	—	—	—	—

【例 7-4】 某一连接使用 M20 镀锌（Zn6）钢制螺栓，性能等级是 8.8，此螺栓经润滑油润滑，且用镀锌螺母旋紧。被连接材料是表面经铣削加工的铸钢。请查表确定其预紧力及拧紧力矩。

解： 首先，根据表 7-4 可查出 f_G 的值介于 0.10 和 0.18 之间，选择 f_G 的值为 0.10。用同样的方法，根据表 7-5 可确定 f_k 的值是 0.10。然后，根据螺栓公称直径、性能等级以及已经确定的摩擦因数 f_G 和 f_k，从表 7-6 中可查到：

预紧力：$F_M=126000\text{N}$；

拧紧力矩：$M_A=350\text{N}\cdot\text{m}$。

2）拧紧力矩的控制

拧紧力矩或预紧力的大小是根据要求确定的。一般紧固螺纹连接无预紧力要求，采用普通、风动或电动扳手拧紧。规定预紧力的螺纹连接，常用控制扭矩法、控制螺母扭角法、控制螺栓伸长法、扭断螺母法、加热拉伸法等方法来保证准确的预紧力。

① 控制扭矩法。即用测力扳手或定扭矩扳手控制拧紧力矩的大小，使预紧力达到给定值。方法简便，但误差较大，适用于中、小型螺栓的紧固。

定扭矩扳手需要事先对扭矩进行设置。通过旋转扳手手柄轴尾端上的销子可以设定所需的扭矩值，且通过手柄上的刻度可以读出扭矩值。扳手的另一端装有带方头的柱体，可以安装套筒。在拧紧时，当扭矩达到设定值时，操作人员会听到扳手发出响声且有所感觉，从而停止操作。这种扳手的优点是，预先可以设定拧紧力矩，且在操作过程中不需要操作人员去读数，但操作完毕后，应将定扭矩扳手的扭矩设为零。

② 控制螺母扭角法。控制扭矩法所用的两种扭矩扳手（测力扳手和定扭矩扳手）的缺点在于，大部分的扭矩都用来克服螺纹摩擦力和螺栓、螺母及零件之间接触面的摩擦力，而非用于提供预紧力。使用定扭角扳手，通过控制螺母拧紧时应转过的角度来控制预紧力可以克服这种缺点。在操作时，先用定扭角扳手对螺母施加一定的预紧力矩，使夹紧零件紧密地接触，然后在角度刻度盘上将角度设定为零，再将螺母扭转一定角度来控制预紧力。使用这种扳手时，螺母和螺栓之间的摩擦力不会对操作产生影响。这种扳手主要用于汽车制造以及钢制结构中预紧螺栓的应用。

③ 控制螺栓伸长法。即用液力拉伸器使螺栓达到规定的伸长量以控制预紧力。这种方法的优点是，螺栓不承受附加力矩，误差较小。

表 7-6 装配时预紧力和拧紧力矩的确定

螺纹	性能等级	装配预紧力 F_M/N							拧紧力矩 M_A/(N·m)						
		$f_G=$ 0.08	$f_G=$ 0.1	$f_G=$ 0.12	$f_G=$ 0.14	$f_G=$ 0.16	$f_G=$ 0.2	$f_G=$ 0.24	$f_k=$ 0.08	$f_k=$ 0.1	$f_k=$ 0.12	$f_k=$ 0.14	$f_k=$ 0.16	$f_k=$ 0.2	$f_k=$ 0.24
	8.8	4400	4200	4050	3900	3700	3400	3150	2.2	2.5	2.8	3.1	3.3	3.7	4
M4	11	6400	6200	6000	5700	5500	5000	4600	3.2	3.7	4.1	4.5	4.9	5.4	5.9
	13	7500	7300	7000	6700	6400	5900	5400	3.8	4.3	4.8	5.3	5.8	6.4	6.9
	8.8	7200	6900	6600	6400	6100	5600	5100	4.3	4.9	5.5	6.1	6.5	7.3	7.9
M5	11	10500	101000	9700	9300	9000	8200	7500	6.3	7.3	8.1	8.9	9.6	10.7	11.6
	13	12300	11900	11400	10900	10500	9600	8800	7.4	8.5	9.5	10.4	11.2	12.5	13.5
	8.8	10100	9700	9400	9000	8600	7900	7200	7.4	8.5	9.5	10.4	11.2	12.5	13.5
M6	11	14900	14300	13700	13200	12600	11600	10600	10.9	12.5	14.0	15.5	16.5	18.5	20.5
	13	17400	16700	16100	15400	14800	13500	12400	12.5	14.5	16.5	18.0	19.5	21.5	23.5
	8.8	14800	14200	13700	13100	12600	11600	10600	12.0	14.0	15.5	17	18.5	21	22.5
M7	11	21700	20900	20100	19300	18500	17000	15600	17.5	20.5	23	25	27	31	33
	13	25500	24500	23500	22600	21700	19900	18300	20.5	24.0	27	35	32	36	39
	8.8	18500	17900	17200	16500	15800	14500	13300	18	20.5	23	25	27	31	33
M8	11	27000	26000	25000	24200	23200	21300	19500	26	30	34	37	40	45	49
	13	32000	30500	29500	28500	27000	24900	22800	31	35	40	43	47	53	57
	8.8	29500	28500	27500	26000	25000	23100	21200	36	41	46	51	55	62	67
M10	11	43500	42000	40000	38500	37000	34000	31000	52	60	68	75	80	90	98
	13	50000	49000	47000	45000	43000	40000	36500	61	71	79	87	94	106	115
	8.8	43000	41500	40000	38500	36500	33500	31000	61	71	79	87	94	106	155
M12	11	63000	61000	59000	56000	54000	49500	45500	90	104	117	130	140	155	170
	13	74000	71000	69000	66000	63000	58000	53000	105	121	135	150	160	180	195
	8.8	59000	57000	55000	53000	50000	46500	42500	97	113	125	140	150	170	185
M14	11	87000	84000	80000	77000	74000	68000	62000	145	165	185	205	220	250	270
	13	101000	98000	94000	90000	87000	80000	73000	165	195	215	240	260	290	320

螺纹	性能等级	装配预紧力 F_M/N							拧紧力矩 M_A/(N·m)						
		$f_G=$ 0.08	$f_G=$ 0.1	$f_G=$ 0.12	$f_G=$ 0.14	$f_G=$ 0.16	$f_G=$ 0.2	$f_G=$ 0.24	$f_k=$ 0.08	$f_k=$ 0.1	$f_k=$ 0.12	$f_k=$ 0.14	$f_k=$ 0.16	$f_k=$ 0.2	$f_k=$ 0.24
M16	8.8	81000	78000	75000	72000	70000	64000	59000	145	170	195	215	230	260	280
	11	119000	115000	111000	106000	102000	94000	86000	215	250	280	310	340	380	420
	13	139000	134000	130000	124000	119000	110000	101000	250	300	330	370	400	450	490
M18	8.8	102000	98000	94000	91000	87000	80000	73000	210	245	280	300	330	370	400
	11	145000	140000	135000	129000	124000	114000	104000	300	350	390	430	470	530	570
	13	170000	164000	157000	151000	145000	133000	122000	350	410	460	510	550	620	670
M20	8.8	131000	126000	121000	117000	112000	103000	95000	300	350	390	430	470	530	570
	11	186000	180000	173000	166000	159000	147000	135000	420	490	560	620	670	750	820
	13	218000	210000	202000	194000	187000	171000	158000	500	580	650	720	780	880	960
M22	8.8	163000	157000	152000	146000	140000	129000	118000	400	470	530	580	630	710	780
	11	232000	224000	216000	208000	200000	183000	169000	570	670	750	830	900	1020	1110
	13	270000	260000	250000	243000	233000	215000	197000	670	780	880	970	1050	1190	1300
M24	8.8	188000	182000	175000	168000	161000	148000	136000	510	600	670	740	800	910	990
	11	270000	260000	249000	239000	230000	211000	194000	730	850	960	1060	1140	1300	1400
	13	315000	305000	290000	280000	270000	247000	227000	850	1000	1120	1240	1350	1500	1650
M27	8.8	247000	239000	230000	221000	213000	196000	180000	750	880	1000	1100	1200	1350	1450
	11	350000	340000	330000	3150000	305000	280000	255000	1070	1250	1400	1550	1700	1900	2100
	13	410000	400000	385000	370000	355000	325000	300000	1250	1450	1650	1850	2000	2250	2450
M30	8.8	300000	290000	280000	270000	260000	237000	218000	1000	1190	1350	1500	1600	1800	2000
	11	430000	415000	400000	385000	370000	340000	310000	1450	1700	1900	2100	2300	2600	2800
	13	50000	485000	465000	450000	430000	395000	365000	1700	2000	2250	2500	2700	3000	3300
M33	8.8	375000	360000	350000	335000	320000	295000	2750000	1400	1600	1850	2000	2200	2500	2700
	11	530000	520000	495000	480000	460000	420000	390000	1950	2300	2600	2800	3100	3500	3900
	13	620000	600000	580000	560000	540000	495000	45000	2300	2700	3000	3400	3700	4100	4500
M36	8.8	440000	425000	410000	395000	380000	350000	320000	1750	2100	2350	2600	2800	3200	3500
	11	630000	600000	580000	560000	540000	495000	455000	2500	3000	3300	3700	4000	4600	4900
	13	730000	710000	680000	660000	630000	580000	530000	3000	3500	3900	4300	4700	5300	5800
M39	8.8	530000	510000	490000	475000	455000	420000	385000	2300	2700	3000	3400	3700	4100	4500
	11	750000	730000	700000	670000	650000	600000	350000	3300	3800	4300	4800	5200	5900	6400
	13	880000	850000	820000	790000	760000	700000	640000	3800	4500	5100	5600	6100	6900	7500

注：1. 确定螺栓装配预紧力 F_M 和拧紧力矩 M_A （设 $f_G=0.10$）时，设定螺杆是粗牙普通六角头全螺纹螺栓或粗牙普通内六角圆柱形螺钉。

2. 螺栓或螺钉的性能等级由两个数字组成，数字之间有一个点（11、13 级螺栓默认是 11.9、13.9），该数值反映了螺栓或螺钉的拉伸强度和屈服点：拉伸强度＝第一个数字×100（N/mm²）；屈服点＝第一个数字×第二个数字×10（N/mm²）。

④ 扭断螺母法。即在螺母上切一定深度的环形槽，扳手套在环形槽上部，以螺母环形槽处扭断来控制预紧力。这种方法误差较小，操作方便。但在螺母本身的制造和修理重装时不太方便。

以上四种控制预紧力的方法仅适用于中、小型螺栓。对于大型螺栓，可用加热拉伸法。

⑤ 加热拉伸法。即用加热法（加热温度一般小于 400℃）使螺栓伸长，然后采用一定厚度的垫圈（常为对开式）或螺母扭紧弧长来控制螺栓的伸长量，从而控制预紧力。这种方法误差较小。

（3）螺纹连接的防松措施

螺纹连接一般都具有自锁性，在静载荷下不会自行松脱。但在冲击、振动或交变载荷作用下，会使纹牙之间正压力突然减小，以致摩擦力矩减小，螺母回转，使螺纹连接松动。

螺纹连接应有可靠的防松装置，以防止摩擦力矩减小和螺母回转。常用螺纹防松装置主要有以下几类。

1）用附加摩擦力防松的装置

① 双螺母防松。这种装置使用主、副两个螺母，如图 7-21 所示。先将主螺母拧紧至预定位置，然后再拧紧副螺母。由图 7-21 可以看出，当拧紧副螺母后，在主、副螺母之间的螺杆受拉伸长，使主、副螺母分别与螺杆牙形的两个侧面接触，都产生正压力和摩擦力。当螺杆再受某个方向突变载荷时，就能始终保持足够的摩擦力，因而起到防松作用。

这种防松装置由于要用两个螺母，增加了结构尺寸和重量，一般用于低速重载或载荷较平稳的场合。

② 弹簧垫圈防松。

a. 普通弹簧垫圈：如图 7-22 所示，普通弹簧垫圈是用弹性较好的材料 65Mn 制成，开有 70°～80° 的斜口，并在斜口处有上下拨开间距。弹簧垫圈放在螺母下，当拧紧螺母时，垫圈受压，产生弹力，顶着螺母，从而在螺纹副的接触面之间产生附加摩擦力，以防止螺母松动。同时斜口的楔角分别抵住螺母和支承面，也有助于防止回松。

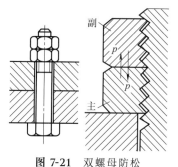

图 7-21　双螺母防松

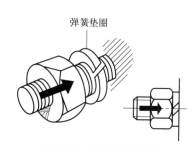

图 7-22　弹簧垫圈防松

这种防松装置容易刮伤螺母和被连接件表面，同时由于弹力分布不均，螺母容易偏斜。它构造简单，防松可靠，一般应用在不经常装拆的场合。

b. 球面弹簧垫圈：如图 7-23 所示，球面弹簧垫圈一般应用于螺栓需要调节的场合，调节量最大可达 3°。

c. 鞍形和波形弹簧垫圈：鞍形弹簧垫圈（图 7-24）和波形弹簧垫圈（图 7-25）均可制作成开式和闭式两种。

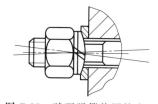

图 7-23　球面弹簧垫圈的应用

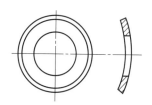

图 7-24　鞍形弹簧垫圈

使用开式或闭式的波形弹簧垫圈时，由于其接触面不在斜口处，因而不会损坏零件的接触表面。闭式的鞍形和波形弹簧垫圈主要用于汽车车身的装配，适宜于中等载荷。由于汽车车身表面比较光滑，所以此处的防松完全依靠弹力和摩擦力。

d. 杯形弹簧垫圈：形式和鞍形弹簧垫圈一样，但弹性更大（图 7-26）。

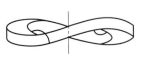

图 7-25　波形弹簧垫圈

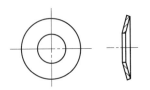

图 7-26　杯形弹簧垫圈

e. 有齿弹簧垫圈：有齿弹簧垫圈可分为外齿垫圈和内齿垫圈，外齿垫圈和内齿垫圈又分为开式和闭式垫圈（图 7-27）。有齿弹簧垫圈所产生的弹力可满足诸如电气等轻型结构的紧固需要。它的缺点是在旋紧过程中，易使接触面变得十分粗糙。

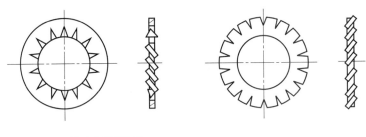

(a) 内齿弹簧垫圈　　　　　　　　　　(b) 外齿弹簧垫圈

图 7-27　有齿弹簧垫圈

③ 自锁螺母防松。自锁螺母将一个弹性尼龙圈或纤维圈压入螺母缩颈尾部的沟槽内，此圈的内径值在螺纹小径与中径之间（图 7-28）。当旋紧螺母时，此圈将变形并紧紧包住螺杆，从而防止螺母松开。此外，此圈还可保护螺母内的螺纹部分，防止螺母内的螺纹腐蚀。这种自锁螺母可重复多次使用。

④ 扣紧螺母防松（图 7-29）。扣紧螺母必须与普通六角螺母或螺栓配合使用，弹簧钢扣紧螺母的齿需适应螺纹的螺距。在拧紧时，其齿会弹性地压在螺栓齿的一侧，从而防止螺母回松。旋松扣紧螺母时，首先必须将六角螺母旋紧，从而使扣紧螺母的齿与螺栓之间压力减小，利于其旋松。扣紧螺母上一般有 6 个或 9 个齿。

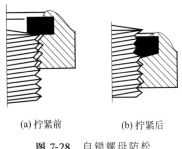

(a) 拧紧前　　　　(b) 拧紧后

图 7-28　自锁螺母防松

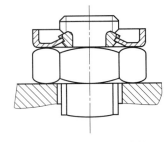

图 7-29　扣紧螺母防松

2）利用零件的变形防松的装置

此类防松零件是一种既安全又廉价的防松零件。在装配过程中，防松零件通过变形来阻止螺母的回松。通常在螺母和螺栓头下安装止动垫片。止动垫片一般用钢或黄铜制成，由于变形（弯曲），只可使用一次。

图 7-30 为带耳止动垫片防止六角螺母回松的应用。当拧紧螺母后，将垫片的耳边弯折，并与螺母贴紧。这种方法防松可靠，但只能用于连接部分可容纳弯耳的场合。图 7-31 所示

为圆螺母止动垫片防松装置，该止动垫片常与带槽圆螺母配合使用，用于滚动轴承的固定。装配时，先把垫片的内翅插入螺杆槽中，然后拧紧螺母，再把外翅弯入螺母的外缺口内。图7-32所示为外舌止动垫片的应用，该止动垫片常安装于螺母或螺栓头部下面。图7-33所示为多折止动垫片的应用，多折止动垫片在应用及功能上与带耳止动垫片相似。但由于各孔间的孔距是不同的，故其需按尺寸进行定制。

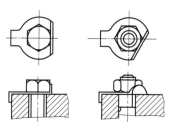

图 7-30　止动垫片的应用

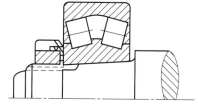

图 7-31　止动垫片在轴承装配中的应用

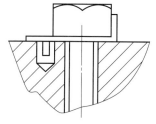

图 7-32　外舌止动垫片的应用

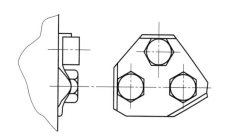

图 7-33　多折止动垫片的应用

3）其他防松形式

① 开口销与带槽螺母防松。这种防松装置可用于汽车轮毂的防松。此装置必须在螺杆上钻出一个小孔，使开口销能穿过螺杆，并用开口销把螺母直接锁在螺栓上，从而防止螺母松开（图7-34）。为了能调整轴承的间隙，连接螺纹应采用细牙螺纹。在操作时，必须小心地进行此项操作，因为这样的连接如果松开，其后果将会十分严重。此防松装置防松可靠，但螺杆上销孔位置不易与螺母最佳锁紧位置的槽口吻合，多用于变载或振动的场合。

② 串联钢丝防松。用钢丝连接穿过一组螺钉头部的径向小孔或螺母和螺栓的径向小孔（图7-35），以钢丝的牵制作用来防止回松。它适用于布置较紧凑的成组螺纹连接。装配时应注意钢丝的穿丝方向，以防止螺钉或螺母仍有回松的余地。

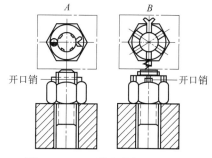

图 7-34　开口销与带槽螺母防松

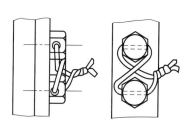

图 7-35　串联钢丝防松

③ 胶黏剂防松。正常情况下，螺栓和螺母的螺纹之间存在间隙，因此，可以用胶黏剂注入此间隙内进行防松。通常，"厌氧性"的胶黏剂可用于这种情况，这种胶黏剂通常由树

脂与固化剂组成的稀薄混合形式供应，只要氧气存在，固化剂便不起作用，而在无空气场合下会发生固化。因此，只要此液体胶注入窄的间隙中，不再和空气接触，即可发生固化作用。这种防松粘接牢固，粘接后不易拆卸。它适用于各种机械修理场合，效果良好。

在装配过程中，我们也常将此类胶黏剂涂于装配的零件上。现今，越来越多的螺栓和螺母在供应前已事先涂上干态涂层作为防松措施。这种干态涂层内含有一种微囊体，它在装配时易于破裂，从而释放一种活性物质流入螺纹间，填满间隙，并使固化过程开始，起到既防松又密封的作用。

（4）螺纹连接装配工艺要点

1）螺母和螺钉的装配要点

螺母和螺钉装配除要按一定的拧紧力矩来拧紧外，还要注意以下几点。

① 螺钉或螺母与工件贴合的表面要光洁、平整。

② 要保持螺钉或螺母与接触表面的清洁。

③ 螺孔内的脏物要清理干净。

④ 在拧紧成组螺栓、螺母时，应根据零件形状、螺栓的分布情况，按一定的顺序拧紧螺母。在拧紧长方形布置的成组螺母时，应从中间开始，逐步向两边对称地扩展；在拧紧圆形或方形布置的成组螺母时，必须对称进行（如有定位销，应从靠近定位销的螺栓开始），以防止螺栓受力不一致，甚至变形。螺纹连接拧紧顺序见表7-7。

⑤ 拧紧成组螺母时，要做到分次逐步拧紧（一般不少于3次）。

⑥ 必须按一定的拧紧力矩拧紧。

⑦ 凡有振动或受冲击力的螺纹连接，都必须采用防松装置。

表 7-7　螺纹连接拧紧顺序

分布形式	一定形	平行形	方框形	圆环形	多孔形
拧紧顺序简图		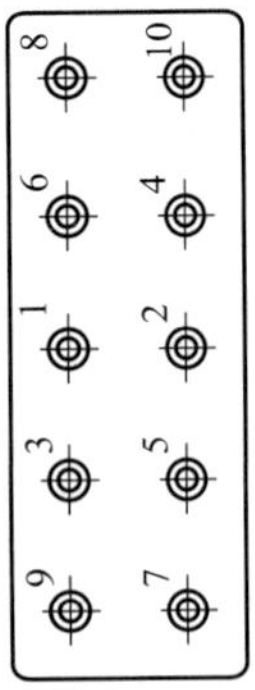	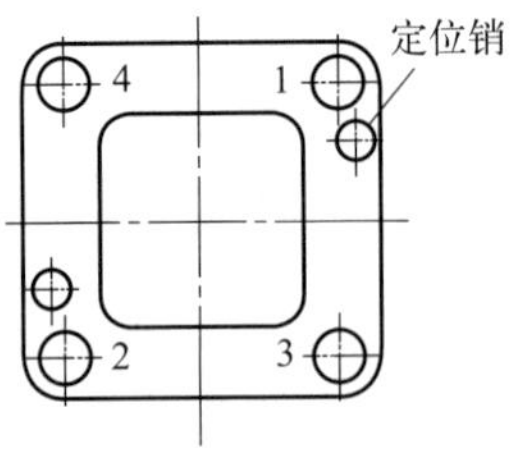	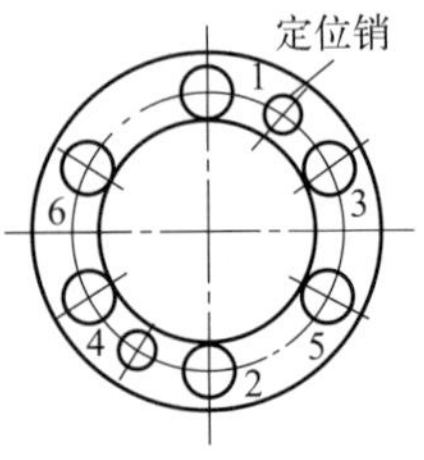	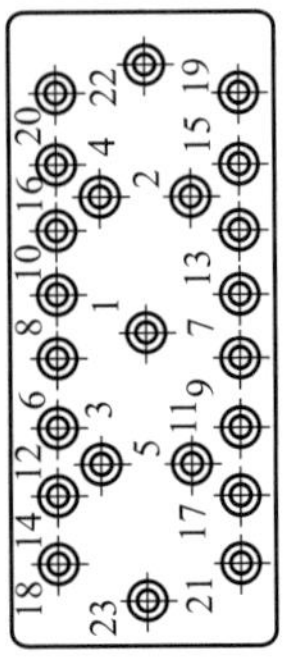

2）螺纹防松装置的装配要点

① 弹簧垫圈和有齿弹簧垫圈。不要用力将弹簧垫圈的斜口拉开，否则在重复使用时会加剧零件表面划伤；根据结构选择适用类型的弹簧垫圈，如圆柱形沉头螺栓连接所用的弹簧垫圈和圆锥形沉头螺栓连接所用的弹簧垫圈是不同的；有齿弹簧垫圈的齿应与连接零件表面相接触，如对于较大的螺栓孔，应使用具有内齿或外齿的平型有齿弹簧垫圈。

② 带槽螺母和开口销。重要的是开口销的直径应和销孔相适应，开口销端部必须光滑且无损坏。装配开口销时，应注意将开口销的末端压靠在螺母和螺栓的表面上，否则很可能出现事故，如图7-36所示。

③ 胶黏剂防松。即通过液态合成树脂进行防松。如果零件表面相互之间接触良好，胶黏剂涂层越薄，则此防松效果越好。操作时，零件接触表面必须用专用清洗剂仔细地进行清洗、脱脂，同时，稍微粗糙的表面可增强粘接的强度。

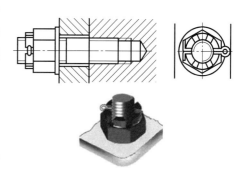

图 7-36　开口销的装配

7.7.2　键连接的装配

机械设备中往往用键将齿轮、带轮、联轴器等轴上零件与轴连接起来传递转矩。常用的键的结构主要有平键、楔键（钩头楔键）、花键等。

(1) 松键连接的装配过程

1) 松键连接的种类

依靠键的两侧面作为工作表面来传递转矩的方法称为松键连接，其只能作为周向固定，具有工作可靠、结构简单等优点。松键连接所采用的键有平键、滑键、半圆键和导向平键四种，其结构如图 7-37 所示。

2) 松键连接的装配要点

① 必须清理键与键槽的毛刺，以免影响配合的可靠性。

② 对重要的键，在装配前应检查键槽对轴线的对称度和键侧的直线度。

③ 锉配键长和键头时，应保留 0.1mm 的间隙。

④ 配合面上加机油后，将键装入轴槽中，使键与槽底接触良好。

⑤ 用键头与轴槽试配，应保证其配合性质。

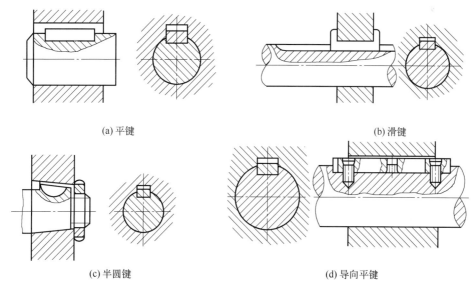

(a) 平键　　　　　　　　　　　　　　(b) 滑键

(c) 半圆键　　　　　　　　　　　　(d) 导向平键

图 7-37　松键连接的种类

3) 松键装配的技术要求

① 平键不准配置成错牙形。

② 修配平键一般以一侧为基准，修配另一侧，使键与槽均匀接触。

③ 对于双键槽，按上述要求配好一个键，然后以其为基准，检测修整另一对键槽的相

对位置，最后按上述要求配好另一键。

④ 平键装配时，检测键的顶面与孔槽底面间隙，应符合图样要求。

⑤ 键与孔槽修配，使两侧面均匀接触，配合尺寸符合图样要求。

⑥ 键与轴槽修配，使两侧面均匀接触，配合面间不得有间隙，底面与轴槽底面接触良好，键的两端不准翘起。

（2）紧键连接的装配过程

紧键连接一般是指楔键连接，是利用键的上、下两表面作为工作表面来传递转矩，其结构如图 7-38 所示。

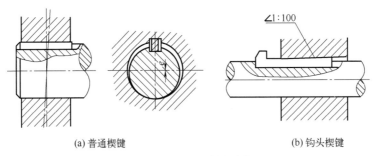

(a) 普通楔键   (b) 钩头楔键

图 7-38 紧键连接的结构

紧键连接的装配要点：

① 键的上、下工作表面与轮槽、轴槽底部应贴紧，但两侧应留有一定的间隙。

② 键的斜度与轮毂的斜度应一致，否则工件会发生歪斜。

③ 钩头楔键装配后，工作面上的接触率应在 69% 以上。

④ 钩头楔键装配后，钩头和工件之间必须留有一定的距离，以便于拆卸。

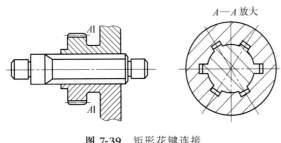

A—A 放大

图 7-39 矩形花键连接

（3）花键连接的装配过程

花键轴的种类很多，所以花键连接的形式很多，其中应用最广泛的是矩形花键，如图 7-39 所示。花键连接具有传动转矩大、同轴度、导向性好和承载能力强等优点，缺点是制造成本高。

花键连接的装配要点：

① 花键可用花键推刀来修整，一般采用涂色法，以满足技术要求。

② 应检查装配后的花键副被连接件和花键轴的垂直度与同轴度要求。

③ 动连接装配时，花键孔在花键上应能滑动自如，保证精确的配合间隙，但不能过松。

④ 在过盈量较大的配合静连接装配中，可将工件加热到 80～120℃ 后再进行装配。

⑤ 花键轴与花键孔允许有少量的过盈，装配时可用铜棒轻轻敲入，但不可过紧。

7.7.3 销连接的装配

销连接主要用于零件的连接、定位和防松，也可起到过载保护作用。常用的有圆柱销和圆锥销两种。

(1) 圆柱销的装配要点

① 装配时，销孔中应涂上黄油，把铜棒垫在销上，用手锤轻轻地敲入或用夹子压装销，如图 7-40 所示。

② 各连接件的销孔一般要同时加工，以保证各孔的同轴度。

③ 要控制过盈量，保证准确的数值，以保证紧固性和准确性。

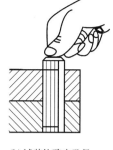

(a) 用夹子压装销　　(b) 试装法确定孔径

图 7-40 圆柱销装配要点

(2) 圆锥销的装配要点

① 各连接件的销孔一般要同时加工。

② 用试装法确定孔径时，以圆锥销自由插入全长的 80%～90% 为宜，如图 7-40（b）所示。

③ 合理地选用钻头，应根据圆锥销的小端直径和长度来选用。

(3) 过盈连接装配方法

过盈连接是利用相互配合的零件间的过盈量来实现连接的，属于永久性连接。过盈连接的装配方法主要有以下两种。

1）压装法

① 压装法的概念。压装法是将有过盈配合的两个零件压到配合位置的装配过程。压装法分为压力机压装和手工锤击压装两种，如图 7-41 所示。

② 压装法的特点。压力机压装的导向性好，压装质量和效率较高，一般多用于各种盘类零件内的衬套、轴、轴承等过盈配合连接；手工锤击压装一般多用于销、键、短轴等的过渡配合连接，以及单件小批量生产中的滚动轴承等的装配。手工锤击压装的质量一般不易保证。

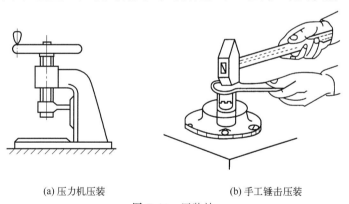

(a) 压力机压装　　　　　　　(b) 手工锤击压装

图 7-41 压装法

2）温差法

温差法是利用热胀冷缩的原理进行装配的，主要有冷装和热装两种。冷装是指对具有过盈量的两个零件，装配时先将被包容件用冷却剂冷却，使其尺寸收缩，再装入包容件中使其达到配合位置的过程；热装是指对具有过盈量的两个零件，装配时先将包容件加热胀大，再将被包容件装配到配合位置的过程。

7.7.4 齿轮传动机构的装配

齿轮的作用是按规定的传动比传递运动和功率。齿轮是广泛应用于各种机械和仪表中的一种零件。其因传动的可靠性好、承载能力强、制造工艺成熟等优点，而成为各类机械中传递运动和动力的主要机构。

（1）齿轮传动机构的装配和润滑

1）齿轮传动机构装配的技术要求

对各种齿轮传动装置的技术要求是：使用寿命长、换向无冲击、噪声小、传动均匀和工作平稳等。为了达到上述要求，除机壳孔和齿轮必须达到规定尺寸和技术要求外，还必须保证装配质量。其主要表现在以下几个方面。

① 保证齿轮有准确的安装中心距和适当的齿轮侧隙。

② 保证齿面有一定的接触面积和正确的接触部位。

③ 齿轮孔与轴配合要适当，紧固螺钉后，齿轮不得有歪斜和偏心现象。

④ 滑移齿轮在轴上滑移自由，滑移变换位置准确。

⑤ 对转速高的大齿轮，装配在轴上后要做平衡试验，消除振动因素。

2）齿轮传动的装配精度

齿轮传动部件的装配精度包括齿侧间隙、轴向窜动和传动噪声三个方面。

3）齿轮传动的润滑

润滑可以起到减小磨损、减少齿轮啮合处的摩擦发热、降低噪声、防锈和散热等作用。齿轮在啮合传动时将产生摩擦和磨损，会造成动力损耗，而传动效率降低。因此，齿轮传动，特别是高速齿轮传动的润滑就十分重要。齿轮传动的润滑方式主要由齿轮圆周速度的大小和特殊的工况要求决定。

① 闭式齿轮的润滑方式。对于闭式齿轮，当齿轮的圆周速度小于 10m/s 时，常采用大齿轮浸油润滑。一般大齿轮在运转时，将油带入啮合齿面上进行润滑，同时可将油甩到箱壁上散热。当齿轮的圆周速度大于 10m/s 时，应采用喷油润滑，即以一定的压力将油喷射到轮齿的啮合面上进行润滑并散热。

② 半开式及开式齿轮的润滑方式。对于半开式及开式齿轮传动，因为速度较低，通常采用润滑脂进行润滑或人工定期润滑。

（2）圆柱齿轮的装配

1）圆柱齿轮装配的技术要求

圆柱齿轮传动装配的主要技术要求是保证齿轮传递运动的准确性、相啮合的齿轮表面接触良好以及齿侧间隙符合规定等。

2）轴与齿轮的装配

轴与齿轮的装配有齿轮在轴上的滑移、齿轮在轴上的固定和齿轮在轴上的空转三种形式。齿轮在轴上的滑移和空转一般采用间隙配合，其装配比较方便。当用花键连接时，需要选择较松的位置定向装配，且在装配后，齿轮在轴上不许有晃动的情况。齿轮在轴上的固定一般采用过渡配合或过盈配合，用平键对连接轴和齿轮。一般采用工具敲击或在压力机上装配。

3）箱体与齿轮轴组的装配

对于半开式及闭式齿轮来说，齿轮传动的装配是在箱体内进行的，即在齿轮装入轴上的同时也将轴组装入箱体内。在装配前，为了保证装配质量，应对箱体孔中心线与基面尺寸平行度进行检查，另外，还要对端面垂直度和孔距、孔系平行度进行检验，如图 7-42 所示。

4）圆柱齿轮装配情况的检查方法

① 齿侧间隙的检查方法。齿侧间隙的检查可用塞尺；对大型齿轮则用铅丝，即在两齿长方向放置 3～4 根铅丝，齿轮转动时，铅丝被压扁，测量压扁后的铅丝厚度即可知其侧隙。

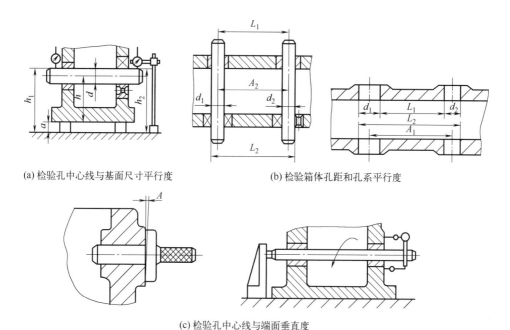

(a) 检验孔中心线与基面尺寸平行度   (b) 检验箱体孔距和孔系平行度

(c) 检验孔中心线与端面垂直度

图 7-42　箱体与齿轮轴组的装配

② 齿圈的径向圆跳动和端面圆跳动的检查方法。为了保证齿轮传递运动的准确性，齿轮装到轴上后，齿圈的径向圆跳动和端面圆跳动应控制在公差范围内。相互啮合的接触斑点用涂色法检验。齿轮啮合接触斑点的不同情况有：

齿轮副装配正确时的接触情况，如图 7-43（a）所示。

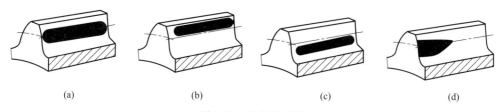

(a)　　　　　　　(b)　　　　　　　(c)　　　　　　　(d)

图 7-43　涂色法检验

齿轮副装配后的中心距大于加工时的齿轮中心距的情况，如图 7-43（b）所示。这是齿轮箱体上两孔的中心距过大，或是轮齿切得过薄所致，这时可将齿轮换一对，或将箱体的轴承套压出，换上新的轴承套重新镗孔。

图 7-43（c）所示的接触情况是由装配中心距小于齿轮副的加工中心距所引起的。

由齿轮的齿向误差或箱体孔中心线不平行所引起的齿面接触情况，如图 7-43（d）所示。此时，必须提高箱体孔中心线的平行度或齿轮副的齿面精度。在单件小批量生产时，可把装有齿轮的轴放在两顶尖之间，用百分表进行检查，如图 7-44 所示。

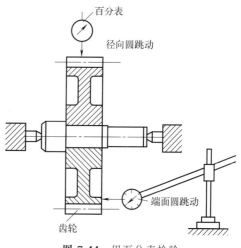

图 7-44　用百分表检验

（3）圆锥齿轮的装配

圆锥齿轮用于两相交轴之间的传动，与圆柱齿轮传动相似，一对圆锥齿轮的运动相当于一对节圆锥的纯滚动。除了节圆锥以外，圆锥齿轮还有齿顶圆锥、齿根圆锥和基圆圆锥等的配合。圆锥齿轮的结构如图 7-45 所示。另外，按传递转矩的方式不同，锥齿轮可分为主动锥齿轮和被动锥齿轮。

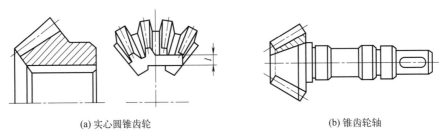

(a) 实心圆锥齿轮　　　　　　　　　　　(b) 锥齿轮轴

图 7-45　圆锥齿轮的结构

1）主动和被动锥齿轮间隙的检查与调整

一般主动和被动锥齿轮的间隙标准值为 0.08～0.12mm。用千分表测量主动和被动锥齿轮驱动侧齿根的跳动度，其差值即为主动和被动锥齿轮的间隙值。如果主动和被动锥齿轮的间隙值不符合标准值，可调整轴承的左右螺母，使被动锥齿轮相对于主动锥齿轮离开或靠近。

2）主动锥齿轮轴承预紧度的检查与调整

首先，要按正常的要求正确装配主动锥齿轮和凸缘盘到减速器壳体上，但要注意不能装齿轮轴的油封；然后用拉力器测量其启动扭矩，根据轴承的预紧程度标准（0.3～0.7N·m），当拉力器显示的拉力在 6～14N 的范围内即可。

3）主动和被动锥齿轮啮合时接触斑点的检查

主动和被动锥齿轮啮合时接触斑点的检查方法：在齿轮的齿表面均匀地涂抹薄薄的一层红丹油，然后缓缓地转动齿轮，检查主动和被动锥齿轮的啮合接触斑点。对比图 7-46 所示的接触斑点，如果出现图 7-46（b）、（c）所示的情况，加以调整即可。如出现图 7-46（b）所示的情况，其接触图形为低位接触，接触区域在齿顶和大端上，表明主动齿轮超出主减速器太远，应减小垫片的厚度，使主动锥齿轮向后退。如出现图 7-46（c）所示的情况，其接

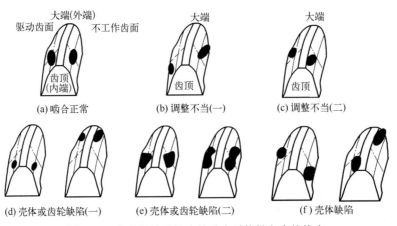

(a) 啮合正常　　　　(b) 调整不当(一)　　　　(c) 调整不当(二)

(d) 壳体或齿轮缺陷(一)　　　(e) 壳体或齿轮缺陷(二)　　　(f) 壳体缺陷

图 7-46　主动和被动锥齿轮啮合时接触斑点的检查

触图形为高位接触，接触区域在大端和齿顶上，表明主动齿轮轴后退太多，应增大垫片的厚度，使主动锥齿轮向前移动。如果出现图 7-46（d）、（e）、（f）所示的情况，则应该更换相应的缺陷零件。

4）主动和被动锥齿轮的拆装

在主动和被动锥齿轮拆装前，首先应对其进行检查，如图 7-47 所示。主要检查齿部、主动齿轮键槽和轴承工作面部有无表面剥脱、严重磨损、断裂和裂纹等缺陷。如有不良情况，应及时更换。

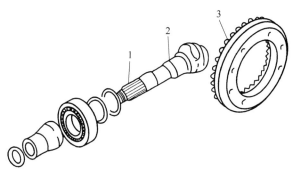

图 7-47　检查主动和被动锥齿轮
1—轴承工作面；2—齿部；3—主动齿轮键槽

主动锥齿轮的拆装方法：用台钳夹紧主减速器壳及凸缘盘，用梅花扳手旋下主动锥齿轮螺母，如图 7-48 所示，即可拆下主动锥齿轮。

被动锥齿轮的拆装方法：用台钳夹紧差速器壳体，用梅花扳手松开被动锥齿轮的安装螺栓，如图 7-49 所示，即可拆下被动锥齿轮。

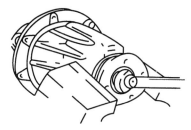

图 7-48　主动锥齿轮的拆装

图 7-49　被动锥齿轮的拆装

7.8　减速器装配工艺编制

（1）概述

前面我们已经学习过装配的相关知识，了解了减速器的装配过程。在机械制造企业，通常采用装配工艺规程将整个工艺过程和方法确定下来，用来指导工人进行装配工作和组织生产等。那么如何将图 7-2 所示减速器的装配工艺过程用文件形式确定呢？如何编制机械装配工艺规程呢？

由图 7-1、图 7-2 可知，减速器是由 3 个组件装配在箱体上形成的。这 3 个组件先装配哪一个、后装配哪一个，每个组件如何装配，装配有何技术要求，都需要在装配工艺文件上提出严格的要求，这就需要编制机械装配工艺卡，用来进行生产管理，以确保产品质量满足设计要求。

下面主要阐述如何编制机械装配工艺卡。

（2）装配工艺

1）装配工艺卡

机械装配工艺规程是规定产品及部件的装配顺序、装配方法、装配技术要求、检验方法及装配所需设备、工艺装备、时间定额等内容的技术文件。一般中小机械制造企业，主要用装配工艺卡体现，格式见表 7-8。装配工艺卡是以工序为单位，详细说明各工序的内容、装配顺序、技术要求等，主要用于生产准备、生产组织和指导装配工人进行生产。

表 7-8　装配工艺卡

（工厂）		装配工艺卡			产品名称型号	部件名称	装配图号		
车间名称		工段		班组	工序数量	部件数量	净重		
工序号	工序名称	装配内容			设备	工艺装备	工人技术等级	工时	
					设计（日期）	审核（日期）	标准化（日期）	会签（日期）	
标记	处数	更改文件号		签字	日期				

2）编制装配工艺规程的基本原则

① 保证产品的装配质量，以延长产品的使用寿命。

② 保持先进性，尽可能采用先进装配工艺技术和装配经验。

③ 保持经济性，合理安排装配顺序和工序，尽量减少钳工手工劳动量，缩短装配周期，提高装配效率，降低成本。

④ 以人为本，充分考虑安全性和环保性。

3）编制装配工艺规程的步骤

① 收集装配的原始资料。

a. 产品图纸和技术性能要求：收集产品图纸，包括总装图、部件装配图和零件图。

b. 产品的生产纲领：产品的生产纲领决定了产品的生产类型，而生产类型不同，其装配工艺特征也不同，在设计装配工艺规程时应予考虑。

c. 现有生产条件：为了使编制的装配工艺规程能切合实际，必须了解本单位现有生产条件，包括已有的装配设备、工艺设备、装配工具，装配车间的生产面积以及装配工人的技术水平等。

d. 准备相关资料：充分准备好相关资料。

② 分析产品图纸。从产品的总装图、部装图了解产品结构，明确零、部件之间的装配关系；了解装配技术要求，研究装配方法，掌握装配中的关键技术，制定相应的装配工艺措施，确保产品装配精度。零件图可以作为在装配时对其补充加工或核算装配尺寸链的依据；技术性能要求则可作为指定产品检验内容、方法及设计装配工具的依据。

③ 划分装配单元，即将产品划分成可进行独立装配的若干个独立单元。将产品划分成装配单元时，应便于装合和拆开，以基准件为中心划分装配单元件，尽可能减少进入总装的单独零件，缩短总装配周期。

④ 选择装配基准。无论哪一级的装配单元，都需要选定某一零件作为装配基准件。选择装配基准件时应遵循以下原则。

a. 尽量选择产品基体或主干零件作为装配基准件，以利于保证产品装配精度。

b. 装配基准件应有较大的体积和重量，有足够支承面，以满足陆续装入零部件时的作业要求和稳定性要求。

c. 选择的装配基准件应有利于装配过程的检测、工序间的传递运输和翻身转位等作业。

⑤ 确定装配顺序。确定装配顺序的基本原则如下。

a. 预处理工序在前。

b. 先下后上，先内后外，先难后易。先进行基础零部件的装配，使产品重心稳定；先装产品内部零部件，使其不影响后续装配作业；先利用较大空间进行难装零件的装配，按照动力传递路线安排装配顺序。

c. 及时安排检验工序。

d. 用相同设备及需要特殊环境下装配的工序，在不影响装配节拍的情况下，尽量集中。处于基准件同一方位的工序尽量集中。

e. 电线、油（气）管路布设应与相应工序同时进行，以免零部件反复拆卸。

f. 易燃、易爆、易碎、有毒物质应放在最后工序，以减小安全防护工作量。

⑥ 装配工序制定。

a. 划分装配工序，明确工序装配内容，确定具体设备及工艺装备。

b. 制定各工序操作规范。如过盈配合所需压力、变温装配的温度、紧固螺栓连接的拧紧力矩及装配环境要求等。

c. 明确工序装配质量要求。

d. 计算工时定额等。

⑦ 填写装配工艺卡。

(3) 编制减速器装配工艺卡

应用以上基本知识，编制图 7-2 所示减速器总装配工艺卡，如表 7-9 所示。

表 7-9 减速器总装配工艺卡

（工厂）		装配工艺卡		产品名称型号	部件名称	装配图号	
				减速器			
车间名称		工段	班组	工序数量	部件数量	净重	
				6	3		
工序号	工序名称	装配内容		设备	工艺装备	工人技术等级	工时
1	预备	清洗检查： ①清洗零件。 ②加工相关零配件。 ③检查箱体孔和轴承外圈尺寸。 ④做好装配准备工作		摇臂钻床	卡规，塞规，内径百分表		
2	组装	安装蜗杆组件： ①将轴承外圈装入箱体右端。 ②装入蜗杆轴组件。 ③将轴承外圈装入箱体左端。 ④装入右端轴承盖并拧紧螺栓。 ⑤消除右端轴承间隙,测量所需调整垫片厚度,并加工。 ⑥安装调整垫片和左端盖。 ⑦测量蜗杆轴轴向间隙,保证间隙在 0.01～0.02mm 之间		压力机	百分表，磁性表座		

工序号	工序名称	装配内容	设备	工艺装备	工人技术等级	工时
3	试装	确定蜗轮轴组件和锥齿轮轴-轴承套组件的位置。 ①确定蜗轮轴组件位置。 将轴承内圈装入蜗轮轴左端,将蜗轮轴通过箱体孔装上蜗轮、锥齿轮,装上左轴承外圈、右端轴套,移动蜗轮轴,调整蜗杆与蜗轮正确啮合位置(蜗轮中间平面与蜗杆轴线重合),测量左轴承端面至孔端面距离 H,调整并加工左轴承盖台肩尺寸至 H,装上蜗轮轴左端轴承盖,并用螺钉拧紧,右端用轴套代替轴承,并用调整螺钉消除间隙。 ②确定蜗轮轴上锥齿轮与锥齿轮轴-轴承套组件的位置。 装入锥齿轮轴-轴承套组件,调整两锥齿轮正确的啮合位置(使齿背齐平),分别测量轴承套组件肩面与孔端面的距离 H_1 以及蜗轮轴上的锥齿轮端面与蜗轮端面的距离 H_2,并调好两垫圈厚度尺寸,然后拆下各零件,加工两调整垫圈	压力机,CA6140车床	深度游标卡尺,游标卡尺		
4	总装	①安装蜗轮轴组件。 从大轴孔方向装入蜗轮轴,同时依次将键、蜗轮、垫圈、锥齿轮、垫圈和圆螺母装在轴上。然后从箱体轴承孔两端分别装入滚动轴承及轴承盖。用螺钉旋紧,调好间隙,装好后用手转动蜗杆时,应灵活,无阻滞现象。 ②安装锥齿轮轴-轴承套组件。 将锥齿轮轴-轴承套组件与调整垫圈一起装入箱体,并用螺钉紧固。 ③安装联轴器分组件等	压力机			
5	检验	调整和精度检验(按技术要求进行)				
6	试运转	①清理箱体内腔,注入润滑油,装上箱盖。 ②连接电动机。 ③空载试车。空载运行 30min 后,检查轴承温升、噪声等。 ④加载试车: 1/3 载荷运行 20min; 2/3 载荷运行 20min; 满载荷运行 20min				
			设计 (日期)	审核 (日期)	标准化 (日期)	会签 (日期)
标记	处数	更改文件号	签字	日期		

 思考与练习

7-1 何谓装配?装配单元可分为哪几级?

7-2 何谓装配精度?装配精度包括哪些内容?

7-3 装配工作包括哪些内容?

7-4 精度检验包括哪些内容?

7-5 何谓机械装配工艺规程?机械装配工艺规程有何作用?

7-6 编制装配工艺规程的基本原则是什么?

7-7　分析装配图的目的是什么？

7-8　简述编制装配工艺规程的步骤和方法。

7-9　在图 7-2 所示的减速机装配图中，请指出总装配基准件是哪一个零件。

7-10　在表 7-9 减速机总装配工艺卡中有一道试装工序，安排这道试装工序的目的是什么？

7-11　题图 7-1 所示为传动轴组件，在装配前所有零件均已加工完毕。在轴向，箱体轴孔两内侧尺寸为 A_1，齿轮轴向尺寸为 A_2，垫片厚度尺寸为 A_3。当三个零件通过光轴装配在一起后，要求形成一定的轴向间隙 A_0，请建立该部件的装配尺寸链。

7-12　题图 7-2 所示为键与键槽的装配关系，根据结构设计可知，键和键槽的基本尺寸 $A_1 = A_2 = 20$mm，要求装配间隙为 $A_0 = 0^{+0.15}_{+0.05}$mm。

请问：

① 为保证装配精度，可选用哪些装配方法？

② 如果大批量生产，请选择保证装配精度的方法，并确定各组成零件的尺寸及偏差。

③ 如果小批量生产，请选择保证装配精度的方法，并确定各组成零件的尺寸及偏差。

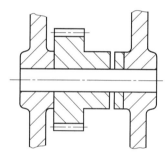

题图 7-1　传动轴组件装配

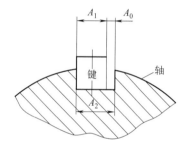

题图 7-2　键与键槽的装配关系

第8章
机械制造的物料流装置

机械制造工厂或车间内部物料流动主要指工件的原材料、毛坯、半成品、成品和刀具、夹具、辅具等的流动。工件原材料、毛坯等进厂后经过入库、储存、加工与处理、装配、检验、包装直到成为成品（和产生部分废料）出厂这一流动过程基本上是单向流动过程，而刀具、夹具和辅具等的流动主要是为了完成加工任务调度所需而多次反复地循环流动。

物料流装置的设计好坏和运行良否直接关系到生产、经营能否顺利进行和资金运作状况。好的物料流装置可以形成企业产供销一条龙，各部门分工合理、协调和谐、配合得当，使得管理工作简化、优化、信息化及自动化，达到或接近产品和原材料的"零库存"，减少资金积压，真正做到"货如轮转"，提高企业综合经济效益。

物料流装置从对象上分为工件储运装置、刀具自动更换装置、排屑装置。

8.1 工件储运装置

工件储运装置按生产过程先后顺序和功能分为物料储存装置、物料（工件）输送装置、物料供给适配装置等几部分。

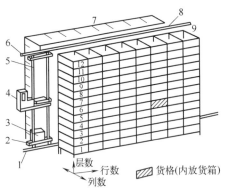

图 8-1　自动立体仓库

1—下梁轨道；2—堆垛机；3—驱动装置；
4—驾驶室升降堆垛机；5—立柱；6—上梁轨道；
7—左货架；8—巷道；9—右货架

8.1.1 物料储存装置

物料储存装置系统主要包括供给正常生产物料的仓储系统和在自动线个别环节或设备发生故障时解决燃眉之急用的线上自动储料装置系统两个部分。

(1) 自动立体仓库

自动立体仓库是应现代化、自动化生产和管理信息化的要求而生的，与传统仓库相比，能更有效地利用空间，使物品堆放向空中立体发展；配备有完善的计算机管理系统并具自动控制物品的存取、搬运功能，能优化物品的储存数量，保持最佳的库存量，既减少资金积压，又能使生产正常进行；减少搬运配料人员和仓储管理人员。图8-1是一巷道式立体仓库局部简图。

1）总体布局

图8-2所示是常见的巷道式自动立体仓库平面布局形式。

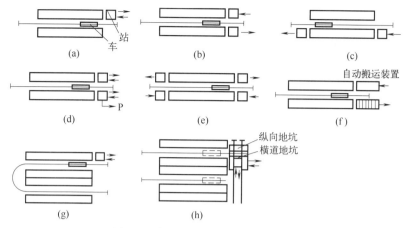

图 8-2　自动立体仓库平面布局形式

2）高层货架

在保证货架结构刚度、强度、稳定性的基本要求下，有的高层货架还要求结构单元自身可调整组合，以在产品结构发生变换时对货架进行优化排布，即自动立体仓库自身具有一定的柔性组合特点。高层货架是自动立体仓库的基础结构和物品储存支架，同时还是其他元件（如定位元件、地址编码、通信线缆、空中轨道等）的支撑件或载体，其货架单元常由结构钢，如槽钢、工字钢、圆钢等通过焊、铆、螺栓连接等方式制成。

3）自动立体仓库的计算机管理系统

其主要职能有：入库管理、出库管理和库存数据统计管理。

① 入库管理：记录并刷新入库物品的名称、编码、数量、来源地、日期、质量等级及重要度等信息，并进入相关数据库。另一方面，发出指令控制仓储机械设备将物品搬运到应到达的仓位。

② 出库管理：根据出库提货清单，核实出货权限，指令自动仓储机械设备执行出货指令，刷新在库品数量等数据信息。

③ 库存数据统计管理：结合生产状况，反映准确的在库物品信息（如 BOM 清单），为生产计划、供应系统提供多方决策的数据信息，对仓库自身的库存结构和库存量等进行优化。

4）堆垛机。

图 8-3 所示的双柱式堆垛机是一种可在自动立体仓库高层货架巷道轨道上穿梭行走，并在高层货架的物料仓位存取物品的专用起重设备。为改善刚性，通常采用框架结构。堆垛机通常由行走机构、升降机构、货台与装卸托盘、框架、导向机构、控制系统和安全保护装置等组成。堆垛机一般由专业单位进行设计制造，鉴于其机构上"瘦高"的特点，其设计重点考虑以下几点：

① 框架机构的刚度、强度和结构稳定性。

② 平稳可靠的装卸机构与装置。

③ 运行快速、平稳和精确。

④ 可靠的联锁保护和安全装置。

⑤ 操作者的视野范围。

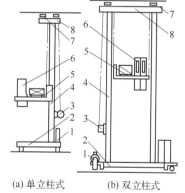

(a) 单立柱式　　(b) 双立柱式

图 8-3　巷道堆垛机结构简图

1—运行结构；2—机座；3—提升机构；
4—立柱；5—货台；6—司机房；
7—导轮；8—横梁

（2）线上自动储备装置

正如修建蓄水池储水以防天旱延误农业生产一样，线上自动储备装置用于防止自动生产线中某台或某加工单元设备出现故障而影响后续工序的正常工作或全线停产。线上自动储备装置起到蓄水池的作用，它可缓冲生产线上个别故障造成的全局性损失，或者调节正常生产线上因节拍差异而造成的"桶板效应"（指一个桶的容量取决于最低那块板所确定的桶的容积，对应于生产线上指整个线上的节拍取决于最慢节拍的机床或工序）。线上自动储备装置在生产正常或节拍一致时几乎不发挥作用，它并非一个常规概念的仓库，其设计原理类似于一条迂回曲折的江河，在同样的距离上迂回曲折使路径增长而增大水的储备量。设计上有两种思路：动态式和静态式。

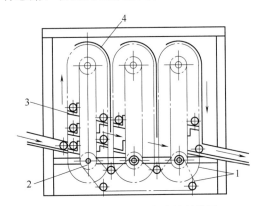

图 8-4 动态式线上自动储料装置
1—链条；2—链轮；3—钩杆；4—隔板

① 动态式线上自动储备装置。指从上工序来的每一个零件都经过此储备装置，而按顺序进入下工序，只是在此装置上动态地积累有较多的可流入下工序的零部件而已。通常安装在易于发生故障的设备或工序之后端，起到缓冲调剂作用，留出设备修理时间，减少后续联锁停机损失。装置如图8-4所示。

② 静态式线上自动储备装置。此储备装置一直静态地存放有一定数目的上工序送来的零部件。正常时，上工序送来的零部件不经过此装置而直接进入下工序，仅当上工序设备发生停机故障时本装置才投入运行，释放库存应急，

故障解除后，上工序设备需加班补充本库存，如图8-5所示。当然，这种静态也是相对而言的，为防止库存太久产生生锈等问题，有时需人为地或自动线设计要求定期释放更新库存。

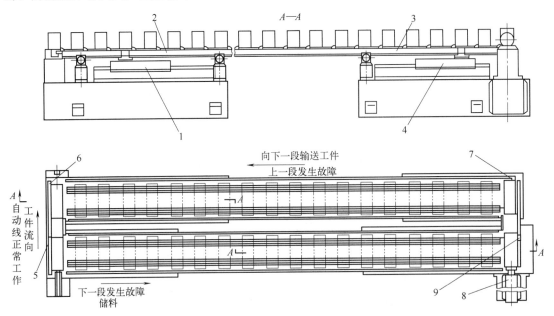

图 8-5 静态式线上自动储料装置
1，4—传动装置；2，3—棘爪传动带；5～7，9—限位开关；8—液压缸

8.1.2 工件输送装置

物流系统中的输送系统内容较丰富。输送任务主要指工件毛坯、成品、半成品等的输送，还包括刀、夹、量、辅具等的输送。按不同的分类有不同的输送类型。

按输送行程的轨迹路径可分为：直线输送和环形输送；

按工件与机床间的位置关系可分为：内通式输送和旁通式输送；

按输送时间节拍可分为：同步输送和非同步输送；

按物料形态可分为：固体输送、液体输送和气体输送。

(1) 随行夹具输送与返回装置

托盘和随行夹具在自动生产线和装配线上应用较多，采用托盘或随行夹具可减少工件的装夹工作，并易于将工件准确输送到预定位置或工位。由于随行夹具和托盘都是循环使用，因而在输送设计上需考虑其返回装置。根据生产现场布局，其结构上可有三种形式供选用，见表 8-1。在上方和下方返回这两种结构中，设计有升降装置或回转鼓轮，使随行夹具完成升降动作而回到初始位置以备调用。

表 8-1　随行夹具输送与返回装置的布局形式

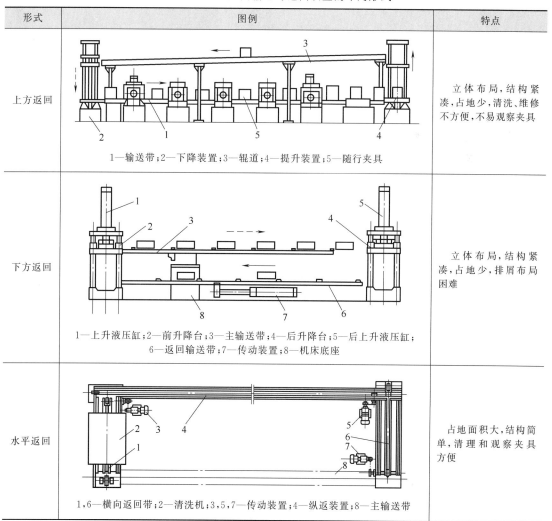

形式	图例	特点
上方返回	1—输送带；2—下降装置；3—辊道；4—提升装置；5—随行夹具	立体布局，结构紧凑，占地少，清洗、维修不方便，不易观察夹具
下方返回	1—上升液压缸；2—前升降台；3—主输送带；4—后升降台；5—后上升液压缸；6—返回输送带；7—传动装置；8—机床底座	立体布局，结构紧凑，占地少，排屑布局困难
水平返回	1,6—横向返回带；2—清洗机；3,5,7—传动装置；4—纵返装置；8—主输送带	占地面积大，结构简单，清理和观察夹具方便

（2）自动输送小车

自动输送小车是机电一体化生产系统中十分重要的输送设备，在当前的生产实际应用中，主要有有轨自动小车（RGV）和无轨自动小车（AGV，也叫自动导向小车）。而自动输送小车自身就是技术含量高的机电一体化产品，一般都需专业厂家设计制造并结合车间现场进行施工来完成。

① 有轨自动小车。以直线输送应用为主，行进中沿地面铺设的轨道输送物料。有轨自动小车运行系统通常包括：轨道、动力与控制电缆、RGV小车（车身、减速与制动装置、识址与定位装置、安全保护与报警装置、控制装置）、托盘交换与定位装置等。轨道一般为轻型导轨，可设计为水平、垂直、斜坡等布局形式。根据需要，有的导轨还可悬架在空中，使小车成为吊挂车形式，减少工作噪声、节约占地，并利于现场打扫工作。有轨系统具有控制系统相对简单、造价低等优点，但柔性差，一经铺就则路线不易改变，工作噪声大，占地多，清洁困难。

② 无轨自动小车（AGV）。AGV具有较好的柔性和灵活性，运行无噪声，占地少。如图 8-6 所示，AGV 系统由随行夹具或托盘交换装置、液压升降装置、驱动行走与变速装置、动力及控制电源、地面轨迹制导设施等组成。AGV 动力源一般采用一次充电能用 8 小时左右的蓄电池。与 RGV 相比，其行走轨迹制导系统比较复杂，制导方式有：电磁感应制导、光学制导、激光制导、红外线制导、磁力制导和摄像跟踪制导等。

（3）带式输送装置

带式输送装置常用于散料或不定型小件的直线长距离输送工作中，其系统构成如图 8-7 所示，由输送带、托辊、张紧辊、驱动滚筒、驱动电机、减速机构等组成，其每个组件部分设计选择可参考《机械零件设计手册》《机械设计手册》等，此处主要介绍其托带辊的组合结构形式及带的调偏原理。

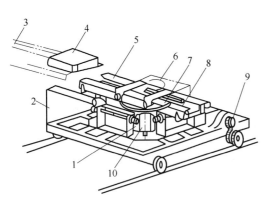

图 8-6　AGV 结构

1—水平保持结构；2—控制柜；3—随行工作台交换托板；
4—工件随行工作台；5—滑台叉架；6—液压单元；
7—回转工作台；8—进给电机；9—传动箱；10—升降液压缸

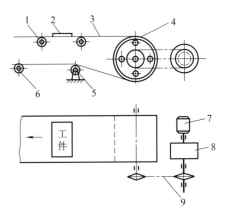

图 8-7　带式输送系统构成

1—上托带辊；2—工件；3—输送带；
4—驱动滚筒；5—张紧辊；6—下托带辊；
7—电动机；8—减速器；9—传动链条

　　设置托带辊是为了分担输送带的承载，防止输送带下垂干涉，以及带被物料重力拉长而张紧不足以致降低传载能力。托辊一般是通过轴承而空套在芯棒上，随着输送带的行进而摩擦滚动回转。根据物料种类、形态、尺寸等设计托带辊的结构形式和排布的疏密度。如图 8-8 所示，布局形式主要有：平行托带辊、V 形托带辊和槽形托带辊。调心托带辊可防止输

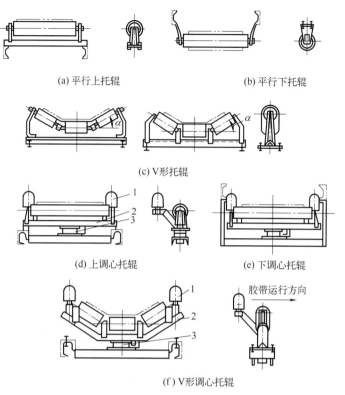

(a) 平行上托辊   (b) 平行下托辊

(c) V形托辊

(d) 上调心托辊   (e) 下调心托辊

(f) V形调心托辊

图 8-8   托辊的结构形式

1—立辊；2—托辊架；3—立轴

送带朝一个方向跑偏，在平带传动中，带跑偏方向总是朝着承受张力最大处移动，图 8-9 所示是其调偏原理，若带朝左立辊上跑偏，证明此方向处的张紧力过大，而立辊被带的摩擦力带动使得托辊架绕轴转动一个角度，此处的张紧力变小，从而使带制导返回，达到自动调偏目的。

（4）链式输送装置

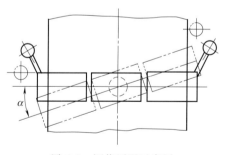

图 8-9   调偏原理示意图

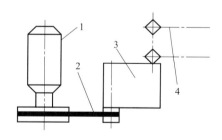

图 8-10   链条作为承载体的输送装置

1—电机；2—V带；3—减速器；4—承载输送链条

链条在输送装置中有两种功用：一是作为物料的承载体；二是作为动力牵引元件，如在悬挂链输送中。本小节的链式输送装置中，链条作为承载体用，其系统见图 8-10，由电动机、V带轮、V带、齿轮减速器、链轮和链条组成。根据工件形态、尺寸、材料等，输送链条可有多种选择，见图 8-11，其中片式套筒链应用最为常见。链条输送物料既可是直接带动物料（如履带链背面可直接堆放物料），也可带动料架、料斗等附属装置，为防止物料、附件掉落，平行于链的两侧常设有导向板装置。

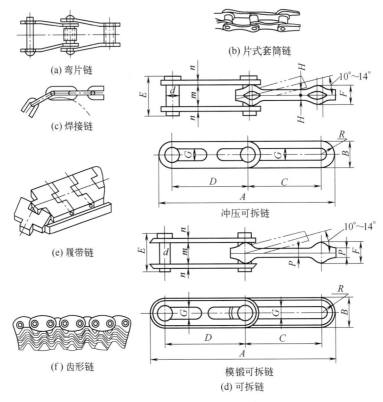

图 8-11 输送链条的形式

（5）辊道输送装置

辊道输送装置是最为简单的物料输送装置，且成本低廉，它靠物料与辊子外圆面的摩擦力完成输送工作。常见有三种方式，见图 8-12。图（a）为靠重力的分力使物料自动从高端

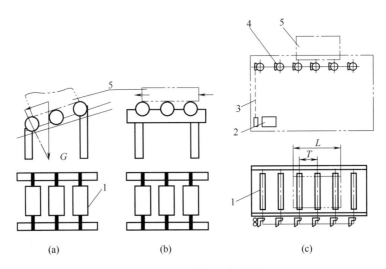

图 8-12 辊道输送的形式

1—辊子；2—电机；3—传动链；4—锥齿轮；5—工件

流向低端。图（b）为料顶料式输送，虽为水平布置，但由于机械手或机器人在摆放物料时的水平推动，物料一个接一个地顺次移动到下一位置。图（c）为外动力驱动辊子，使工件从初端到末端，适合于箱体件、托盘、板材等输送。自动动力辊道输送装置再配合其他辅助装置可使物料实现转弯、换向、分流等输送，见图 8-13。

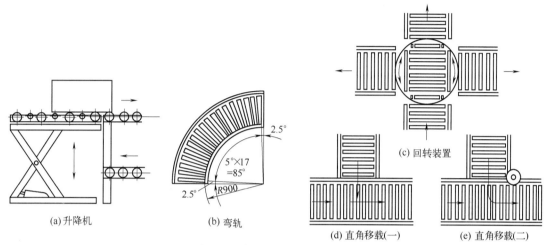

图 8-13 自动动力辊道输送装置

(a)升降机　(b)弯轨　(c)回转装置　(d)直角移载(一)　(e)直角移载(二)

（6）悬挂链输送系统

悬挂链输送系统具有节约占地、布局灵活、转向方便、传输可靠、易于实施等优点而得以广泛应用，如用于塑料件的涂装作业、车架焊接作业、汽车装配等。图 8-14 所示是一涂装生产的悬挂链输送系统。悬挂链输送系统主要由架空轨道、牵引链条系统、驱动装置、张紧装置、转向装置、滑架滚轮和各种挂具等组成。

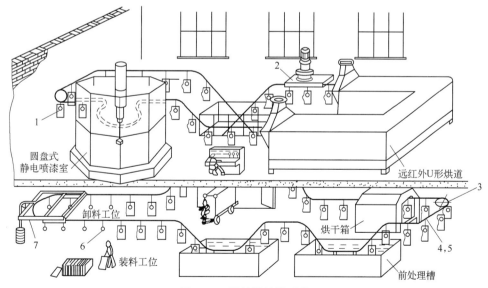

图 8-14 悬挂链输送系统
1—工件；2—烘干口；3—滑道转角；4，5—滑道；6—喷漆室；7—前处理槽

① 滑道结构。目前的生产应用中常用两种滑道：提拉式滑道和推拨式滑道，分别见图 8-15 和图 8-16。提拉式滑道结构简单、投资少，是一种同步传输装置，适合于无特别要

求的生产作业。物料随挂具挂在滑架上，滑架在链条的牵引下在架空轨道里行进，将物料送到目的地。推拨式滑道的牵引链与滑架体不固定连接，其传动靠链上的推头拨动滑架体而行进。由于滑架体可与牵引链脱扣，因此物料可以传输到不同的悬挂链上并接轨，实现复杂的输送和非同步输送。

　　② 挂具的选用。挂具的结构形式、尺寸规格取决于物料的种类、状、尺寸等因素，其基本要求是物料不掉落和方便装卸，常用的挂具如图 8-17 所示。也可自行设计适合现场生产的特殊挂具。

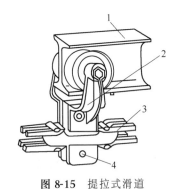

图 8-15　提拉式滑道

1—架空轨道；2—滑架；3—牵引链；4—挂具

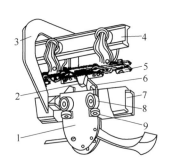

图 8-16　推拨式滑道

1—滑架；2—推头；3—框板；4—牵引轨道；5—链条；
6—挡块；7—承重轨道；8—滚轮；9—导轮

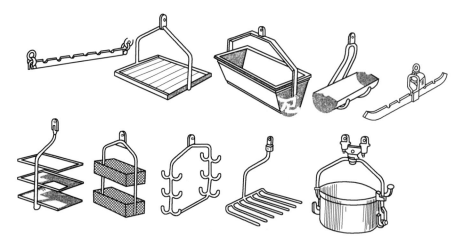

图 8-17　悬挂链用各种挂具

8.1.3　物料供给适配装置

　　物料供给适配装置系统包括单把刀具调用供给、多刀组合主轴箱调用，及工件的上下料供给、工件托盘交换等方面。完善的加工中心设备一般都随机自带刀库和自动换刀的机械手，8.2 节介绍。多刀组合主轴箱的调用目前已在专门的模块化组合机床上得到应用，在本小节中举例介绍其装置。本小节主要介绍工件的供给系统。

(1) 模块化组合机床主轴箱调用

　　加工中心刀具可换，具有灵活性大、通用性好、适应面广、加工类型和工艺方法多的优点，但由于其每把刀的更换需要时间，因而对某些零件（如汽车发动机箱体件加工）的综合加工效率较低，不适应批量生产，一般适于小批量多品种的模具制造等行业。而多刀组合机床能做到多把刀具，有的达数十把刀具同时工作，具有很高的效率，并能较好地保证加工的一致性；但在品种更换或产品结构更新改变时，却有点无能为力而可能闲置。集加工中心可换刀具和多轴组合机床高效率的双重特点的模块化组合机床应运而生，它是将多轴组合主轴箱设计成可换模块，相当于加工中心的"一把"刀具而可以更换，而且每个模块又相当于一台单面组合机床。模块与单台的组合机床相比，成本很低，更换方便，管理调度容易。所以，模块化组合机床具有效率高、适应性广、占地少等优点。图 8-18 所示是一台具有 8 个可换主轴箱模块的中型模块组合机床。它可同时完成工件四面的粗精钻、镗、铰、攻丝、锪等工作，每个模块的调用与分度工作台回转和后退配合进行。模块的调用和工作台的动作全由程序自动控制进行。工件品种变换时，只需装备相应的模块。

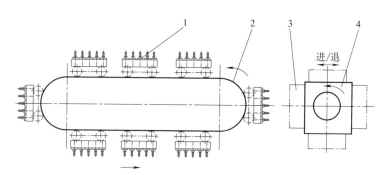

图 8-18　模块化组合机床结构与布局
1—多刀组合模块；2—模块导轨；3—工件；4—工作台

图 8-19 是带翻转装置的卧式可换箱组合机床结构示意图，主轴箱库 6 中的主轴箱仰置，利用翻转装置 5 使其翻转成卧式，经过交换装置完成主轴箱库的主轴箱和动力头上主轴箱的交换。

1）主轴箱的定位

换箱机床中主轴箱的定位精度是保证加工精度的重要因素，通常定位精度应在 0.01mm 以内。

主轴箱的定位方式通常采用"一面两销"定位，其中，两销可以是"圆柱销-菱形销""两个圆柱销"或"两个圆锥销"。从定位原则讲，采用两个圆柱销或两个圆锥销定位都属于过定位状态。为减少过定位的干涉，要求严格的加工精度或者使一个销套可以径向浮动，浮动量为 0.1mm。此外，也可用"两面一销"定位（图 8-20），其中，一个面用动力箱的前端面，且为主基面，第二基面用两个定位支承块组成，且与主基面相垂直，

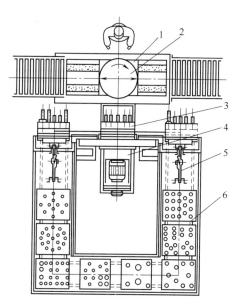

图 8-19　带翻转装置的卧式可换箱组合机床
1—移动工作台；2—回转工作台；3—主轴箱；
4—动力箱；5—主轴箱翻转装置；6—主轴箱库

以伸缩定位销的平面限制主轴箱的横向（X 向）不定度。伸缩定位销前端制成一个斜面和一个平面。

2）主轴箱的夹紧

如图 8-21 所示，由夹紧液压缸 4 带动 r 形压板将主轴箱与动力箱定位并压紧。

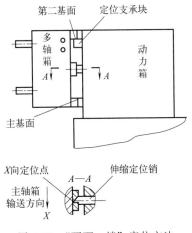

图 8-20 "两面一销"定位方法

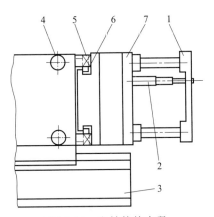

图 8-21 主轴箱的夹紧

1—钻模板；2—主轴；3—滑座；4—夹紧液压缸；
5—支承块；6—r 形压板；7—主轴箱

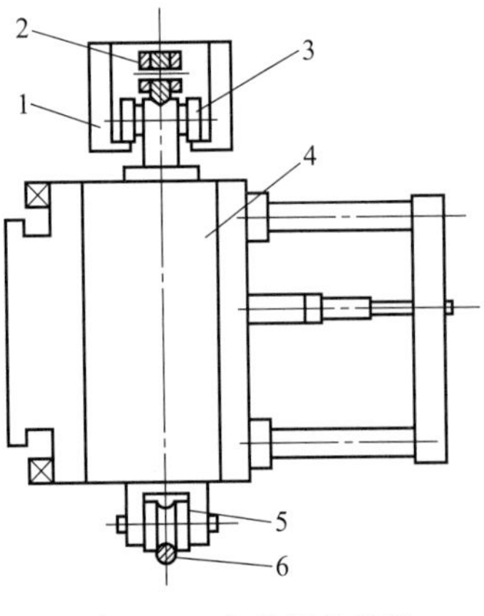

3）主轴箱的输送

输送装置有液压缸滑台推送装置、输送车、机械手和链条等。图 8-22 是链条式传送装置，主轴箱支承在圆导轨 6 上，利用链条 2 输送主轴箱。

（2）工件自动供给装置（自动上料机构）

自动化加工或装配生产线的自动化程度及运行的好坏在很大程度上取决于工件自动上下料装置的设计与选择。因为在加工、装配中，约三分之一的费用、三分之二的工时都集中在此装置相关的工序上。大批量生产中，为减少重复而繁重的体力作业、降低劳动强度、提高生产效率、保证产品质量及其一致性、保障生产安全，要求提高上下料的自动化程度是十分有意义的。由于自动上料和自动定位加工后的工件已有比较准确的位置和尺寸，所以，自动下料比较容易实现，一般采用推杆、推板或机械手即可，此处不做介绍。

图 8-22 主轴箱的输送

1—空中环形导轨；2—传送链条；
3—支承滚；4—主轴箱；
5—下方限位；6—圆导轨

自动上料装置一般由供料器、定向器、隔离机构、分/合路机构、上料机构、输送机构等组成，根据加工和装配的不同场合，物料流程常有以下几种情形：

① 一台供料器供给一台加工设备或装配工序：

供料器⇨隔离器⇨上料器⇨加工/装配设备

② 一台供料器供给多台加工设备或装配工序：

供料器⇨隔离器⇨上料器⇨分路器⇨ { A 加工/装配设备 B 加工/装配设备 C 加工/装配设备

③ 多台供料器供给一台加工设备或装配工序：

供料器 A
供料器 B ⎱合路机构⇨隔离器⇨上料机构⇨加工/装配设备
供料器 C

1）供料器

作用是：一方面，储存工件毛坯；另一方面，在自动加工或装配工序源源不断地自动提供工件。通常分为料仓式供料器和料斗式供料器两大类。两类的根本区别在于工件在供料器中能否完成自动定向的功能。料仓式不能完成自动定向，工件需人工或专用定向器来实现定向排布，适用于难以自动定向排列的工件；料斗式自带定向器，可以工件自动定向，用于定向排列性好、质量小的工件。料仓式还分为自重式送进和外力强制送进两种方式，见表 8-2。表中提供了供料器的众多结构形式，其详尽的结构设计可参考《机械工程设计手册》。

表 8-2　供料器种类和结构形式

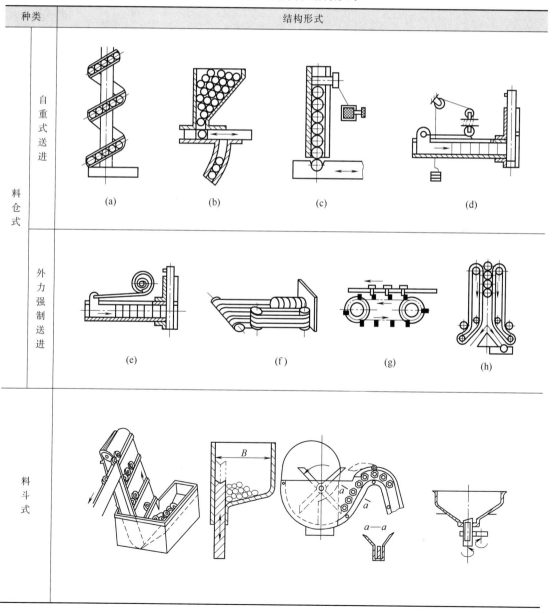

种类	结构形式
料仓式（自重式送进）	(a) (b) (c) (d)
料仓式（外力强制送进）	(e) (f) (g) (h)
料斗式	

种类	结构形式

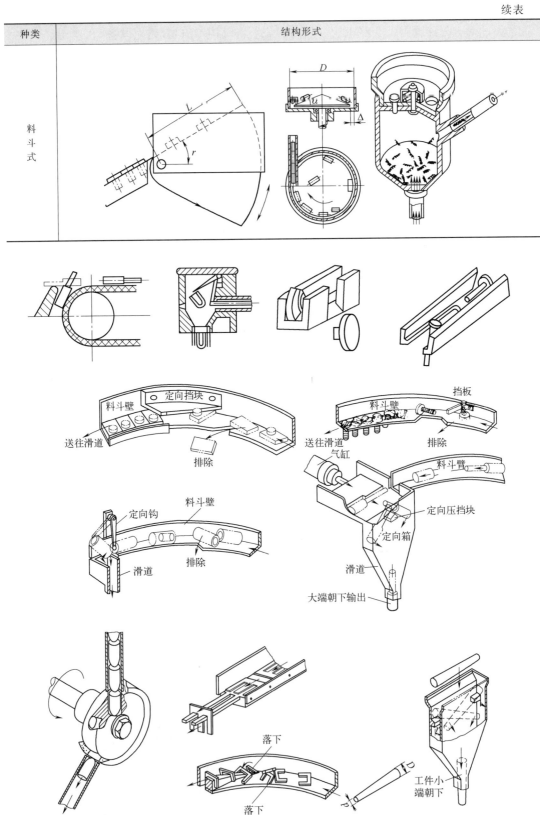

图 8-23　各种定向器结构形式

2）定向器

见图 8-23，对于形状复杂而又不能在料斗中自动定向的工件，需在输料槽中进行再次定向；料仓中工件若非人工定向排列，也需专门的定向器对工件定向。因而定向器的设计选择也是十分重要的环节，有的定向器客观上还具有剔除器功能。

3）隔离器

定向排列好的工件送料经常是连续送进和不等节拍的非同步送进，但往往需要逐个或成组隔离再送往加工区；隔离器设计考虑两个方面：一是根据工件形状、材质、表面状况等决定隔离器的选择；二是考虑隔离器工作节拍与相关工序的节拍一致性问题，隔离器往往与送料器设计在一起，一般由往复运动、摆动、旋转等来实现隔离，常见机构见图 8-24。

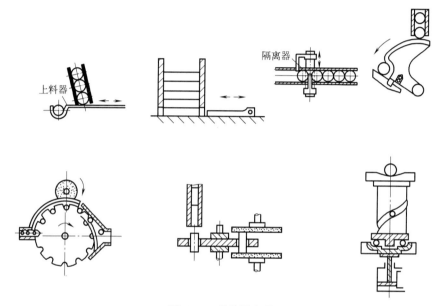

图 8-24　各种隔离器

4）分路器

作用是将来自一路的工件分成两路以上行进。有的场合必须设置分路器，如：供料器供给能力大，足以供给两台以上的设备或装配工序；从生产能力大的工序向生产能力小的工序传送；自动检测工序中，将不合格件剔除等。图 8-25 所示是分路器结构。

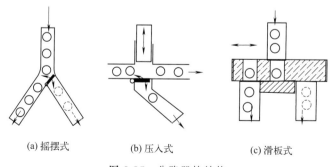

(a) 摇摆式　　　　(b) 压入式　　　　(c) 滑板式

图 8-25　分路器的结构

5）合路器

自动化生产中，有时需对数台加工设备完成的同一种工件进行统计、检验，或者由数台供料器向同一台加工设备供料时，都需要对工件进行集中汇集。合路后必须保持工件定向一致。合路器结构见图 8-26。

6）输料槽结构

工件从供料器到达上料器或上工序加工完毕后到达下工序途中都必须由输料槽来支撑和保持定向。其结构设计主要取决于工件形状、尺寸、重量等。工件在槽中运动一是平移滑动，要考虑其耐磨性；二是滚动，要考虑其摩擦因数是否足够大。有的输料槽还带有减速装置。常见结构形式见图 8-27。

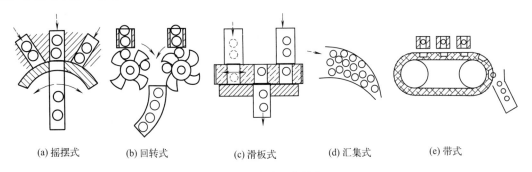

(a) 摇摆式 　　(b) 回转式 　　(c) 滑板式 　　(d) 汇集式 　　(e) 带式

图 8-26　合路器的结构

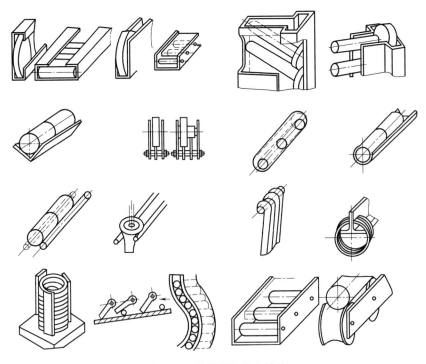

图 8-27　输料槽的基本结构

7）上料机构

将已定向排布好的工件装入夹具并定位由上料机构完成，上料过程与零件的装配在某种程度上十分相似。上料机构的设计主要根据工件形状、尺寸、重量、材料性质等与夹具配合选择，其中上料杆（元件）的选择设计是最重要的，主要有：顶杆式、弹性销、磁性元件、摩擦式、真空吸附和机械手等。

图 8-28 所示是具有指形压板的 L 形摇杆式上料机构，适用于空间上不允许使用滑板顶杆式上料机构的场合。L 形摇杆 2 的圆弧段 A 用于隔离工件。指形压板 3 的开闭既可利用工件的重量，也可采用强制的方法，如设置开闭挡块。

图 8-29 所示是摇杆与弹性销上料机构。摇杆 2 可摆动，还可沿轴线方向移动，其端部装有可抓取筒形工件的弹性销 3。机构动作顺序是（1）顺次到（6），其中动作（1）和（4）为摇杆 2 做直线运动，前者将工件插入弹性夹头 4，后者是弹性销 3 抓取工件。

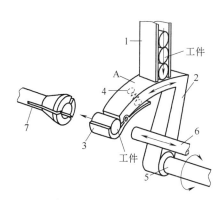

图 8-28　摇杆式上料机构
1—料道；2—L 形摇杆；3—指形压板；4—弹簧；
5—轴；6—顶杆；7—弹性夹头；A—圆弧段

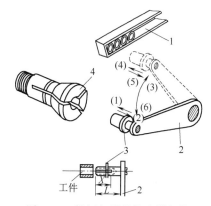

图 8-29　摇杆与弹性销上料机构
1—料道；2—摇杆；3—弹性销；4—弹性夹头

图 8-30 所示是真空吸盘式薄板材上料机构。在两垂直提料气缸 1 的活塞杆端部装有真空吸盘 6，当板材被吸住提起后，横向送料气缸 3 动作，将板材 7 送至上料位置。

图 8-31 所示为自动拧紧螺母机构。利用装在气动拧紧装置 3 端部的磁铁 4 将隔料滑块 2 排除的螺母吸附，再送到装配位置进行拧紧作业。

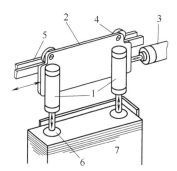

图 8-30　真空吸盘式薄板材上料机构
1—提料气缸；2—滑板；3—横向送料气缸；4—滚轮；
5—导轨；6—真空吸盘；7—薄板材

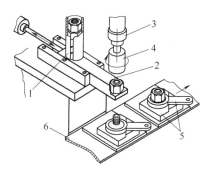

图 8-31　自动拧紧螺母机构
1—料仓；2—隔料滑块；3—气动拧紧装置；
4—磁铁；5—被装配的零件；6—输送带

图 8-32 所示为机械手式上料机构。当机械手 4 抓取到工件后，将从图示双点画线位置按（1）至（6）的顺序把工件装入分度转台 6 上的夹具 7 中。机械手 4 的上下运动与摆动可用凸轮或气缸分别驱动。若工件有中心通孔，机械手 4 的夹持部分 8 可采用弹性销等，否则采用真空吸头为好。

图 8-33 所示为连续带材的步进上料机构。上料体 1 的内腔有一斜面 A，并装有滚柱 2、滚柱压块 3 及弹簧 4。当曲柄轮 5 通过连杆 6、摇杆 7 驱动上料体 1 向右运动时，由于滚柱 2

在弹簧 4 的作用下有向左运动的趋势，于是便被楔紧在斜面 A 和带材 8 之间，使带材 8 也随上料体 1 一起向右移动，完成上料动作。当上料体 1 向左运动时，因滚柱 2 与斜面 A 脱离了接触而不能再夹紧带材 8，故此时带材 8 静止不动，于是上料体 1 完成空程复位。

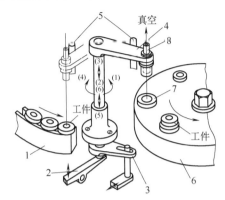

图 8-32　机械手式上料机构

1—流道；2—实现运动驱动杆；3—摆杆；4—机械手；
5—限位杆；6—分度转台；7—夹具；8—夹持部分

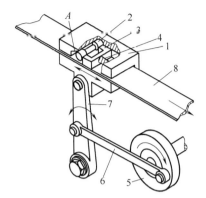

图 8-33　连续带材步进上料机构

1—上料体；2—滚柱；3—滚柱压块；4—弹簧；
5—曲柄轮；6—连杆；7—摇杆；8—带材

图 8-34 所示为棒料的上料机构。上料动作顺序如图左侧图线所示：（1）至（2）为接取棒料，（3）至（4）为向固定承料架 6 上料，（5）为回程。送料架 2 的往复运动可用气缸驱动，其绕销轴 3 的上下摆动由摇爪 4 及靠模 5 提供。在料道 1 的上部应设置隔离机构，以使棒料逐个地落入送料架 2 的槽口。送料架 2 的端部应具有图示的斜面，以使其回程时能顺利地从被夹紧的棒料下方退出。

（3）上（下）料机械手

工业机械手是一种能模拟人手功能，按给定程序、轨迹和要求实现抓取、摆放、搬运工件、更换刀具或操纵工具的机械化、自动化装置。它通常由执行机构、驱动机构和控制系统组成，若加上行走机构，则通常称为机器人。执行机构包括手部、腕部、臂部、机身或机座等。其中，手部直接与工件或工具接触，完成夹紧、吸附、托持与松开等功能，是机械手的关键元件。手部通常包括手指（卡爪）、传力机构和驱动元件。有的机械手机构十分复杂，如图 8-35 所示是一个有十多个自由度的仿人手手爪。有的机械手还带有传感器，检测其工

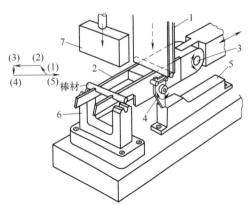

图 8-34　棒料的上料机构

1—料道；2—送料架；3—销轴；4—摇爪；
5—靠模；6—承料架；7—压铁

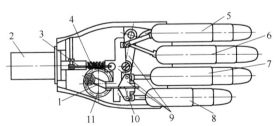

图 8-35　仿人手机械手手爪结构

1—驱动杆；2—电动机；3—弹簧片；4—蜗杆；
5—食指；6—中指；7—无名指；8—小指；
9—杆件；10—弹簧片；11—蜗轮

作相关信号，可实现反馈闭环控制。

机械手结构形式取决于工件和使用要求，按不同分类标准有如下几种：

① 按夹持动作分：回转型、移动型、回转或移动多指式及其他类型；

② 按驱动元件分：液压式、气动式和电动式；

③ 按传力机构分：滑槽杠杆式、连杆杠杆式、斜楔杠杆式、齿轮齿条式、弹簧杠杆式、凸轮杠杆式；

④ 按夹持工件方式分：手指式（外爪、内卡）、吸盘式（电磁真空负压吸盘、挤压排气吸盘）和其他形式（托持式、勺式、钩式、张紧式）。

本节以第一种分类形式分别予以介绍。在设计机械手手部机构时，必须事先确认工件环境条件、作业要求等因素和机械手综合性能要求：

工件因素：形状、局部形状、尺寸、重量、材质特性、稳定性和特殊性；

环境因素：工件分布、工件放置状态、位置和姿势、操作空间、高低温、特殊介质、电/磁场；

作业要求：工件批量、工件尺寸形状变化及通用性、抓取摆放方式。

设计中主要考虑的问题有：①足够的夹持或吸附力；②适当的开闭空间；③定位准确度；④刚度、强度和耐磨性；⑤结构紧凑与重心分布；⑥联结的方便性；⑦驱动与传力机构适配选取设计；⑧通用性与专用性；⑨检测元件与联锁保护等；⑩工作节拍与速度。

1）回转型机械手

图 8-36 所示为两个气缸并联驱动手指开闭的回转型机械手。气缸 3、4 的活塞杆均固定在支承座 2 上，气缸体与 U 形板 5 相铰接。当气缸 3、4 的缸体同步向左或向右移动时，U 形板 5 通过连杆 7 带动两手指 8 闭合或张开。

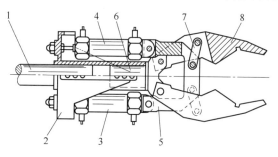

图 8-36 回转型机械手

1—手臂；2—支承座；3,4—气缸；5—U 形板；
6—手指支座；7—连杆；8—手指

2）移动型机械手

图 8-37 所示为移动型机械手。连杆 4 的一端铰接在摆杆 5 的中点，另一端与固定支板 2 相连，连接块 3、摆杆 5 和 6 及手指 7 组成平行四边形机构。油缸 1、连接块 3、连杆 4 及摆杆 5 又构成 Scott-Russel 机构。当连接块 3 做直线运动时，销轴 8、9 的连线始终平行于连

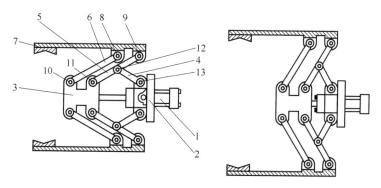

图 8-37 移动型机械手

1—油缸；2—固定支板；3—连接块；4—连杆；5,6—摆杆；7—手指；8～13—销轴

接块 3 的运动方向。从而，当油缸 1 的活塞杆伸出或缩回时，两手指 7 将平行地做对向直线运动，实现闭合或张开。

3）多指式机械手

图 8-38 所示为回转型多指式机械手。电动机 2 通过链条（或传动带）3、蜗杆 4 及蜗轮 5、驱动螺杆 6 转动，螺杆 6 又通过网齿轮 8 把运动传递给螺杆 9；安装在螺杆 6 左、右螺旋段上的两螺母 7 分别带动杠杆 12 绕支点摆动，使上下两卡爪 14 平行移动，闭合或张开；与此同时，螺杆 9 上的螺母 7 带动 L 型摆杆 10 摆动，L 型摆杆 10 又拨动中间卡爪 14，使之沿导轨 11 左右运动，与上下两卡爪一起夹紧或松开工件。

图 8-39 所示为移动型多指式机械手。四个手指可从上下左右四个方向同时移动工件，从外侧或内侧将其夹紧。

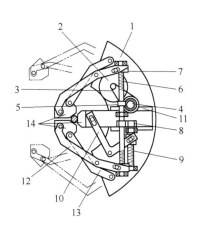 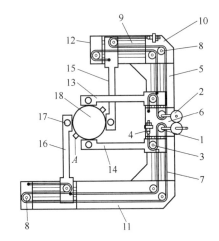

图 8-38　回转型多指式机械手

1—支承板；2—电动机；3—链条；4—蜗杆；
5—蜗轮；6,9—螺杆；7—螺母；8—齿轮；
10—L 形摆杆；11—导轨；12—杠杆；
13—摇杆；14—卡爪

图 8-39　移动型多指式机械手

1—驱动轮；2—齿轮；3—动滑轮；4—调整螺栓；
5—框架；6,10～12—支座；7—带；8—定滑轮；9—导杆；
13～16—手指；17—柱销；18—工件；A—凸台

4）其他类型机械手

图 8-40 所示是利用电磁吸盘吸附工件的机械手。电磁吸盘 5 由永久磁铁和线圈组成，通电时为消磁，即松开工件；断电时为励磁，即吸附工件，可避免因故障停电而使工件脱落。当工件较大而采用两个以上的电磁吸盘时，电磁吸盘的支承部应具有上下浮动和摆动的功能，以防止工件弯曲造成吸附不良。

图 8-41 所示是利用手臂的运动使手指闭合将工件夹紧的机械手。手指 7 处于常开状态，如图中的下侧手指所处的位置。当手臂 1 向右运动，板簧 9 碰到工件 12 后，由于工件 12 对手指 7 的反作用力，手指 7 将绕销轴 11 转动，同时其左端的滚子 8 沿着杠杆 6 的右端面滚动，待滚子 8 落入杠杆 6 上的圆弧槽 A 后，手指 7 便停止转动而将工件 12 夹紧，如图中的上侧手指所处的位置。手指 7 对工件 12 的夹紧驱动力由压缩弹簧 5 产生，板簧 9 起缓冲作用。松开工件时，楔杆 3 在气缸或电磁铁 2 的带动下向左运动，其斜面迫使楔杆 3 摆动而与手指 7 脱钩，手指 7 在扭簧 10 的作用下张开复位。

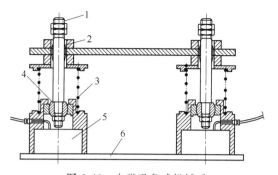

图 8-40　电磁吸盘式机械手

1—滑杆；2—滑动轴承；3—弹簧；
4—球面轴承；5—电磁吸盘；6—工件

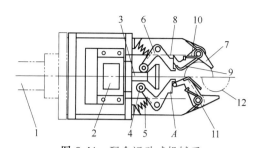

图 8-41　配合运动式机械手

1—手臂；2—气缸/电磁铁；3—楔杆；4,8—滚子；
5—压缩弹簧；6—杠杆；7—手指；9—板簧；
10—扭簧；11—销轴；12—工件

8.2　刀具自动更换装置

加工中心等自动加工系统为多刀、多工序集中加工，均设有刀具自动更换装置，刀具存放在刀库中，利用换刀机械手实现刀库中刀具与主轴刀具的转换。在柔性制造系统中，中央刀库与机床刀库通过刀具移送装置完成逐把刀具的交换。自动换刀系统的刀库容量、换刀可靠性和换刀速度直接影响加工的辅助时间，进而影响生产率、加工质量和加工成本。

8.2.1　刀具自动更换装置类型

(1) 转塔刀架转位自动换刀装置

早期的钻削加工中心采用转塔头刀架回转式的换刀方式（图 8-42）。这种装置通常没有独立专门的刀库，多个刀具主轴均布在转塔上，通过转塔头分度转位实现刀具更换，一般为顺序换刀。转塔头与主电动机和变速箱可做成一个整体部件，共同沿机床导轨运动，这种结构较紧凑，但移动部件较重；也可把主电动机和变速箱固定在机床上，只有转塔头沿机床导轨运动，使移动部件较轻，且振动及热量不传到转塔头中。由于转塔头结构受限制，刚度较低，而且每把刀具都需要一个主轴，故转塔头式自动换刀装置刀具数目受限，一般不超过

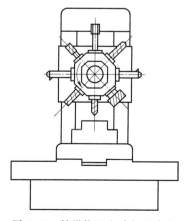

图 8-42　转塔换刀立式加工中心

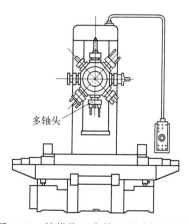

多轴头

图 8-43　转塔换刀多轴头立式加工中心

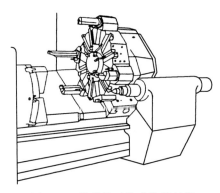

图 8-44 转塔换刀卧式数控车床

10 把。钻塔式既可实现单刀更换，还可实现多轴组合头更换，如图 8-43 所示。如今，转塔回转刀架更多地用于数控车床上，如图 8-44 所示。

转塔刀架回转具有重复定位精度高，分度准确，转位快，刚性好等特点。

(2) 刀库换刀

1) 直接换刀

刀库中刀具的轴线方向与主轴轴线平行，不需换刀机械手，换刀动作由刀库与机床主轴的相对运动（回转、移动）实现，结构简单，换刀可靠性较高。

如图 8-45 所示的卧式加工中心，刀库做选刀回转运动和拔刀、插入刀具的运动。换刀时，刀库移近主轴，可实现主轴任意位置换刀。也有在换刀时主轴箱移向刀库的，实现主轴固定位置换刀，其换刀过程如图 8-46 所示。换刀中，旧刀必须先取出送回刀库相应位置后，才能再从刀库中取出新刀，这两个动作不能同时进行，所以换刀时间较长，刀库容量不大，多用于中小型加工中心。立式加工中心的换刀如图 8-47 所示。

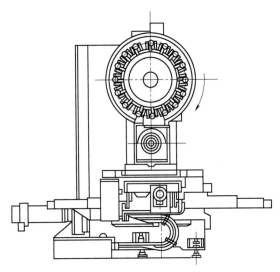

图 8-45 无机械手直接换刀的卧式加工中心

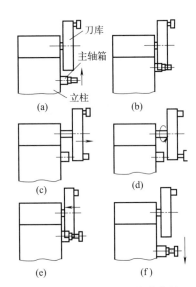

图 8-46 主轴箱在固定位置的直接换刀过程

2) 机械手换刀

这是加工中心换刀的主要形式，刀库的位置要比无机械手的自动换刀装置灵活得多。刀库中刀具的存放方向与主轴装刀方向可以不一致。根据不同要求可配置不同形式的机械手。在刀库距主轴位置较远的情况下，还可设置刀具传送机构，在刀库与机械手之间传送刀具。用机械手换刀的自动换刀装置，刀库容量可以很大，而换刀时间可缩短到几秒。由于刀库位置和机械手换刀动作的不同，换刀过程不尽相同刀库安装在立柱顶部的卧式加工中心如图 8-48 所示。刀库中处于换刀位置的刀具轴线与主轴轴线平行。换刀时，主轴箱上移至固定的换刀位置，由机械手完成抓刀、拔刀、回转 180°、插入刀具等动作（图 8-49）。立式加工中心机械手换刀实例如图 8-50 所示。

常见机械手的结构形式如图 8-51 所示。

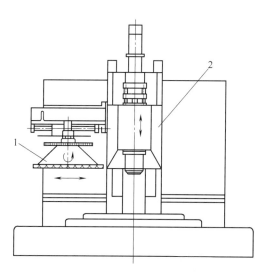

图 8-47 无机械手直接换刀的立式加工中心

1—刀库；2—主轴箱

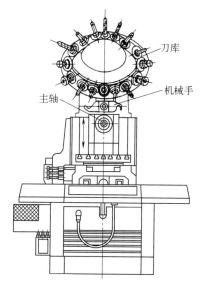

图 8-48 刀库安装在立柱顶部的卧式加工中心

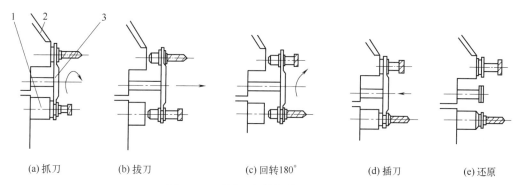

(a) 抓刀   (b) 拔刀   (c) 回转180°   (d) 插刀   (e) 还原

图 8-49 顶置刀库的机械手换刀动作

1—主轴；2—刀库；3—机械手

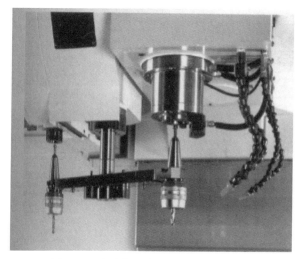

图 8-50 立式加工中心机械手换刀实例

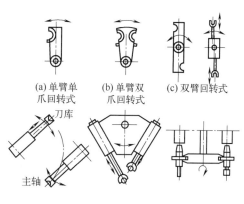

(a) 单臂单爪回转式   (b) 单臂双爪回转式   (c) 双臂回转式

(d) 双机械手   (e) 双臂往复交叉式   (f) 双臂端面夹紧式

图 8-51 换刀机械手的结构形式

8.2.2 刀库

(1) 刀库类型

1）鼓（盘）式刀库

① 刀具轴线与鼓盘轴线平行的鼓式刀库（图 8-52）。刀具环形排列，分径向、轴向两种取刀形式，其刀座（刀套）结构不同。这种鼓式刀库结构简单，应用较多，适用于刀具容量较少的情况。为增加刀库空间利用率，可采用双环或多环排列刀具的形式。但鼓盘直径增大，转动惯量就增加，选刀时间也较长。

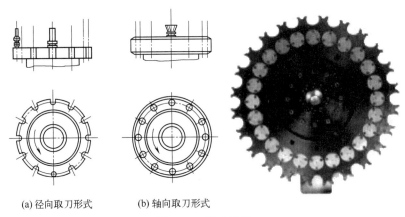

(a) 径向取刀形式　　　(b) 轴向取刀形式

图 8-52 鼓式刀库

② 刀具轴线与鼓盘轴线不平行的鼓式刀库。刀具轴线与鼓盘轴线夹角为锐角（图 8-48）。这种鼓式刀库占用面积较大，刀库安装位置及刀库容量受限制，应用较少。但应用这种鼓式刀库可减少机械手换刀动作，简化机械手结构。

2）链式刀库（图 8-53）

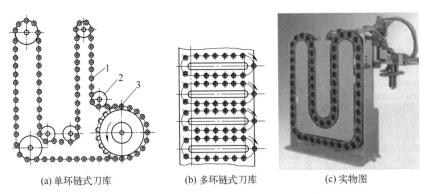

(a) 单环链式刀库　　　(b) 多环链式刀库　　　(c) 实物图

图 8-53 链式刀库

1—刀座；2—滚轮；3—主动链轮

链式刀库结构较紧凑，通常为轴向取刀。刀库容量可较大，链环可根据机床的布局配置成各种形状，也可将换刀位置的刀座突出以利换刀。一般刀具数量在 30～120 把时，多采用链式刀库。

3）矩阵格子式刀库

矩阵格子式刀库（图 8-54）刀具分几排直线排列，由纵、横向移动的取刀机械手完成选刀运动，将选取的刀具送到固定的换刀位置刀座上，由换刀机械手交换刀具。特点是刀具排列结构紧凑，空间利用率高，刀库容量大，但是布局灵活性差，刀库常常安装在工作台上，应用较少。

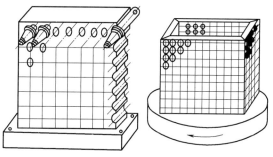

图 8-54　固定型格子式刀库

（2）**选刀方式**

选刀方式是将所需刀具从刀库中准确调出的方法，常用的有顺序选刀和任意选刀两种。

1）顺序选刀方式

按照工序、工步要求，人工依次将所用刀具插入刀库刀座中，每次换刀时刀库按顺序转动一个刀座位置，获取新刀，使用过的刀具可以放回原来的刀座位置，也可以顺序放入下一个刀座内。更换不同的工件时必须重新排列刀库中的刀具顺序，因而操作繁琐。在加工同一工件中各工序的刀具不能重复使用，这不仅使刀具数量增多，而且在使用同种刀具时，因刀具的尺寸误差也容易造成加工精度不稳定。

顺序选刀方式的优点是刀库的运动及其控制简单。顺序选刀方式适用于工件品种数较少、加工批量较大、刀具数量较少的加工中心，刀库与主轴之间直接换刀的加工中心和有成套刀库可自动更换刀库的加工中心。

2）任意选刀方式

由于加工中心采用的数控系统绝大多数都具有刀具任选功能，因此，多数加工中心都采用任意选刀方式。它可分为刀座编码、刀具编码和跟踪记忆等方式。

① 刀座编码任选刀具。刀座设有编码，而当刀具装入刀座后就具有该刀座的编码。在编程时要规定每一工序所需刀具要装入的刀座编码，加工时靠刀座编码识别装置选取所需刀具。刀具还回刀库时也必须还入其原来所占用的刀座。因此，与顺序选刀方式相比，选刀、还刀时间较长，刀库运动及其控制也较复杂。刀座编码任选刀具适用于选刀、还刀运动与机床加工时间可重合的场合，可存放大直径刀具。

② 刀具编码任选刀具。编程时只规定每一工序所需刀具的编码，而与刀具装入哪个刀座无关。用过的刀具可还入刀库的任意空刀座。每把刀具都必须带有编码，并且有完善的刀具编码管理系统。

③ 跟踪记忆任选刀具。刀具号及其所在刀座号（存刀位置，即刀具地址）一一对应地记忆在数控系统中。不论刀具存放在哪个刀座，都始终记忆着它的踪迹。因此，刀具可任意取出、任意送回，不仅刀具、刀座都不必设编码条，省去编码识别装置，而且可减少换刀过程时间。但刀库上必须设有刀座位置检测装置（一般与电动机装在一起），以便检测出每个刀座位置。为此，刀库设有一个机械原点。对于圆周运动选刀的刀库，每次选刀运动刀库正转或反转都不超过 $180°$。目前多数加工中心采用跟踪记忆任选刀具方式。

8.3　自动排屑装置

排屑装置是将机床在结构中产生的切屑自动排出加工区，并输送到指定位置的装置。它可以用于单台机床，也可以用于多台机床的共同排屑；也可以是各种不同方式组合（有排屑方式的组合，也有运动方式的组合）的排屑。

8.3.1 排屑装置的分类

按排屑动力源的不同可分为以下几类。

(1) 磁力吸屑式排屑装置

用于能产生磁力吸附金属材料的排屑工作，有时还用于使不同材料切屑分离的工作，其分类见图 8-55。

① 磁板（带）式 [图 8-55 (a)] 用于铁质、钢质材料的断屑或长度小于 100mm 的钢铁工件输送，结构简单、变形容易。该排屑方式因其铁屑与传动部分隔离封闭，外形美观，故障率低。但是，由于铁屑受磁力作用在板带上滑动，因此，它仅适合碎屑干式加工情况使用。且排屑量受到限制。

② 磁环式 [图 8-55 (b)] 用于冷却液中颗粒状、粉末状钢铁材料及浮油的分离。一般不单独使用，通常与涡旋分离器、流体磁化器组成排屑净化防腐装置，用于精加工（如磨削、珩磨等）中冷却液的净化处理。应用较广。

③ 磁滚互连式 [图 8-55 (c)] 用于冷却液中铁质切屑分离，结构较复杂，排屑量较小，应用不多。

(2) 机械式排屑装置

利用摩擦力、挤压、推拉等机械方式排除切屑，见图 8-56。

① 平板链式 [图 8-56 (a)] 用于各类材质各种状态的切屑。尤其适于团状、卷状的细长屑，排屑量较大，应用广泛。但该装置的传动部分与铁屑不分离，易发生故障。

② 刮板式 [图 8-56 (b)] 适合于各种材质的断屑或长度小于 100mm 的切屑。

③ 螺旋式 [图 8-56 (c)] 适合于各种材质的碎屑。一般不单独使用，多用于偏离排屑中心线短距离输送。结构简单，应用较少，排屑量较大，可根据螺旋轴的结构不同区分为有芯螺旋和无芯螺旋两种。

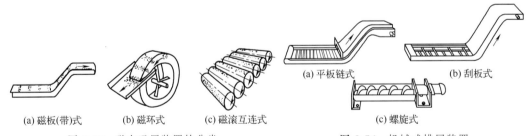

(a) 磁板(带)式　　(b) 磁环式　　(c) 磁滚互连式

图 8-55 磁力吸屑装置的分类

(a) 平板链式　　(b) 刮板式

(c) 螺旋式

图 8-56 机械式排屑装置

图 8-57 所示是一有芯螺旋排屑装置，排屑槽成 U 形，由钢板焊成，数段相接，也可用铸铁制成，铸铁耐磨性好。排屑槽可以设在机床中间底座内，也可设在地沟内。螺旋器 1 由电动机经减速器 2、联轴器 5 带动旋转，转速为 10～20r/min。螺旋器的一端装在自位轴承上，另一端装在滑动轴承上，也可以使另一端自由地贴合在排屑槽底面上旋转，随磨损而下降，从而保证螺旋器紧密贴合槽的底部，且使螺旋器径向有一定浮动量，避免切屑卡死现象。螺旋器直径为 150mm 时，最长可达 30m；直径为 200mm 时，最长可达 40m。当螺旋器较长时，应在每 3～4m 间用一个浮动接头相接，以改善工作状况。

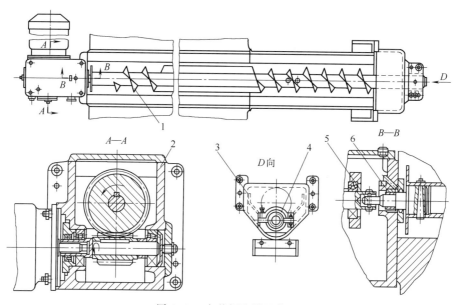

图 8-57 有芯螺旋排屑装置

1—螺旋器；2—减速器；3—挡屑板；4—滑动轴承；5—联轴器；6—自位轴承

（3）大流量液力冲刷式排屑装置

使用大流量液力冲刷式排屑，集冷却、润滑、排屑、净化防腐等于一体，见图 8-58。用大流量切削液冷却加工切削区的机床上，可在夹具及工作台和相应部位设置喷嘴，利用切削液的冲刷作用，将切屑冲带到排屑装置上或地沟中，然后经过滤使切屑与切削液分离，切削液可继续由切削液泵送至切割区。通常，机床在全封闭状态下工作，以免切削液飞溅。

它适合于各种材质的断屑，是一种新兴的排屑方式，排屑量较大，维修方便，故障率低，使用寿命长。但是，其占地面积大，造价较高，使用费用较高，目前应用不多。

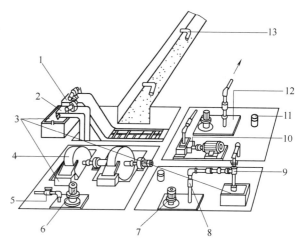

图 8-58 液力冲刷式排屑装置

1，2—排屑机；3—积屑箱；4—磁环；5—球阀；
6—换液泵；7—净化泵；8—磁化器；9—分离器；
10—冲刷泵；11—液位计；12—冷却泵；13—水管

（4）振动式排屑装置

适合于各种材质、各种状态的切屑。其噪声较大，目前很少使用。

（5）气力输送排屑装置

排屑方法有两种类型：一种是用压缩空气喷嘴将切屑吹走，另一种是利用吸尘器产生真空用管道将切屑吸走。尽管吹排的能力远大于抽吸排屑，但是由于压缩空气从喷嘴中喷出的噪声大，且有切屑乱飞，不易控制，故使用不多。抽吸排屑方式常用于粉尘状细小微粒磨屑的排除，如干式的砂带磨削，或用于加工中产生有毒气体或烟尘的场合。

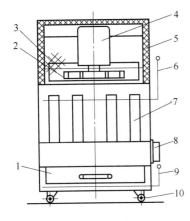

图 8-59　吸屑器

1—集尘盒；2—排风扇；3—排风口；
4—电动机；5—消声材料罩；
6—振杆机构；7—布袋；8—吸风口；
9—夹紧杆；10—脚轮

图 8-59 所示是一种吸屑器。电动机带动排风扇旋转，使机内成负压，将混有粉屑的气体经吸风口吸入机体，一部分粉屑落入集尘盒内，一部分经由布袋过滤，吸附在布袋上，滤净后的空气由机体上部排出。用管道将切削区与吸风口相连就可以实现吸屑。当布袋内集屑太多时，可以用手摇动振杆机构使粉屑落入集尘盒内。集尘盒内的粉屑定时由人工清除。连接管道不宜过长，否则效率较低。

8.3.2　排屑装置的选用

(1) 排屑方式的选择

设计选用排屑方式时，根据机床的加工方式、切屑材料及状态、冷却形式等条件正确选择。联合厂房的集中排屑设计选型应让制造厂家参加方案制定，研究合理的切实可行的排屑方案及技术要求。选取时考虑以下要素：

① 材质。即加工对象是铸铁件、钢件还是其他有色金属件或非金属件。

② 工艺状况。即采用何种加工方式，如：车、铣、刨、磨、钻、拉、镗、铰等，精加工还是粗加工，干式加工还是湿式加工。

③ 切屑形状。根据以上两点就能确定加工件的切屑是碎片屑、团状卷屑、细长屑、颗粒屑、粉末屑还是各种排放屑混合体。

④ 排屑量。按照每个工件的最大净切屑量和生产纲领，就能确定排屑机（线）的最大排屑量。

⑤ 接口尺寸。设计机床时应给排屑机留一定的空间。排屑单机最小截面尺寸：磁板带式和履带链式为宽×高＝170mm×120mm；螺旋式为直径 130mm。生产线中使用的排屑系统，排屑路线长，排屑机品种多，且规格不一，比较复杂。

⑥ 冷却液处理。有些机床，不仅能排屑，还能对其冷却液进行防腐净化处理，以提高加工精度和工件清洁度。

(2) 注意事项

① 排屑量并非越大越好。影响排屑量的主要因素为转速、有效排屑宽度、磁块间距或刮板间距。在排屑宽度和间距（规格型号）一定的情况下，转速的升降决定排屑量的大小，所以排屑量大会增大磨损。设计时制造厂家根据用户要求一般留有 10%～20% 的储备量。

② 对于半干不湿的铁屑要注意。磁性排屑机对这类铁屑尤难处理。通常的办法是将这类铁屑完全变为湿式，然后按湿式加工设计排屑机。在排屑系统中，有时将有冷却液的机床单独处理，不让其混入排屑线。

③ 磁板带式、履带链式排屑机每个动力头可实现 42m 无搭接，但考虑到安装的实际情况，一般不超过 30m，超出此范围要增设动力头。其他形式的最大长度都有所限制（大流量液力冲刷式除外）。

④ 维修与保养。排屑机作为机床辅机，往往容易忽视维修与保养。定期加注润滑油和调整链条松紧，以及清理排屑机板面杂质油污都可提高排屑机使用寿命。

思考与练习

8-1 简述线上自动储备装置的种类、作用与应用场合。

8-2 物流输送系统中链条有哪两类主要作用？常用的链条有哪些结构形式？

8-3 物流输送装置的种类、结构和工作过程如何？

8-4 料仓式供料器和料斗式供料器的主要区别是什么？试从结构上各举一例加以说明。

8-5 试述工件自动供料装置系统构成及其各部分的作用。

8-6 上（下）料机械手按夹持动作分有哪些种类？试各举例论述其动作原理与工作过程。

8-7 简述模块组合机床的设计思想和原理、应用特点。

8-8 自动换刀装置有哪些类型？各自的特点和应用场合如何？

8-9 简述刀库的种类和应用。

8-10 排屑装置有哪些类型？其选用考虑哪些要素？

参 考 文 献

[1] 刘晋春. 特种加工 [M]. 5版. 北京：机械工业出版社，2010.

[2] 黄云，朱派龙. 砂带磨削原理及其应用 [M]. 重庆：重庆大学出版社，1993.

[3] 朱派龙. 机械制造工艺装备 [M]. 西安：西安电子科技大学出版社，2006.

[4] 朱派龙. 机械专业英语图解教程 [M]. 北京：北京大学出版社，2008.

[5] 朱派龙. 图解机械制造专业英语 [M]. 北京：化学工业出版社，2009.

[6] 朱派龙. 机械工程专业英语图解教程 [M]. 2版. 北京：北京大学出版社，2013.

[7] 朱派龙. 图解机械制造专业英语（增强版）[M]. 北京：化学工业出版社，2014.

[8] 朱派龙. 金属切削刀具与机床 [M]. 北京：化学工业出版社，2016.

[9] 朱派龙，等. 特种加工技术 [M]. 北京：北京大学出版社，2017.

[10] 朱派龙. 图解汽车专业英语 [M]. 北京：化学工业出版社，2018.

[11] 朱派龙. 图解机械工程英语 [M]. 北京：化学工业出版社，2021.

[12] 朱派龙，等. 砂带磨削与电解加工复合工艺 [J]. 机械工艺师，1993（7）：18-20.

[13] 朱派龙，等. 超大深径比深小孔的工艺方法和电极研制 [J]. 机械工程学报，2006（02）：198-202.

[14] Zhu Pailong, et al. Investigation on a new type of doubly blending abrasive water jet nozzle system with higher performance [J]. Chinese Journal of Mechanical Engineering，2006（3）：417-420.

[15] 朱派龙. 双磨头高效镜面抛光装置及其镜面抛光的工艺方法 [P]. CN 2004100266533. 2009-01-07.

[16] 朱派龙. 砂带无心磨削与研抛的粗/精加工一体化加工装置 [P]. CN 2007100329112. 2008-06-11.

[17] 朱派龙. 自导向复合材料管电极及其电火花深小孔加工装置 [P]. CN 2007200586511. 2008-07-30.

[18] 朱派龙. 电火花展成加工旋转特形电极结构与火花液局部定向内喷装置 [P]. CN 2007200586526. 2008-03-26.

[19] 朱派龙. 大深径比齿形阴模数控电火花展成加工工艺 [P]. CN 2007100310402. 2010-04-14.

[20] 朱派龙. 一种防松螺纹 [P]. CN 2018114171795. 2019-02-22.

[21] 朱派龙. 一种空间螺旋孔电火花加工装置 [P]. CN 2018113828742. 2020-09-11.

[22] 朱派龙. 一种软轴驱动的空间螺旋孔加工装置 [P]. CN 2019113099569. 2022-03-22.

[23] 朱派龙. 带跟磨架的车床用细长工件专用磨抛装置 [P]. CN 2019111344231. 2020-03-13.

[24] 朱派龙. 一种台式万能全磨具磨削加工装置 [P]. CN 2020200031848. 2020-04-17.

[25] 朱派龙. 纯机械式车辆驻车制动自动拉紧装置 [P]. CN 2020200191993. 2020-04-28.

[26] 朱派龙. 一种空间螺旋孔的电火花加工装置和方法 [P]. CN 2018113834372. 2019-02-22.

[27] 朱派龙. 管件无心外圆砂带磨削及内孔磁力研磨复合加工装置和方法 [P]. CN 2018114277573. 2019-03-29.